微流体结构拓扑优化设计

刘小民 董 馨 张 彬 著

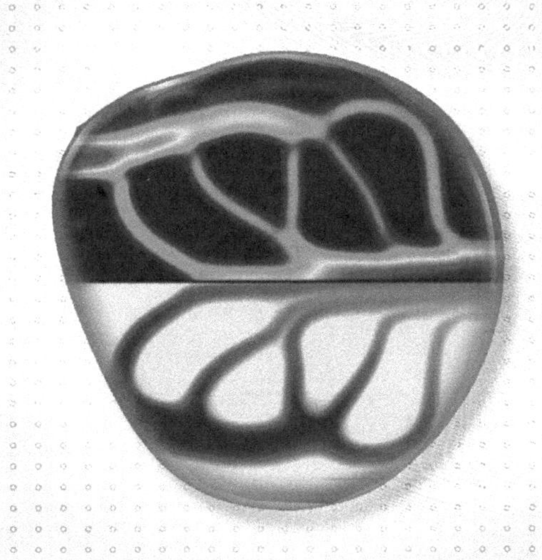

图书在版编目(CIP)数据

微流体结构拓扑优化设计 / 刘小民，董馨，张彬著
. — 西安：西安交通大学出版社，2024.8
ISBN 978-7-5693-3626-9

Ⅰ. ①微… Ⅱ. ①刘… ② 董… ③张… Ⅲ. ①流体—拓扑—最优设计 Ⅳ. ①O351

中国国家版本馆 CIP 数据核字(2024)第 010120 号

书　　名	微流体结构拓扑优化设计 WEILIUTI JIEGOU TUOPU YOUHUA SHEJI
著　　者	刘小民　董　馨　张　彬
策划编辑	田　华
责任编辑	王　娜
责任校对	邓　瑞
装帧设计	伍　胜
出版发行	西安交通大学出版社 (西安市兴庆南路 1 号　邮政编码 710048)
网　　址	http://www.xjtupress.com
电　　话	(029)82668357　82667874(市场营销中心) (029)82668315(总编办)
传　　真	(029)82668280
印　　刷	西安五星印刷有限公司
开　　本	700mm×1000mm　1/16　印张 14.25　字数 273 千字
版次印次	2024 年 8 月第 1 版　2024 年 8 月第 1 次印刷
书　　号	ISBN 978-7-5693-3626-9
定　　价	120.00 元

如发现印装质量问题，请与本社市场营销中心联系。
订购热线：(029)82665248　(029)82667874
投稿热线：(029)82668818
读者信箱：465094271@qq.com

序　言

从传统的结构设计的角度而言，设计者多是凭借自己的直觉和经验设计得到能够实现一定功能的结构与设备，或者是简单考虑某种物理原理，通过试错法完成结构与设备的初始模型的建立，然后通过实验验证不断进行模型的改进和完善。尽管这样的创新设计具有重要的实际工程应用价值，而且也几乎是所有新型设备和结构的主要创造方法，但是，这样的经验性设计方法带有相当大的盲目性，很难得到结构与设备的最佳配置，设计的结果也常常难以实现预先设定的功能。因此，如果有一种设计方法能够摒弃凭借直觉和经验的设计思想，从数学最优化角度直接考虑结构的设计，并且同时改变尺寸、形状和拓扑结构，最终实现全局最优设计，这将为结构创新设计领域从无到有的创造过程提供重要的理论基础和方向引导。

结构优化方法是进行科学化设计的开始，真正摒弃了直觉设计思想，从数学最优化角度直接考虑结构的设计。随着计算机计算能力的逐渐增强和数值模拟技术的发展成熟，考虑流体流动的结构优化技术得到了快速发展，并已经普遍应用于航空航天、汽车、机械制造、能源化工、生物医学和微加工等行业。特别是在能源短缺和环境污染严重的近二三十年，提高运行效率、提升性能功能和降低能耗成为设备制造业亟待解决的重要课题。流体结构拓扑优化是在限定的设计区域内，通过结构参数的演变达到流动区域形状和拓扑的重新布置，同时改变区域的尺寸、形状和拓扑结构，最终实现全局最优设计，是流体结构优化方法的重大突破。自 2003 年拓扑优化被引入流体力学领域之后，流体结构拓扑优化得到了研究者们广泛的关注和研究。

从试错法需要多次重复的测试试验和不断的改进更新，到低层次优化方法有限的优化能力(二者都只能在一定程度上提高设备的性能)，再到如今流体流动结构的拓扑优化，要突破尺寸、形状和拓扑结构的限制，在满足优化前提的条件下达到目标全局最优，从而得到理想的拓扑优化结果，达到设备或者结构的性能最优，这谈何容易！刘小民教授带领的研究团队在开展流体机械优化设计及流动控制方面研究的同时，从 2009 年年末开始从事流体结构拓扑优化方面的研究。最初研究的目的之一是希望采用更高层次的几何优化设计方法实现流体机械的全局性优化，获得新型的高效的流体机械结构，这也是作者一直致力于流体结构拓扑优化研究的重要驱动力。虽然目前尚未采用拓扑优化方法设计获得新颖的、全三维的流体机械设计构型，但是该研究团队在流体结构拓扑优化研究领域取得的研究成果是有目共睹的。在刘小民教授的带领下，研究团队实现了不同流动工况条件下和多目标性能要求下的微结构牛顿流体、非牛顿流体最优拓扑优化设计，特别在基于非牛顿流体流动的生物医学结构和微流体设备设计方面，取得的研究成果处于国际前列水平。

流体结构拓扑优化方法是建立在数值模拟基础之上，又高于数值模拟的一种较高层次的结构优化研究方法。由于与数学的最优化、形状导数和灵敏度分析等理论相结合，流体结构拓扑优化具有很强的综合性、理论性和学科交叉性。同时，流体结构拓扑优化对于计算机数值模拟和编程技术具有一定的要求，故学习流体拓扑优化需要较深厚的理论基础和较强的科学实践能力，这使得初学者很难在短时间内掌握其精髓。再者，目前国内外还没有公开出版的关于流体结构拓扑优化方面的专门书籍，初学者要耗费大量的时间和精力去查阅相关文献资料和学习相关知识。基于此，本书将流体结构拓扑优化理论、设计方法和应用实践相结合，对流体结构拓扑优化的基本理论、设计流程、结果分析等进行了详细的论述，结合大量的流体结构拓扑优化算例和典型的拓扑优化设计源程序，帮助广大研究者和设计工程师有效掌握流体结构拓扑优化的理论和应用。

从学习流体结构拓扑优化设计的基本理论和方法的角度出发，本书不仅系统介绍了流体结构拓扑优化的基本理论和研究方法，还提供了一些拓扑优化关键算法的源程序代码，不失为一本理想的学习参考书。我相信，本书的出版一定会对流体结构拓扑优化的研究和应用起到积极的推动作用。在此也衷心祝愿作者及其研究团队在今后的科研工作中，踏实奋进，勇于创新，取得更多有价值的高水平的研究成果，为我国航空航天、能源化工、生物医学及微流体等领域新型流动结构与功能器件的发展提供坚实的理论支撑。

本人欣然为之作序。

2024年8月于西安交通大学

前言

创新是引领发展的第一动力，其已经成为发展生产力的重要基础和标志，也越来越成为各个学科抢占的制高点。流体结构拓扑优化是基于流体运动控制方程，借助数学最优化原理，通过改变流体结构尺寸、形状及拓扑，实现流体结构的全局最优设计，是集流体力学、计算力学、数学最优化理论、数值仿真、计算机科学及相关工程学科于一体的多学科交叉的综合性、理论性和应用性很强的优化设计方法。基于此，我们认为流体结构拓扑优化是一种创新性的结构设计和优化方法，采用流体结构拓扑优化方法不仅能够大大提高流体设备及部件的功能、性能和运行效率，而且有可能提出和发展新的流体结构和功能器件，从而达到降低能源消耗和实现设备高、精、尖创新设计的目的，具有重要的科学意义和广阔的应用前景。

目前国内外尚无流体结构拓扑优化方面的专门书籍和系统的资料可供参考，因此初学者需要花费大量的时间和精力去搜寻相关文献资料并学习相关知识。《微流体结构拓扑优化设计》是关于微流体结构拓扑优化理论、方法和应用的较为全面和系统的专门书籍，其中70%～80%的内容属于原创性成果。同时，为了使得微流体领域的研究者和设计工程师能够快速掌握流体结构拓扑优化的基本理论、优化设计流程及应用设计方法，书中给出了一些典型应用算例以供参考。本专著的内容大部分属于原创性内容，主要包括作者及其研究团队近些年来在流体结构拓扑优化方面开展的基础性研究工作及取得的相关研究成果，其中一些研究成果达到了国际一流水平。本书的出版将有助于进一步推动流体结构拓扑优化方法的发展和应用，促进微流体设备与器件结构功能的完备和性能的提高。

本书的出版首先感谢张彬博士的辛勤付出，张彬博士从硕士研究生阶段开始直到博士研究生毕业，一直在进行流体结构拓扑优化问题的研究，他也是我的研究团队中最早从事流体结构拓扑优化设计工作的研究生，他关于基于水平集方法的流体流动拓扑优化的相关研究奠定了我的研究团队在流体结构拓扑优化领域的研究基础。目前，张彬博士已经走上了工作岗位，就职于西北工业大学，这里祝他在自己的工作岗位上取得更大的进步。

为了保持流体结构拓扑优化设计研究内容的完整性，董馨博士基于变密度法进行流体结构拓扑优化的研究工作，她从硕士研究生入学就开始从事流体结构拓扑优化的研究直至攻读博士阶段，并采用不同于张彬博士的算法对流体结构拓扑优化问题进行了研究。董馨博士的研究也取得了突破性的成果，为拓扑优化设计在微流体结构领域的发展做出了贡献。目前，董馨博士就职于西安建筑科技大学，祝她的科研工作蒸蒸日上、更上一层楼，取得更多的创新性成果。

为了丰富拓扑优化方法的理论基础和应用，开展流体结构拓扑优化在能源转换系统领域的研究，本团队还进一步开展了变密度拓扑优化方法在催化微反应器、相变储能器及液流电池等领域的研究，取得了一些重要的研究成果，并对拓扑结构优化方法在能源设备领域的应用进行了积极的尝试和探索。在这里，我还要感谢我的研究团队中已经毕业的张卓飒硕士在流体结构拓扑优化设计平台开发工作中的贡献，以及王加浩博士和王越硕士在多物理场耦合的多目标流体结构拓扑优化方面开展的研究工作。

本书的部分算例来自我的研究团队中的硕士生和博士生的学位论文，书中在引用时并没有一一进行说明。为了使读者能够快速入门，掌握和应用拓扑优化设计方法，本书着重在算例中总结流体拓扑优化方法的应用和发展，同时我们在附录中也公开了部分典型的拓扑优化设计程序代码。

本书在编写过程中得到了多方面的支持、鼓励和帮助。感谢王尚锦教授在我求学阶段给予我学业上的指导和生活上的关怀，感谢席光教授多年来一直对我研究工作的关注、支持和帮助，所有研究成果的取得都与他们的帮助和鼓励是分不开的。再次感谢席光教授对本书内容的讨论及对本书定稿提出的宝贵意见。

感谢国家自然科学基金项目（No. 11272251；No. 52275272）对这项基础性研究工作的大力支持。本书的出版得到了西安交通大学出版社秦茂盛副总编辑和理工分社田华主任的大力支持，在此一并表示感谢。

流体结构拓扑优化是一门交叉性很强的学科，涉及不同的研究和应用领域，基于拓扑优化获得的新型的流动结构的可靠性还需要进一步通过实验去验证。尽管本人及研究团队近年来持续开展了基于水平集的拓扑优化设计方法与理论、牛顿流体拓扑优化、流体形状识别、多工况流体拓扑优化、多目标流体拓扑优化和非牛顿流体拓扑优化等方面的研究工作，但由于个人水平、理论基础、研究条件等方面的限制，书中肯定存在着不足和不妥之处，一些结论和个人观点也未必完全正确，在此，真诚地希望广大读者和同行专家给予批评和指正。

作者
2024 年 8 月于西安交通大学

目　录

第 1 章

绪论

1.1 引言

各类器件及系统一直是朝着高集成度、小尺寸和智能化的趋势发展的[1-2]，分析仪器也不例外。传统的分析仪器由于其反应慢、设备笨重的缺点，已无法满足现场实时检测的需求，加之检测过程中需要大量昂贵的试剂，促使现代分析仪器朝着微型化、集成化、便携化的方向发展。例如，人类基因组计划的提前完成一定程度上归功于先进检测技术和仪器的发展，这也让人们意识到检测工具的重要性[3]。大型的分析仪器无论是从制造、使用和维护方面都较为复杂且成本昂贵，而微型仪器制造成本大幅降低、生产周期大为缩短，容易实现自动化和批量生产，且可以节省大量试剂成本、加快了分析过程，于是，在这样的背景和需求之下，微系统技术成为了新兴的研究领域。

随着微细加工技术的发展和3D打印技术的逐步成熟，微流体系统在医药、生命科学、公共卫生、分析化学、环境工程、食品等领域发挥着越来越重要的作用，例如实现了化学及生物样品的制备、进样、反应、分离及检测[4-6]。微流体系统不仅可以改善分析效率、大幅降低样品及试剂的消耗，还可以实现自动化分析过程，减少人为干扰因素和污染，具有能耗低、反应快、便于携带的优点[7-9]。

现有的微流体系统的设计大多依靠设计者的经验和直觉，或者依赖于试错法——在前人工作的基础上不断进行设计改进。这些方法具有较大的随机性，很难直接获得某种性能最佳的设计结构，尤其当设计目标非单一化时，往往很难获得综合性能优越的设计构型，因而存在设计上的经验依赖性和结构性能提高能力有限的问题。随着数值分析方法的发展，尽管一部分研究者采用结构优化方法对微流体系统进行设计和改进，但对于某些现有设计经验不足的新兴行业，以及实验成本高且数值模拟又无法得到创新结构的领域，传统的结构优化设计难以发挥作用，这就严重制约了行业发展。因此，寻找合理、高效、经验依赖性低的优化设计方法成为了亟待解决的问题之一。拓扑优化设计方法能够同时实现结构的尺寸和形状布置，与传统优化方法相比，其具有能够高效获得优越性能的创新性结构且经验依赖性低的优点，这使得拓扑优化设计方法受到了广泛关注。

在微流体系统中，参与试剂样品分析检测的流体通常为化工液体或生物液体，如聚乙烯、润滑油、石油、血液、体液、唾液等。这些化工液体或生物液体是非牛顿流体，其应力与应变率之间不是线性关系。在传统的微流体系统优化设计工作中，常常将这些生化流动介质近似为牛顿流体处理，忽略了非牛顿流体可能对微流体系统效率的提高带来的负面影响，这从一定程度上限制了微流体系统的发展，因此，将非牛顿流体的影响考虑到微流体系统的优化设计中，也是获得高性能微流体系统结构的重要因素之一。

微流体系统的基本组成部件是微流通道和各种微流设备(如微混合器和微阀)，这些结构的布置及结构的优化或简化一直被国际学术界与工业界所重视。在微流体系统中，微流通道连接流体器件的进口与出口并起到连通作用，微混合器完成试剂样品的混合，微阀控制流体流动。现有的微流体系统结构通常存在一些问题，例如微流通道作为基础单元，在设计过程中常常不被重视，布置得不合理易导致系统的能耗过高[10]；微混合器的种类及结构较多，但它们的缺点通常是混合效率低、占用空间大、制造复杂[11]；微阀通常存在较低的止回性能和较高的流动压降问题[12]；同时，由于微流体系统具有相当高的热源密度，发热问题也成为影响其性能的因素之一[13]。

如何获得低耗高效的微流体系统结构，特别是耦合热流条件下微流体系统的设计与结构优化，目前还缺少有效的理论基础和高效的设计方法，因此，本书主要针对微流体系统中关键部件(微流通道、微混合器和微阀)的设计及散热需求，发展变密度拓扑优化方法并将其应用到非牛顿微流体流动及热流耦合问题的结构优化中，这对提高微流体系统综合性能、降低能量损耗等具有重要的意义。

1.2 拓扑优化方法综述

1.2.1 结构优化

特定条件下的结构设计和优化研究是一个受到工程师和数学家广泛关注的领域，因此，有许多不同种类的、应用于各种优化设计问题的优化方法应运而生。其中，结构优化是一种获得最优解的流行方法，其基础是物理和数学理论，而传统的设计方法大多依赖于设计师的直觉和经验。结构优化方法根据设计的灵活程度被分为三类：尺寸优化、形状优化和拓扑优化。图 1 - 1 为结构优化方法的示意图[14]，图中展示的是悬臂梁的刚度最大化问题。尺寸优化是于 1960 年提出的结构优化方法，这种优化方法是在现有结构的框架下，重点关注结构设计的尺寸属性，例如长度、宽度和厚度的变化[15]。形状优化也是在现有结构的框架下，通过移动结构边界来优化系统性能[16]。拓扑优化于 1988 年提出[17]，是一种比尺寸优化、形状优化更高层次的结构优化方法，这种优化方法允许在设计域中创建新的边界，旨在通过特定约束下的目标函数最小化或最大化来获得最优布局，通过演变结构参数改变几何结构的连接性，使结构中的孔洞位置和形状重新布置。

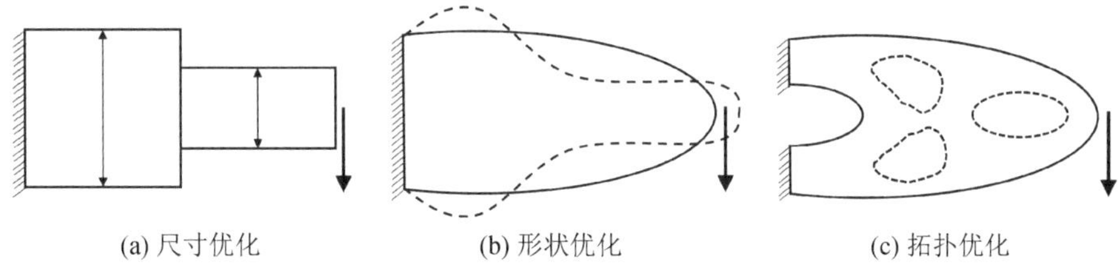

图1-1 结构优化方法的分类[14]

拓扑优化方法最早由 Bendsøe 等人[17]应用于固体力学领域，以研究弹性结构的刚度和强度设计[18-19]。随后，拓扑优化方法被应用于多个物理学领域，例如，流体力学、热学[20-23]、声学[24-26]、光学[27-29]、电磁学[30-32]等。拓扑优化主要的研究方法[33]包括均匀化方法[17,34-35]、渐进结构法[36-37]、相场方法[38-40]、变密度法[41-43]、水平集法[44-47]、拓扑导数方法[48-49]。

1.2.2 拓扑优化

流体拓扑优化是运用拓扑优化方法处理流动和流体力学相关物理问题的优化设计过程。流体拓扑优化中的约束方程一般由连续性方程、动量及能量守恒方程构成。在流体流动的拓扑优化中，通常的目标为最小化功率耗散(或压降)，需要最小化流动通道的数量，即只需要单个流动路径并且修改界面形状即可达到。当需要考虑其他多个目标(如流动均匀性或流体二极管)，以及与其他物理场(如传热、声学)进行耦合时，传统的设计方法很难直接获得满足多种性能要求的结构，进行拓扑优化设计的必要性大幅提升，同时优化难度也随之增加。图1-2所示为拓扑优化的三种常规设计方法[50]。第一种是基于贴体网格的显式边界表示方法，如图1-2(a)中几何图形的红色边界所示，如果更改了结构设计，则必须移动边界节点和更新网格，并且如果应用于较大的结构更改，则必须完全重新划分该域的网格。显式边界法能够很好地反映流体或固体的物理特性，但节点的移动和网格的自适应都是非光滑的，这可能会给实际的制造带来困难。此外，在完全重新划分网格的情况下，可能很难保证高质量的网格单元，同时会增加计算时间。第二种是基于变密度法[41-43]的表示方法，如图1-2(b)所示，将平滑的赫维赛德(Heaviside)投影和材料属性的插值一起应用于设计域，即在流动方程中，将固体(黑色)域建模为渗透率非常低的多孔材料来实现变密度法。变密度法在结构拓扑有显著改变的情况下具有很强的优化能力，且优化的全局性较好。然而，变密度法也存在一些问题,比如需要为材料属性选择适当的插值方案,需要对固体域中的流动施加足够大的“惩罚”,并且由于速度场和压力场存在于整个区域(包括固体域),容易导致固体域中的虚假流动和压力场溢出。第三种是基于表面捕捉水平集法[44-47]的表示方法,如图 1-2(c)所示的离散化扩展有限元方法(extended finite element method,XFEM)。水平集法由于其不同物理场之间具有清晰的界面,使得其处理多物理场耦合问题(如流-固耦合问题)较为容易。然而水平集法的设计灵敏度只存在于界面,这意味着设计的更改只能从界面传播,无法自动形成新的孔洞,因此需要具有许多孔洞的初始设计,优化结果对初始设计的依赖性较强。

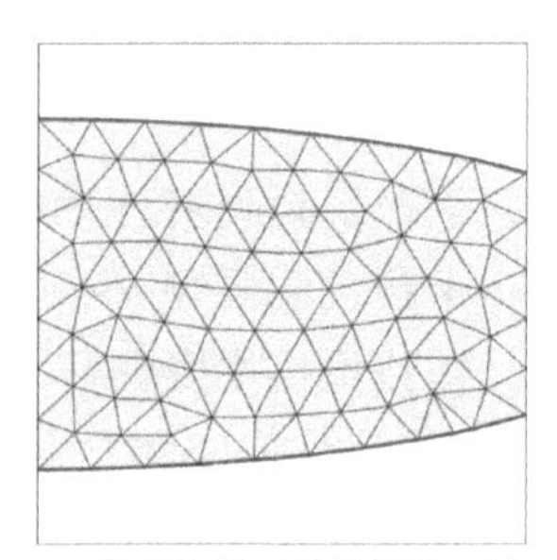
(a) 显式边界(贴体网格)法

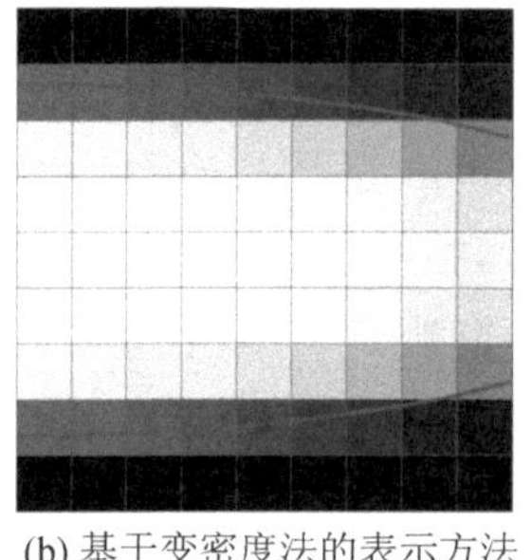
(b) 基于变密度法的表示方法

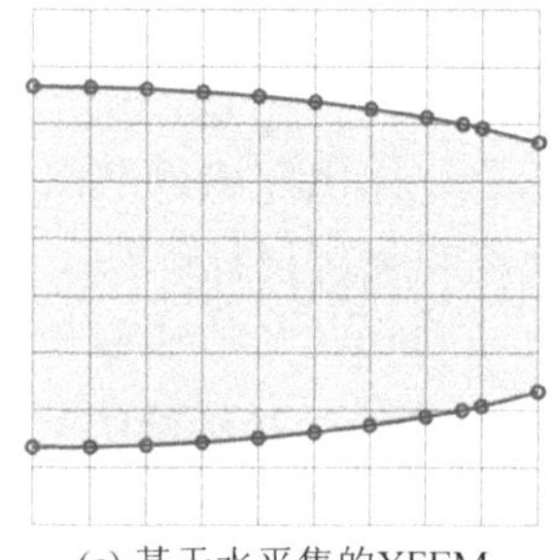
(c) 基于水平集的XFEM

图 1-2 喷嘴内流体拓扑优化中的三种拓扑优化设计选择方法[50]

2003 年,Borrvall 和 Petersson[51]采用变密度法首次将拓扑优化方法引入流体力学领域,应用于低雷诺数的定常斯托克斯流(Stokes flow)中,以最小化流动区域中的耗散功率。变密度法模型的思想是在流动控制方程内引入一个人工体力项,实现设计域内流体与固体域之间的光滑插值,从而根据设计域中的每个设计变量值来区分流体和固体。设计变量的值在 0 和 1 之间变化,其中 0 对应于人工固体域、1 对应于流体域。变密度法能够根据灵敏度分布在全局进行材料布置,但容易在优化设计结果中出现无实际物理意义的中间密度材料情况[见图 1-2(b)中的灰色区域]。对于变密度法,在固体和流体之间插值的材料的特性对于确保最终设计中无中间变量是至关重要的,特别是耦合多个物理场时,随着材料属性的增加,选择正确插值形式的复杂性大幅增加[52]。虽然所期望的设计结果是不含有设计变量介于 0 和 1 之间的无意义的中间密度材料,但具有完全离散的 0-1 设计变量分布的结果也并不代表是好的结果,因为这将导致流-固界面呈阶梯状分布。水平集方法可以克服变密度法的中间密度材料问题[44-47],是一种界面捕捉方法,通过水平集函数演化实现低维空间内界面的演变。图 1-3 所示[53]为采用一个三维的水平集函数[见图 1-3(a)]演化来实现二维零水平集[见图 1-3(b),其中黑色区域为固体域,灰色区域为流体域]等值线的演变。虽然水平集法可以获得清晰光滑的流-固界面,但其优化全局性较差且对初始值依赖性较高。

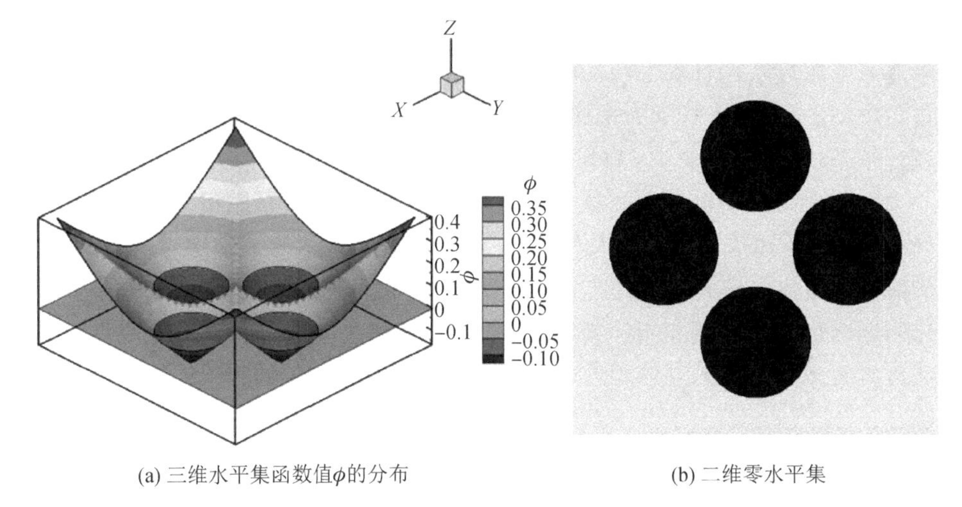

(a) 三维水平集函数值ϕ的分布　　(b) 二维零水平集

图 1-3　水平集函数值及零水平集界面分布[53]示意图

Evgrafov[54]研究了变密度模型的数学基础，并将此模型推广到斯托克斯流中允许多孔材料存在纯流体和固体的极限情况中，补充了 Borrvall 和 Petersson[51]工作中有关数学分析的内容。Aage 等人[55]将变密度模型扩展到大规模的二维和三维问题上，使用共享内存并行化处理真正的三维问题，完成了大规模的斯托克斯流拓扑优化工作。Guest 等人[56]提出了一种斯托克斯流拓扑优化的新方法，使用达西-斯托克斯(Darcy-Stokes)有限元插值将斯托克斯流中的固体域描述为低渗透的达西渗流(Darcy flow)。Wiker 等人[57]分别使用斯托克斯方程和达西方程描述自由流动区域和多孔介质流动，从而获得优化目标是代表平均流体压力的总潜在功率最小化的达西渗流和斯托克斯流的最优布局。Gersborg-Hansen 等人[58]将 Borrall 和 Petersson[51]工作中的斯托克斯流拓展到纳维-斯托克斯(Navier-Stokes)流体中，发展了中低雷诺数流动条件下的二维定常流体拓扑优化问题，采用了达西定律中与布林克曼(Brinkman)渗透模型相似的模型，用渗透率非常低的区域近似表达固体域。Duan 等人[59-61]首次提出了变分水平集法在流体拓扑优化中的应用，针对二维斯托克斯流及纳维-斯托克斯流体进行了拓扑优化设计，获得了与变密度法类似的设计结果。Olessen 等人[62]采用商业有限元软件 COMSOL Multiphysics 的二次开发功能实现了基于变密度法的流体拓扑优化，控制方程采用有限元方法求解，而不是计算流体动力学(computational fluid dynamics，CFD)中常用的有限差分法和有限体积法。Kondon 等人[63]提出了一种基于变密度法的拓扑优化公式，利用体积力的积分研究了最小化阻力和最大化升力的优化问题。Kreissl 和 Maute[64]发展了一种使用扩展有限元方法精确捕捉边界的显式水平集方法。随后，Deng 等人[65]将无体积力流体拓扑优化问题拓展到体积力驱动的流体拓扑优化问题中，针对重力、离心力和科氏力驱动的定常和非定常流体，提出了一种基于变密度法的计算方法，并采用有限元方法和基于梯度的方法相结合的方法进行求解。图 1-4 所示为采用变密度法优化的体积力驱动定常流体分流装置的设计域及优化结果，图 1-4(b)为重力驱动流体的拓扑优化结果，图 1-4(c)为离心力和科氏力驱动流体的拓扑优化结果，可以看出在不同体积力驱动下的最优设计结构是不同的。Deng 等人[66]还提出了体积力驱动的定常纳维-斯托克斯流体的隐式变分水平集拓扑优化方法，利用连续伴随法对优化问题进行分析，计算了优化问题的形状灵敏度和拓扑灵敏度，通过二维和三维数值算例结果表明所提出方法可以有效地实现具有体积力的纳维-斯托克斯流体拓扑优化。

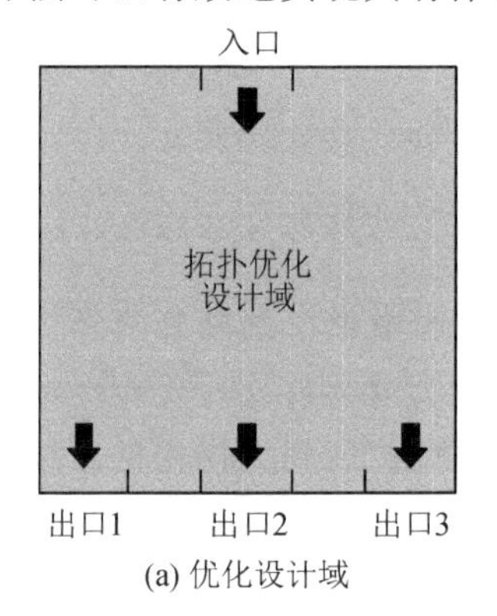

(a) 优化设计域

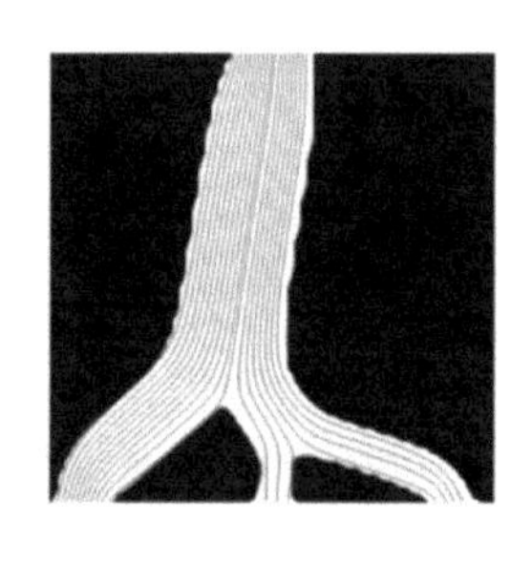

(b) 重力驱动流体的拓扑优化结果

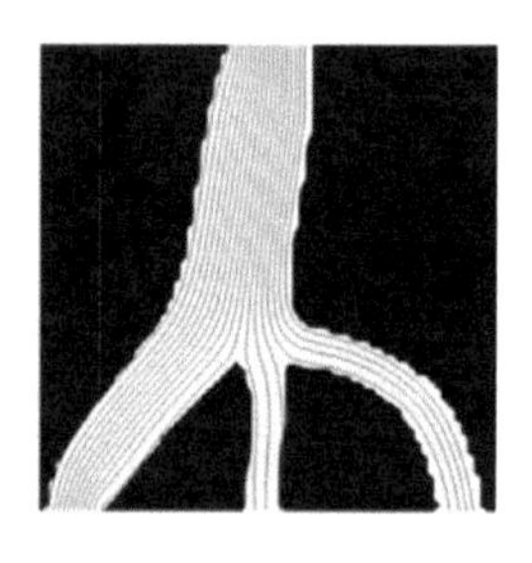

(c) 离心力和科氏力驱动流体的拓扑优化结果

图 1-4　采用变密度法优化的体积力驱动定常流体分流装置设计域及优化结果[65]

图 1-5 是考虑重力的四端口器件的优化设计域及优化结果，采用隐式变分水平集拓扑优化方法，获得了考虑重力的最优设计[见图 1-6(a)]及水平集函数值[见图 1-6(b)]，并与不考虑重力的最优设计[见图 1-6(c)]进行了对比。从

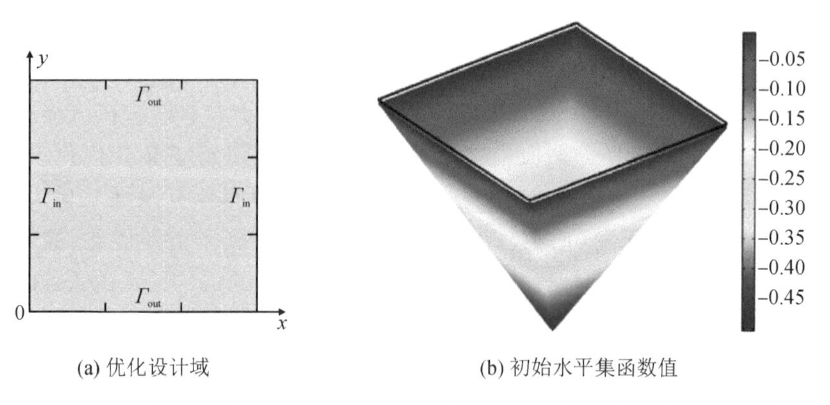

(a) 优化设计域　　(b) 初始水平集函数值

图 1-5　考虑重力的四端口器件的优化设计域及初始水平集函数值[66]
(图中 Γ_{in} 和 Γ_{out} 分别为入口和出口边界条件)

图 1－6(a)和(c)中可以看出，考虑重力时四端口器件中上方的出口没有流体流出，而不考虑重力时上、下两个出口均有流体流出。Romero 等人[67]通过将旋转参考系上的纳维-斯托克斯方程与达西方程相结合，考虑了离心力和科氏力，将变密度法应用于旋转层流转子的设计中，该设计的目标是优化转子两个叶片之间的流体通道形状(见图 1－7)，使能量耗散和涡量最小化，从而在泵或水轮机中分别达到功率最小化或最大化的设计目标。

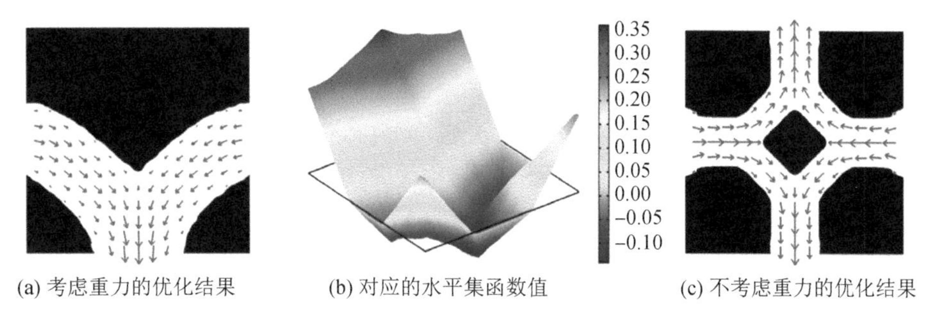

(a) 考虑重力的优化结果　(b) 对应的水平集函数值　(c) 不考虑重力的优化结果

图 1－6　采用水平集法的四端口器件优化结果[66]

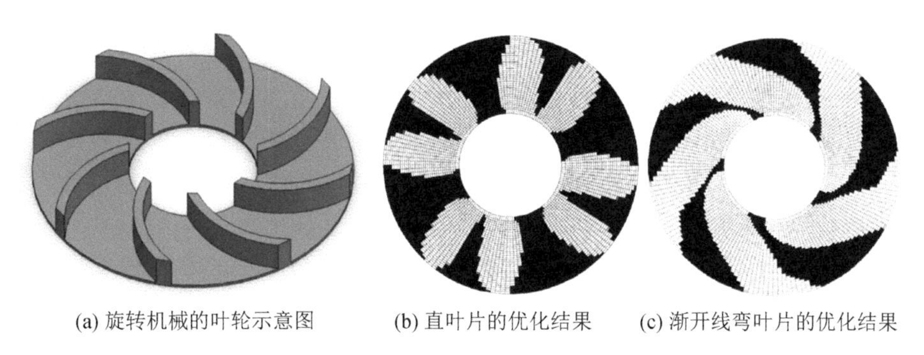

(a) 旋转机械的叶轮示意图　(b) 直叶片的优化结果　(c) 渐开线弯叶片的优化结果

图 1－7　采用变密度方法的旋转机械叶片优化[67]
(图(b)和(c)中，黑色为固体域)

随后，变密度法拓扑优化被扩展到了非稳态纳维-斯托克斯流动[65,68-71]、弱可压缩流动[72]、非牛顿流体流动[73]中，至此，纳维-斯托克斯流体的变密度法拓扑优化已基本成熟。流场求解的数值算法由最初的有限元方法逐渐拓展到格子玻尔兹曼方法[14,69,74-76]和有限体积方法[23]。与水平集法相比，变密度法拓扑优化具有非常重要的优点：设计域上的材料布置可以根据灵敏度分布情况使材料密度介于 0 和 1 之间，因此具有很好的优化全局性，同时，它还具有快速稳定收敛、设计变量初值依赖性弱、适合处理多约束的优点。本书中将着重采用变密度法来实现低雷诺数下纳维-斯托克斯流体的拓扑优化设计。

1.3 微流体拓扑优化设计

1.3.1 一般流体问题的拓扑优化

从拓扑优化的角度对纳维-斯托克斯流体优化问题进行研究，水平集方法[77-79]是研究流体拓扑优化的一种主要方法。Sethian 等人[44]于 2000 年将水平集方法引入优化领域，并且根据冯·米塞斯（von Mises）应力来确定水平集函数演化的方向。但是这种优化实施方法不够准确，无法完全体现水平集方法在处理优化问题时的优越性[80]。2003 年 Wang 等人[45]将水平集函数作为设计参数引入优化问题的描述中，对此优化问题进行了灵敏度分析，得到了使目标函数值下降的水平集法向速度，从此，实现了灵敏度分析与水平集方法的结合，使水平集函数有了确定的演化方向。与此同时，Allaire 等人[46-47]对弹性优化问题进行了灵敏度分析，也实现了灵敏度分析与水平集方法的结合。

2008 年，Duan 等[59-61]运用变分水平集方法分别针对二维斯托克斯方程及纳维-斯托克斯方程进行了拓扑优化，实现了基于变分水平集方法的流体拓扑优化。Zhou 等人[81]应用每优化一次都要进行重新网格划分的水平集方法研究了二维及三维纳维-斯托克斯拓扑优化问题，并对水平集函数描述的纳维-斯托克斯优化问题进行了灵敏度分析。Challis 等人[82]运用一种无须重新网格划分的传统水平集方法对二维和三维斯托克斯流进行了拓扑优化，但是他们所提出的这种优化方法不易推广，难以得到光滑的边界，而且在处理复杂流动时可能会遇到难以处理的问题。Chantalat 等人[83]在笛卡尔（Cartesian）网格上运用一种罚方法与水平集方法相结合的方法求解流体形状和拓扑优化问题，但是这种方法对含有梯度项的法向速度的直接求解并不准确，无法直接加入无滑移边界条件，而且该方法要在整个工作区域上求解控制方程，会降低拓扑优化的经济性[84]。

本书从拓扑优化的角度对纳维-斯托克斯流体优化问题进行研究。首先将传统灵敏度分析与改进的水平集方法相结合，应用无须样条参数化的重新网格划分方法实现与流场计算的自动结合，发展了一种研究纳维-斯托克斯方程拓扑优化问题的新方法。其次通过数值算例分析，验证改进的水平集方法在纳维-斯托克斯流体优化问题中应用的有效性。

1.3.2 非牛顿流体拓扑优化

近半个世纪以来，非牛顿流体的研究备受关注，因为其广泛应用于化工、石油、食品和加工业[85-87]。大多数大分子聚合物和多相混合物（如乳液、泡沫、润滑剂、油漆、颜料、工业多糖）、生物液体（如血液、体液、唾液和精液），还有食品（如奶油、蜂蜜、果酱、和果冻）等都可以视为非牛顿流体[88]。非牛顿流体是指应力与应变率之间的关系不遵循牛顿内摩擦定律的一类流体。Pingen 等人[73]于 2010 年首次研究了剪切稀化非牛顿流体流动的拓扑优化，他们采用了非牛顿本构模型来描述血液，这是一种无记忆型的非牛顿流体模型，并研究了非牛顿流体对流道布局的影响。结果表明，当 $Re<1$ 时，牛顿流体和非牛顿流体的最优设计之间存在显著差异。例如，当雷诺数 $Re=0.1$ 时，牛顿流体和非牛顿流体的设计域及最优设计比较如图 1-8 所示，其中蓝色代表流体域，红色代表固体域。牛顿流体的最优设计结构为单-双流道的融合结构[见图 1-8(b)]，而非牛顿流体的最优设计结构为平行双管[见图 1-8(c)]。由此可知，在低雷诺数下直接将非牛顿流体近似为牛顿流体处理的方法不总是合理的。Hyun 等人[89]提出了一个变密度法的公式，通过考虑剪切渐薄的非牛顿效应来最小化壁面剪切应力，在数值算例中，研究了目标为最小化能量耗散时，牛顿流体与非牛顿流体的分岔流道最优设计比较，如图 1-9 所示，可以看出，当入口速度 u_{in} 为 0.005 m/s 时牛顿流体和非牛顿流体的拓扑优化设计结果差异较小。Zhang 等人[90]应用水平集法在动脉旁路设计中最小化血液的剪切应力，采用改进的 Cross(交叉)模型，获得了剪切率更小、速度分布更平缓的设计。

在拓扑优化设计中，前人的工作主要针对牛顿流体，然而在微流体系统的设计中非牛顿流体可能会导致不同的最优设计，影响着微流体系统的性能。因此，非牛顿流体在实际应用中具有重要的价值，有望提高微流体系统的性能，进行非牛顿流体拓扑优化设计研究是具有实际意义的。

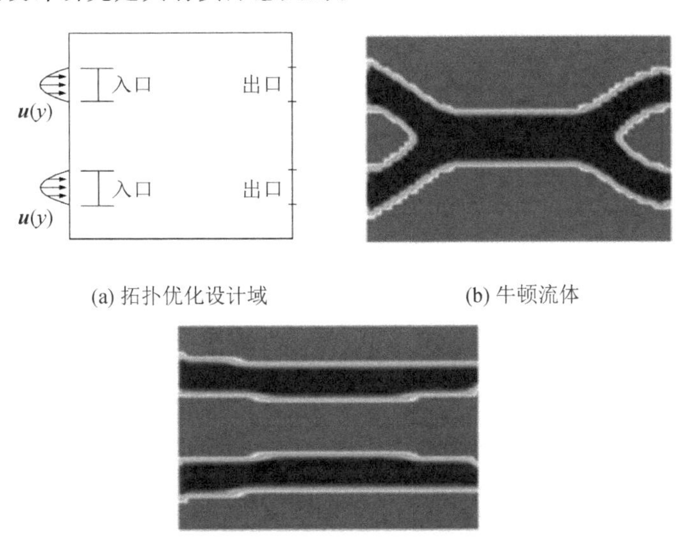

图 1-8　$Re=0.1$ 时牛顿流体和非牛顿流体的设计域及最优设计比较[73]
(图中 $u(y)$ 指流体速度)

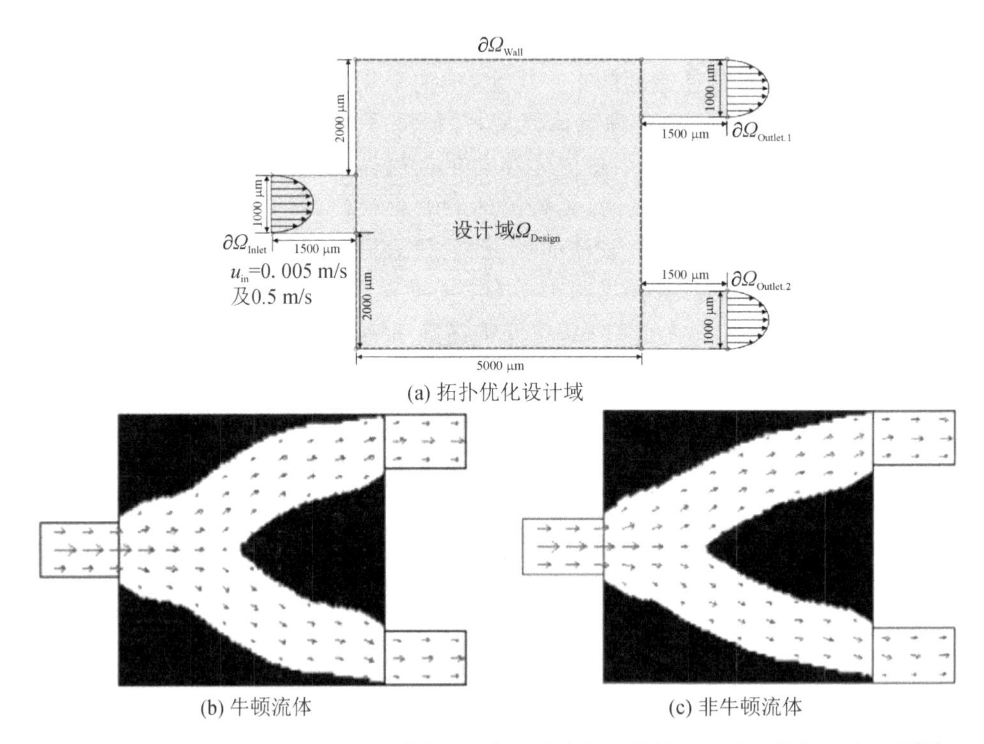

(a) 拓扑优化设计域

(b) 牛顿流体

(c) 非牛顿流体

图 1－9 入口速度为 0.005 m/s 时牛顿流体和非牛顿流体的设计域及最优设计比较[89]
(∂Ωwall 为设计城壁面边界，∂ΩInlet 为设计域进口边界，∂Ωoutlet 为设计域出口边界。)

1.3.3 微混合器设计问题

微流体系统可以明显强化“三传一反”过程，近年来在化学工业、生物制药等领域有着广泛应用。其中微混合器是微流体系统中的核心组件，微混合器中微观混合性能的高低直接关系到后续化学反应中目标产物的选择性与产率。因此，微混合器的混合过程与混合性能受到国内外许多学者的关注与研究，成为化工研究的热点之一。

微混合器是一种能够实现试样快速混合和快速分析等功能的微器件，是微流体系统混合试剂的关键组件[91]，其处于微流控芯片各功能模块的前段，是目前研究人员所关注的重点之一。在生物和化学分析中，作为试剂的两种溶液一般需要充分混合才能使反应成为可能，在芯片实验室中混合非牛顿流体有许多应用[92-94]。由于混合器中的流体是在微尺度下实现混合的，层流扩散是其混合的主要形式，因此微流体的混合十分困难。微系统中流体雷诺数低限制了涡流及体扩散的发生，分子扩散成为实现混合的主导因素。然而分子扩散过程极其缓慢，因此加速微流体混合对提高微系统中化学反应效率极其重要。常用的微混合器类型有主动式和被动式两种，其中被动式混合方法不需要额外的设备，也不需要专业化的操作去控制混合过程，在应用领域具有极大的优势。然而，被动式混合器的结构往往是复杂的和多样的,目前尚没有一种可供使用的设计方法,研究人员很难在既定的混合目标下选择合适的几何结构,设计过程过于依赖经验,这也成为限制被动式混合器应用的主要瓶颈。Zulkarnain 等人[92]设计并评估了3种微型混合器,用于在芯片实验室中混合血液和甘油。Melih 等人[93]研究了非牛顿流体脉动流微混合器与感应电荷电渗(induced charge electro-osmosis,ICEO)相结合的芯片实验室装置的性能。Avvari[94]从理论上分析了微型泵用于芯片实验室的非牛顿流体的传输和混合。此外,医学实验室检查中血液检查的混合过程对于诊断健康状况和提供有关疾病的信息及确定治疗或下一阶段方案非常重要。Fatimah 等人[95]研究了基于扁平通道的微混合器设备,用于血液混合。微混合器中,被动式微混合器依靠几何变化来改变流道,而主动式微混合器使用外部能源进行混合,与主动式微混合器相比,被动式微混合器的主要优点是没有移动部件,因此更易于制造和集成到微系统中[96-97]。

为了提高混合质量,已经提出了许多被动式微混合器的设计。二维被动式微混合器的平面结构大致可分为以下几种:基于障碍物(挡板)的模式、会聚-发散碰撞模式和弯曲通道模式[98-101]。被动式微混合器最简单的混合方法之一是采用T型或Y型通道结构,它们都是由两个入口和一个出口组成的,两种不同浓度的流体分别从两个入口流入混合器实现混合。在T型微流体混合器中,两个样品微通道相互垂直,流体相互垂直流动;在Y型微流体混合器中,两个入口微通道夹角被设计成一定角度。基于障碍物模式的微混合器利用不同形状和高度的凹槽或障碍物来达到混合的目的。Stroock 等人[102]首先提出了一种简单的基于障碍物模式的带有直槽的Y型微混合器。然后,Howell Jr 等人[103]和 Hossain 等人[104]改进了直槽,优化了T型结构,仿真结果表明混合质量可以达到91.7%。Fang 等人[105]提出了T型微混合器中的另一种挡板结构,即混合单元内有两个倾角为69°的直挡板,使流道内的流体相互碰撞,改变流路,从而提高混合效率,模拟和实验结果表明,经过28周期混合单元后,两种流体在出口处几乎是均匀混合的。在此研究的基础上,Ortega-Casanova[106]将挡板角度作为输入参数,并分别获得了最高效率和最低泵功率(或混合能量成本)对应的最佳挡板角度。Fallah 等人[107]将直挡板改进为弯曲挡板并研究了其4种不同的类型(见图1-10),然后他们选择了一种具有最佳混合质量和压降综合性能的结构作周期性计算,结果表明,具有25周期混合单元的混合器对牛顿流体和非牛顿流体的混合质量百分比分别为85.8%和81.2%。对于收敛-发散碰撞模式微混合器,混合思想是在非对称结构中急剧增加横截面积并使用非平衡的混合速度,从而增加流体之间的接触面积。对于弯曲通道模式微混合器,其在高雷诺数下具有良好的混合性能[108-111]。Deng 等人[112]研究了一种基于被动微混合器拓扑优化的灵活布局设计方法。Chen 和 Li[113]获得了基于拓扑优化的被动微混合器的新颖设计,其中目标函数使用了受

Olesen 等人[62]启发的、有关流速的简单定义，而未使用混合指标。

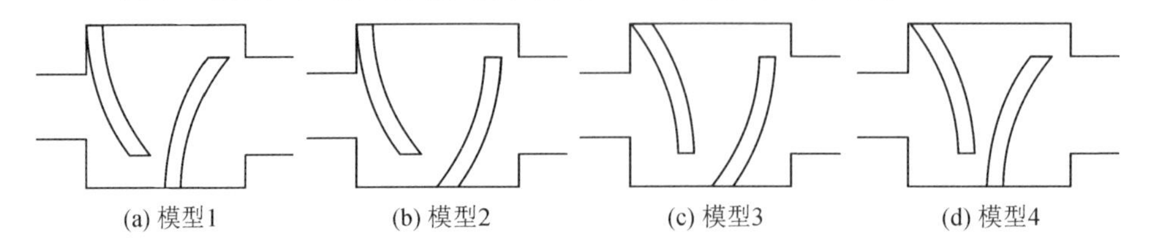

图 1-10　具有 4 种弯曲挡板结构的微混合器模型[107]

值得一提的是，上述微混合器的数值研究对象集中在牛顿流体上。尽管 Fallah 等人[107]的工作涉及非牛顿流体，但优化过程是基于牛顿流体设计的，然后使用这种优化后的微混合器来计算非牛顿流体的混合性能，这意味着这项研究不是为非牛顿流体微混合器设计的。然而，如前述，生化流体大多数为非牛顿流体。Kouadri 等人[100]研究了混沌对流物理现象，提高了非牛顿流体的混合效率，他们采用幂律模型的非牛顿流体，比较了 4 种不同配置的被动微混合器的性能。Kunti 等人[114]和 Bayareh 等人[115]的工作明确了混合效率随着非牛顿流体的幂律指数(n)的增加而增加，结果表明，膨胀流体($n>1$)的混合质量高于牛顿($n=1$)和假塑性($n<1$)流体的混合质量。Tokas 等人[101]提出了一种用于牛顿流体(水)和非牛顿流体(血液)的新型三维螺旋微混合器，结果表明血液的混合质量比水差，也就是说，牛顿流体具有优异混合效率的结构，剪切稀化的非牛顿流体(例如血液[107])无法达到同样优异的混合效率。

Alonso 等人[116]还揭示了通过牛顿流体和非牛顿流体拓扑优化获得的层流涡流设计是不同的。Zhang 等人[117]使用基于水平集的拓扑优化方法[118]研究了非牛顿幂律流体的黏性微泵问题，他们采用一种显式边界跟踪水平集方法并重新划分网格，对微泵进行了优化设计，结果表明，血液的最优微型泵设计的黏性耗散低于传统微型泵。因此，针对非牛顿流体进行拓扑优化设计会得到与针对牛顿流体设计不同的结构，并且这些结构的某些性能优于传统的牛顿流体拓扑设计。然而，在作者所掌握的资料中，还没有考虑非牛顿流体影响的微混合器拓扑优化方面的研究。基于此，本书提出了一种用于设计低雷诺数非牛顿流体微混合器的拓扑优化模型，首次实现了将混合性能作为优化目标的非牛顿流体拓扑优化，获得了高混合质量的非牛顿流体微混合器结构设计，并研究了非牛顿流体对拓扑优化微混合器的影响。

1.3.4　微阀设计问题

微流控芯片上的取样、反应、浓缩、分离和检测等基本操作都是在液体的流动过程中完成的，在药物输送、DNA 合成、微量流体供给和精确控制、芯片冷却系统、微透析、微推进和微型卫星等领域都有着广泛的应用前景，所以，对微流体的操纵和控制是以微流控芯片为基础的芯片实验室的核心技术之一。微止回阀(微阀)是微流体系统中控制流向的基本部件[119-122]，其在微通道中起控制性限流的作用，离开微阀将无法完成对微流体的有效控制，因此对微阀的研究具有重要意义。微阀包括三大类：主动阀、被动阀和无移动部件阀。无移动部件微阀[如特斯拉(Tesla)微阀]中的流动颗粒在正向自由流动的同时依靠流体的惯性力阻止流体的反向流动。虽然无移动部件微阀无法完全消除回流，但与传统微阀相比，它们具有许多优点：易于制造、坚固耐用、外部能源独立[122-123]。1920 年，特斯拉(N. Tesla)发明了该装置，并将其以自己的名字命名。近年来，许多学者研究了微阀的拓扑优化设计[124-125]，Deng 等人[126]提出了一种用于设计特斯拉微阀的有效优化过程，在设计约束下最小化正向流动阻力并获得最优设计，他们通过实验验证了所获得微阀结构多周期的流体止回性能的数值结果的有效性，与典型的 Tesla 微阀相比具有更好的止回性能。Liu 等人[127]对雷诺数小于 100 的牛顿流体定常流动情况下的微文丘里二极管进行了数值优化，讨论了设计域长宽比、二极管体积约束及雷诺数等关键设计因素对设计结果中二极管效应的影响，并通过优化获得了弯曲的微文丘里二极管。Lin 等人[122]提出用拓扑优化方法来设计对称的流体二极管，他们使用投影方法并引入额外的惩罚项来解决固体中的渗透流问题，获得了具有较好截止性能的固定几何阀。Sato 等人[128]提出了一种双目标拓扑优化方法，用于优化设计无移动部件阀，然而，他们得到的最优结构出现了无意义的灰度域，这是在优化中应予以避免和剔除的。Lim 等人[129]提出了涡流型射流二极管的优化设计方法，目标是最大化止回性能。

在几乎所有关于无移动部件微阀设计的研究中，止回性能值(D_i)是衡量微阀性能的唯一参数。然而，较高的 D_i 并不一定表示更好的阀门性能。正向流动可能需要高于预期的压降，从而导致泵功率需求增加和更多的能量消耗。因此，在追求高综合性能的微阀设计领域，单目标设计已不能满足需求。在本书中，我们构建了一种用于非牛顿流体的 Tesla 微阀的双目标拓扑优化模型，通过不同权重系数提出了多种具有不同综合性能的微流体 Tesla 微阀，一个目标为止回性能最大化，另一个目标为正向流动压降最小化。

1.4　热流体拓扑优化设计

随着全球商用 5G 时代的到来，半导体领域迎来又一次高速发展，5G 芯片和模组的集成度和零件密度显著提升，5G 设备的功耗和发热密度迅速增加，因此想要保证 5G 技术的领先地位，解决 5G 设备的热管理问题刻不容缓。多进出口微通道散热器可以有效地降低电子设备的平均温度，且使得温度均匀性得到改善，但其传统的结构设计手段已不再能满足 5G 芯片模组高热流的要求。半导体集成技术和工艺随着科学技术的发展变得愈发成熟，功率器件产品趋向小型化，致使器件内部热流密度不断增加，散热问题愈加严重。传统的绝缘栅双极型晶体管(insulated gate bipolar transistor，IGBT)模块的散热结构大多使用比较典型的翅片散热器，不同散热器的拓扑结构各有差异，散热效果各有不同，如果散热结构并非按照器件的热流路径进行设计，那么散热结构所起到的散热作用可能事倍功半。在新能源领域，随着新能源汽车的发展和国家对该产业的大力支持，各类纯电动汽车将逐步取代传统汽车。锂离子电池由于具有功率和能量密度高、寿命长等优点，被广泛用于汽车动力电池组。但是锂离子电池在充放电过程中，电池的焦耳热效应、反应热效应等会产生大量的热量，由于动力电池组布置空间等的限制，容易造成散热条件较差，从而引起电池组热量的累积并导致温度上升，进而使电池工作环境变差而影响电池的性能，甚至引发危险。

本小节中的热流体问题是指考虑固体和周围流体之间的耦合传热问题，为了建立热流体传热模型，需要在流体流动模型的基础上建立传热模型。按照流体中的换热机制可将流体流动分为三类(见图 1-11)：强制对流，流动由泵、风机或压力梯度主动驱动；自然对流，流动因温差的自然密度变化而被动发生；扩散，热量通过扩散向流体传递。图 1-11(a)中的冷流从左侧进入，因此区域内的温度从左至右升高；图 1-11(b)和(c)由于上侧和两边的壁面温度较低，因此温度从金属块向外侧逐渐降低。

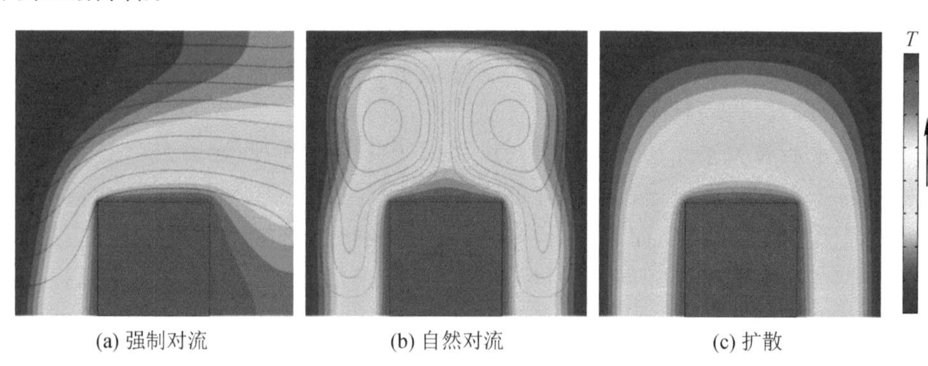

图 1-11　金属块在流体中受不同传热机制影响的温度云图

1.4.1　流体-固体传热优化问题

涉及流体和传热研究的热流体装置广泛应用于电子设备中，特别是在微流体系统中，用于传热传质的微通道流动系统的设计是重要的研究领域[130-133]，因此，获得高性能设备的初始配置便尤为重要。与此同时，优化这些工程设备结构以获得更好的整体性能应从以下几方面入手。使设备：质量更小、加热或冷却性能更好、机械泵送功率更小,流动能量耗散更少。同时,在热流体装置的设计中,期望的目标是尽可能最大化热传递和最小化流体能量耗散(或压降)。然而,将流体场与其他物理场相结合的多学科优化问题具有挑战性,尤其是在使用低效的结构优化方法时。在现有的优化技术中,Bendsøe 等人[17]提出的拓扑优化方法可以看作是最有前途的优化工具之一。拓扑优化在结构优化方法中具有最高的设计自由度,得到的优化配置显著提高了系统性能,因此,拓扑优化方法成为了传热和流体流动领域最具潜力和热点的课题[134-137]。在热流体的拓扑优化方面,Dede[138]和Yoon[139]几乎同时使用变密度法进行了强制对流散热拓扑优化研究工作。Dede[138]使用商用有限元分析软件 COMSOL Multiphysics 对热传导和热对流问题进行了优化,目标函数用平均温度和能量耗散函数表示。Yoon[139]提出了一种二维变密度法拓扑优化方法来处理散热器问题,目标是最小化热顺应性。目前,变密度法已被用于实现具有强制对流[135,139-142]或自然对流问题[143-144]的热力设备拓扑优化设计。在大多数研究中,拓扑优化问题被描述为单目标函数,例如最小化域的平均温度或最小化热顺应性[139,145-146]。

多目标优化涉及最小化或最大化多个数学目标[147-149],优化的解决方案集可以通过基于元启发式的方法获得[150-151],该方法通常使用近似模型来表示搜索空间所有区域中的所有目标和约束。然而,基于元启发式的方法不太适合处理涉及许多设计变量的大规模问题。基于梯度的方法应用得更广泛,其可通过敏感性分析很容易地得到优化问题的设计敏感性。在基于梯度的多目标优化方法中,标量化方法被广泛采用。Zadeh[152]和 Geoffrion[153]使用了加权求和方法,使用标量化参数将多目标优化问题替换为单目标优化问题。Haimes[154]使用了 ε 约束方法的标量化技术,Das[155]和 Messac[156]分别使用了法线边界交叉法和法线约束法,这三种方法的实现途径是将多余目标描述为约束,从而使多目标问题成为单目标问题。目标之间会存在冲突和竞争,因此为了获得满足设计者需求的解决方案,需要提前了解决策者的偏好[157-158]。在这一研究中,我们希望在决策者确定多目标权重之前找到优化问题的解决方案。该解决方案不是单个特定的解决方案,而是一组解决方案,这就需要结合各种标量参数来获得多个单目标问题的解。在这些多目标优化方法中,加权求和法由于简单易行,应用最为广泛而被研究和采用。多目标优化的结果是作为多个解的集合获得的,该解的集合称为非支配解或帕累托最优(Pareto optimality)解集[159]。对于目标函数之间的冲突关系,需要调整标量参数以获得所需的折中解决方案,且有必要获得一个全面的帕累托最优解集,这样,设计工程师就可以很容易地选择最适合他们需求的特定解了。在热流体问题中,流体和热性能指标是同时被关注的,因此,许多学者采用了双目标函数策略[140,160-161]进行研究。Koga 等人[140]研究了斯托克斯流的压降最小化和散热效果最大化拓扑优化问题,采用加权求和方法将两个单目标函数组合为一个双目标函数。Kontoleontos

等人[160]考虑了黏性耗散和传热问题，用 Spalart-Allmaras 模型处理湍流流动，建立并求解了湍流模型方程的伴随项，优化目标是最小化进出口之间的压降和最大化进出口之间的温差，然后采用加权求和方法组合这两个单目标函数，获得了不同权重系数下的最优设计。Qian 等人[161]提出了切向热梯度约束的层流与传热耦合系统拓扑优化的连续伴随方法，采用加权求和方法使流体功率耗散最小化和固体域平均温度最小化，获得了取不同切向热梯度约束、雷诺数和目标函数权重系数时的换热器最优设计。

在一些热流体设备中，已经证明当某些非牛顿流体被用作流动介质时，可以提高设备的传热性能[162-165]。Zhang 和 Gao[166]研究了基于幂律型非牛顿流体的对流换热拓扑优化问题，分析了幂律指数对最优设计的影响，并证明大幂律指数的非牛顿流体具有更好的传热性能。为了研究非牛顿流体对微流体系统散热的影响规律并获得传热性能和流动能耗兼顾的微通道散热器，基于前述，本书中研究发展了多目标非牛顿微流体流动拓扑优化模型，获得了不同目标权重系数下的微通道散热器，并与传统牛顿流体微通道散热器的散热性能和流动能耗进行了比较。

1.4.2 流体-多孔材料传热优化问题

对流传热问题因其广泛应用于航空、电力能源、电子设备、微系统等领域而备受关注[133,167-168]，这些应用包括热交换器[169-170]、CPU 冷却[171]、微通道散热器[172]、热管[173-174]。作为目前广泛关注的材料，多孔材料可以大大提高传热设备的热性能，其具有许多相互连接的孔，允许流体通过，从而产生高比表面积。当流体流过多孔介质时，多孔材料可以在固体和流体之间提供很大的传热面积。以往对流体-多孔材料传热优化问题的研究大多集中于参数化研究，如多孔介质中努塞特数(Nusselt number)[175]、达西数[176](Darcy number)的影响，或形状优化，如通道的几何形状[177]优化，因此，最佳优化方案在很大程度上取决于能否获得高性能设备的初始配置。这些依赖设计者直觉的方法在一定程度上限制了多孔散热器的设计。

对于多孔介质的拓扑优化问题，其也被表述为关于流体和“可渗透”固体的材料分布问题。可渗透固体被视为多孔介质，允许流体流过。优化问题通常被表述为热交换最大化问题或热阻最小化问题，其目标是获得高性能冷却设备。在优化过程中，设计变量收敛到 0 和 1，使得流体和固体之间有明确的界限。Ramalingom 等人[178]提出用一种基于变密度法的插值技术来解决传热的拓扑优化问题，研究表明，该方法在流体和多孔介质之间获得了更小的过渡区，改善了材料之间的热转变。Yaji[179]研究了拓扑优化在多孔冷却系统设计中的适用性，研究表明，最优结构中不连续的流道是通过设置较小的逆渗透率来获得的，这些在流体和多孔材料之间具有明确界限的最优结构具有高传热性能。然而，这些关于多孔介质拓扑优化化的研究与传统的流-固传热研究基本相同，不同的是：多孔介质被认为是渗透性固体，即流体-多孔介质分布（1－0 分布），其中 1 代表流体，0 代表多孔介质，这意味着多孔材料具有特定的物理性质，其中孔径和孔隙率分布均匀。

另外，如何在特定域中布置作为紧凑冷却系统的多孔材料是实现更高冷却性能的重要研究课题之一[174]。此外，包括增材制造技术在内的制造工艺的最新发展使得局部孔隙率得以灵活控制并可设计新型高性能冷却系统[180]。这些开创性工作的结果引出了几个重要的问题——在高度设计自由度下，理想的孔隙率是如何分布的？以及其性能的前景如何？为了解决这几个问题，本书中提出了一种基于变密度法的拓扑优化方法，即将实际多孔模型的孔隙率直接作为设计变量，也就是说，本书中提出的方法允许在每个局部点具有任意孔隙率。作为开发设计这种非均质多孔冷却系统基本方法的第一步，本书提出了二维多孔传热模型，研究了非均质多孔材料拓扑优化设计问题，并与传统均质多孔材料拓扑优化设计的冷却性能进行了对比。

1.5　章节内容介绍

本书共分为 8 章，每章的主要内容是：

第 1 章重点介绍了流体拓扑优化的研究背景和设计方法。

第 2 章阐述了流体拓扑优化的理论基础。重点介绍了流体拓扑优化问题的灵敏度分析方法分类、斯托克斯优化问题的形状灵敏度分析、基于水平集的一般化流体拓扑优化问题的灵敏度分析，以及基于变密度法的流体拓扑优化问题的灵敏度分析。

第 3 章介绍了外流拓扑优化问题，采用水平集方法分别研究了斯托克斯流动和纳维-斯托克斯流动的形状优化问题。

第 4 章介绍了生物医学结构的拓扑优化设计问题，阐述了血管架桥结构和黏性微流泵的水平集拓扑优化研究成果。

第 5 章介绍了芯片微流通道的拓扑优化设计问题，阐述了基于牛顿和非牛顿流体的各类流动器件的拓扑优化设计问题。

第 6 章介绍了微混合器的拓扑优化设计问题，针对拓扑优化设计结果，进行了单周期和周期性数值结果的比较分析。

第 7 章介绍了特斯拉微阀的拓扑优化设计问题，并进行了微阀结构分析。

第 8 章介绍了热流耦合结构的拓扑优化设计问题，采用发展的拓扑优化方法分别对微通道散热器和非均质多孔介质的对流传热问题及微通道散热器的多目标优化问题进行了优化设计。

第 2 章

流体拓扑优化问题的理论分析

本书各章节均采用梯度类优化方法进行拓扑优化问题的研究。梯度类优化方法需要通过灵敏度分析获取目标函数值下降的负梯度方向，因此拓扑优化理论分析的核心问题是灵敏度分析。本章首先讨论用于进行几何优化的主要灵敏度分析方法。其次，给出灵敏度分析的一些基础知识。再次，采用速度法对斯托克斯优化问题进行灵敏度分析。然后，运用基于水平集的共轭方法对一般化流体拓扑优化问题进行灵敏度分析：一方面，采用离散方法对基于虚拟材料方法的流体水平集拓扑优化问题实施了灵敏度推导；另一方面，运用连续灵敏度分析方法进行了基于重新网格划分方法的流体水平集拓扑优化问题的灵敏度分析。最后，运用基于变密度的共轭方法进行一般化流体拓扑优化问题的灵敏度分析，介绍变密度法流体拓扑优化的主要思想和实现途径。

2.1 几何优化问题的灵敏度分析方法

给定一个一般化的几何优化问题：

$$\begin{cases} \min\limits_{\varphi}: J(\varphi,\boldsymbol{v}(\varphi)) = \int_D j_1(\varphi,\boldsymbol{v}(\varphi))\mathrm{d}\boldsymbol{x} + \int_{\partial D} j_2(\varphi,\boldsymbol{v}(\varphi))\mathrm{d}s \\ \text{subject to}: \begin{cases} E(\varphi,\boldsymbol{v}(\varphi)) = 0 \\ G_i(\varphi) \leqslant A_i \end{cases} \end{cases} \tag{2-1}$$

式中，φ 是设计变量；D 是设计域；∂D 是设计域边界；$J(\varphi,\boldsymbol{v}(\varphi))$是目标函数；$E(\varphi,\boldsymbol{v}(\varphi))=0$ 是偏微分控制方程；$\boldsymbol{v}(\varphi)$是偏微分控制方程的解；$G_i(\varphi)$是约束函数；A_i 是约束值。假定设计变量 ϕ 的个数为 n，偏微分控制方程的解 $\boldsymbol{v}(\varphi)$的自由度为 N。

例如，对于纳维-斯托克斯问题，可以构建如下优化问题：

$$\begin{cases} \min\limits_{\varphi}: J(\varphi,\boldsymbol{v}(\varphi)) = \int_D \nu \left| \nabla \boldsymbol{u} \right|^2 H(\varphi)\mathrm{d}\boldsymbol{x} \\ \text{subject to}: \begin{cases} \begin{cases} \rho(\boldsymbol{u}\cdot\nabla)\boldsymbol{u} + \nabla\cdot\boldsymbol{\sigma} + \alpha(\varphi)\boldsymbol{u} = \boldsymbol{0} & \forall \boldsymbol{x}\in D \\ -\mathrm{div}\boldsymbol{u} = 0 & \forall \boldsymbol{x}\in D \\ \boldsymbol{\sigma}\times\boldsymbol{n} = \boldsymbol{g} & \forall \boldsymbol{x}\in \Gamma_{\mathrm{N}} \\ \boldsymbol{u} = \boldsymbol{u}_0 & \forall \boldsymbol{x}\in \Gamma_{\mathrm{D}} \end{cases} \\ \int_D H(\varphi)\mathrm{d}\boldsymbol{x} \leqslant A_{\mathrm{f}} \end{cases} \end{cases} \tag{2-2}$$

此时，目标函数中，$j_1(\varphi,\boldsymbol{v}(\varphi))=\nu|\nabla \boldsymbol{u}|^2 H(\varphi)$，$j_2(\varphi,\boldsymbol{v}(\varphi))=0$。偏微分控制方程是定义在设计域上的纳维-斯托克斯方程。偏微分控制方程的解为 $\boldsymbol{v}=(\boldsymbol{u},p)$。

2.1.1　直接法与共轭法

对所给定的优化问题进行灵敏度分析相当于求取目标函数 $J(\varphi,\boldsymbol{v}(\varphi))$ 关于设计变量 φ 的全导数 $\mathrm{d}J(\varphi,\boldsymbol{v}(\varphi))/\mathrm{d}\varphi$。根据链导法则可以得到

$$\frac{\mathrm{d}J(\varphi,\boldsymbol{v})}{\mathrm{d}\varphi}=\frac{\partial J(\varphi,\boldsymbol{v})}{\partial\varphi}+\left(\frac{\partial J(\varphi,\boldsymbol{v})}{\partial\boldsymbol{v}}\right)^{\mathrm{T}}\frac{\partial\boldsymbol{v}}{\partial\varphi} \tag{2-3}$$

由于式(2-3)中，$\partial\boldsymbol{v}/\partial\varphi$ 无法直接计算，需要借助控制方程求解。控制方程两边对 φ 求全导数可以得到

$$\frac{\mathrm{d}E(\varphi,\boldsymbol{v})}{\mathrm{d}\varphi}=\frac{\partial E(\varphi,\boldsymbol{v})}{\partial\varphi}+\frac{\partial E(\varphi,\boldsymbol{v})}{\partial\boldsymbol{v}}\frac{\partial\boldsymbol{v}}{\partial\varphi}=0 \tag{2-4}$$

由式(2-4)可得

$$\frac{\partial\boldsymbol{v}}{\partial\varphi}=-\left(\frac{\partial E(\varphi,\boldsymbol{v})}{\partial\boldsymbol{v}}\right)^{-1}\frac{\partial E(\varphi,\boldsymbol{v})}{\partial\varphi} \tag{2-5}$$

由式(2-5)，可以将式(2-3)变化为

$$\frac{\mathrm{d}J(\varphi,\boldsymbol{v})}{\mathrm{d}\varphi}=\frac{\partial J(\varphi,\boldsymbol{v})}{\partial\varphi}-\left(\frac{\partial J(\varphi,\boldsymbol{v})}{\partial\boldsymbol{v}}\right)^{\mathrm{T}}\left(\frac{\partial E(\varphi,\boldsymbol{v})}{\partial\boldsymbol{v}}\right)^{-1}\frac{\partial E(\varphi,\boldsymbol{v})}{\partial\varphi} \tag{2-6}$$

上述 $\partial J(\varphi,\boldsymbol{v})/\partial\boldsymbol{v}$ 是一个 $N\times 1$ 阶矩阵，$\partial\boldsymbol{v}/\partial\varphi$ 是一个 $n\times N$ 阶矩阵，$\partial E(\varphi,\boldsymbol{v})/\partial\boldsymbol{v}$ 是一个 $N\times N$ 阶矩阵，$\partial E(\varphi,\boldsymbol{v})/\partial\varphi$ 是一个 $n\times N$ 阶矩阵。由于 N 的值通常很大，因此求取 $\partial E(\varphi,\boldsymbol{v})/\partial\boldsymbol{v}$ 的逆矩阵的计算量就会很大。为了避免直接求取 $(\partial E(\varphi,\boldsymbol{v})/\partial\boldsymbol{v})^{-1}$，可以采取以下两种不同的计算方法来计算全导数 $\mathrm{d}J(\varphi,\boldsymbol{v}(\varphi))/\mathrm{d}\varphi$。

第一种方法是直接法，也就是直接通过求解由式(2-4)得到 n 个线性方程组

$$\frac{\partial E(\varphi,\boldsymbol{v})}{\partial\boldsymbol{v}}\frac{\partial\boldsymbol{v}}{\partial\varphi}=-\frac{\partial E(\varphi,\boldsymbol{v})}{\partial\varphi} \tag{2-7}$$

获得 $\partial\boldsymbol{v}/\partial\varphi$，并将其直接带入式(2-3)，可以计算得到 $\mathrm{d}J(\varphi,\boldsymbol{v}(\varphi))/\mathrm{d}\varphi$。

第二种方法是共轭法，引入共轭变量 $\tilde{\boldsymbol{\omega}}$ 使其满足

$$\tilde{\boldsymbol{\omega}}^{\mathrm{T}}=\left(\frac{\partial J(\varphi,\boldsymbol{v})}{\partial\boldsymbol{v}}\right)^{\mathrm{T}}\left(\frac{\partial E(\varphi,\boldsymbol{v})}{\partial\boldsymbol{v}}\right)^{-1} \tag{2-8}$$

也就是 $\tilde{\boldsymbol{\omega}}$ 是以下共轭方程的解：

$$\frac{\partial E(\varphi,\boldsymbol{v})}{\partial\boldsymbol{v}}\tilde{\boldsymbol{\omega}}=\frac{\partial J(\varphi,\boldsymbol{v})}{\partial\boldsymbol{v}} \tag{2-9}$$

将式(2-8)代入式(2-6)可以得到全导数 $\mathrm{d}J(\varphi,\boldsymbol{v}(\varphi))/\mathrm{d}\varphi$ 的计算式为

$$\frac{\mathrm{d}J(\varphi,\boldsymbol{v})}{\mathrm{d}\varphi}=\frac{\partial J(\varphi,\boldsymbol{v})}{\partial\varphi}-\tilde{\boldsymbol{\omega}}^{\mathrm{T}}\frac{\partial E(\varphi,\boldsymbol{v})}{\partial\varphi} \tag{2-10}$$

因为共轭法中只计算一个线性方程组(2-9)，所以当设计变量的个数 n 较大时，采用共轭法更节约计算量。由于拓扑优化问题的设计变量个数比较大，一般与

网格单元数是相同量级的，因此宜采用共轭法进行灵敏度分析。

2.1.2 离散法与连续法

在进行几何优化的灵敏度分析过程中，还有一个重要问题：是否先将偏微分控制方程 $E(\varphi,\boldsymbol{v}(\varphi))=0$ 进行离散化？因为如果先将偏微分控制方程采用一定的数值离散方法进行离散，原控制方程 $E(\varphi,\boldsymbol{v}(\varphi))=0$ 将变为代数方程，这将在很大程度上降低灵敏度分析的难度。我们将这种在进行灵敏度分析前就把控制方程离散为代数方程，并基于此代数方程进行灵敏度分析的方法叫作离散灵敏度分析方法。而直接将原偏微分方程作为优化的控制方程进行灵敏度分析的方法叫作连续灵敏度分析方法。

在流体拓扑优化领域，离散法[62,71,117]和连续法[70,90,181]都有较广泛的应用。其中离散法的主要优点是推导过程相对简单，与所用数值求解方法联系密切；而连续法的主要优点是所得到的灵敏度结果更具有一般性，可以适用于不同的数值求解方法[70]。本章采用离散法对基于虚拟材料方法的流体水平集拓扑优化问题进行灵敏度分析，而采用连续法对基于网格重新划分方法的流体水平集拓扑优化问题进行灵敏度分析。

2.2 形状灵敏度分析的一般基础

2.2.1 导数定义

本节主要介绍一些导数的定义[80,182]，这些导数会在灵敏度分析中用到。

定义 2.1[182] (1)设 $\boldsymbol{x}\in D$、$X\in\mathbb{R}^N$，如果极限

$$\lim_{t\to 0^+}\frac{T(\boldsymbol{x}+t\boldsymbol{h})-T(\boldsymbol{x})}{t}=\mathrm{d}_+T(\boldsymbol{x},\boldsymbol{h}) \tag{2-11}$$

成立，则称 T 在 $\boldsymbol{x}$ 沿 $\boldsymbol{h}$ 方向单侧加托(Gateaux)可微(简称 G 可微，以下将Gateaux简写为 G)，此时 $\mathrm{d}_+T(\boldsymbol{x},\boldsymbol{h})$ 称为 T 在 $\boldsymbol{x}$ 沿 $\boldsymbol{h}$ 方向的单侧 G 微分。

如果 $\forall\,\boldsymbol{h}\in X$，极限(2-11)成立，则 T 在 $\boldsymbol{x}$ 单侧 G 可微。

(2)如果极限

$$\lim_{t\to 0}\frac{T(\boldsymbol{x}+t\boldsymbol{h})-T(\boldsymbol{x})}{t}=\mathrm{d}T(\boldsymbol{x},\boldsymbol{h}) \tag{2-12}$$

成立，T 在 $\boldsymbol{x}$ 沿 $\boldsymbol{h}$ 方向 G 可微，此时 $\mathrm{d}T(\boldsymbol{x},\boldsymbol{h})$ 称为 T 在 $\boldsymbol{x}$ 沿 $\boldsymbol{h}$ 方向的 G 微分。

如果极限(2-12)对于 $\forall\,\boldsymbol{h}\in X$ 成立，T 被称为在 $\boldsymbol{x}$ 处 G 可微。

定义 2.2[182] 如果 T 在 $\boldsymbol{x}$ 处是 G 可微的，设 $\boldsymbol{x}\in D$，且存在 $T'(\boldsymbol{x})\in B(X,Y)$ 使

$$\mathrm{d}T(\boldsymbol{x},\boldsymbol{h})=T'(\boldsymbol{x})\boldsymbol{h} \tag{2-13}$$

则称 T 在 $\boldsymbol{x}$ 处是 G 可导的。此时，$T'(\boldsymbol{x})$ 称为 T 在 $\boldsymbol{x}$ 处的 G 导数。若 T 在 D 上处处 G 可导，则称 $T':D\to B(X,Y)$ 为 T 的 G 导算子。

定义 2.3[182] 设 $\boldsymbol{x}\in D$、$X\in\mathbb{R}^N$，如果存在 $T'(\boldsymbol{x})$，使得当 $\boldsymbol{\theta}\in X$、$\boldsymbol{x}+\boldsymbol{\theta}\in D$

时有

$$T(\boldsymbol{x}+\boldsymbol{\theta})-T(\boldsymbol{x})=T'(\boldsymbol{x})(\boldsymbol{\theta})+o(\boldsymbol{\theta}) \tag{2-14}$$

则称算子 T 在 $\boldsymbol{x}$ 处是弗雷歇(Fréchet)可微的(以下将 Fréchet 简写为 F),称 $\left\langle\frac{\partial}{\partial \boldsymbol{x}}T(\boldsymbol{x}),\boldsymbol{\theta}\right\rangle=T'(\boldsymbol{x})(\boldsymbol{\theta})$ 为算子 T 在 $\boldsymbol{x}$ 处的 F 微分,称 $T'(\boldsymbol{x})$ 为 T 在 $\boldsymbol{x}$ 处的 F 导数。

定义 2.4[182]　如果 T 在 D 上每一点处都是 F 可微的,称 T 在 D 上 F 可微,$T':D\to B(X,Y)$ 称为 T 的 F 导算子。

定义 2.5[80]　区域函数 $J(\Omega)$ 在 $\boldsymbol{h}$ 方向的欧拉(Eulerian)导数记为 $\mathrm{d}J(\Omega;\boldsymbol{h})$,有

$$\mathrm{d}J(\Omega;\boldsymbol{h})=\lim_{t\to 0}\frac{1}{t}(J(\Omega_t)-J(\Omega)) \tag{2-15}$$

定义 2.6[80]　如果满足:

(1)对于所有的方向 $\boldsymbol{h}$ 都存在着欧拉导数 $\mathrm{d}J(\Omega;\boldsymbol{h})$;

(2)映射 $\boldsymbol{h}\to\mathrm{d}J(\Omega;\boldsymbol{h})$ 是从 $C(0,\varepsilon;C^k(D;\mathbb{R}^N))$ 到 $\mathbb{R}$ 的线性连续映射。

则区域函数 $J(\Omega)$ 在 Ω 上是形状可微的。

定义 2.7[80]　考虑函数 $\psi(\Omega)\in W^{s,p}(\Omega)$,则此函数在 $\boldsymbol{h}$ 方向的物质导数记为 $\dot{\psi}(\Omega;\boldsymbol{h})\in W^{s,p}(\Omega)$,而且有

$$\dot{\psi}(\Omega;\boldsymbol{h})=\lim_{t\to 0}\frac{1}{t}(\psi(\Omega_t)\circ T_t-\psi(\Omega)) \tag{2-16}$$

式中,$\psi(\Omega_t)\circ T_t$ 表示的是 $\psi(\Omega_t)$ 是 T_t 的可微函数。

定义 2.8[80]　函数 $\psi(\Omega)$ 在 $\boldsymbol{h}$ 方向的形状导数记为 $\psi'(\Omega;\boldsymbol{h})$,且有

$$\psi'(\Omega;\boldsymbol{h})=\dot{\psi}(\Omega;\boldsymbol{h})-\nabla\psi(\Omega)\cdot\boldsymbol{h} \tag{2-17}$$

2.2.2　速度法

设区域 Ω 在扰动 $\boldsymbol{h}$ 的作用下,经过时间 t 变化为 Ω_t,则有以下关系[80]:

$$\Omega_t=T_t(\boldsymbol{h})(\Omega) \tag{2-18}$$

式中,T_t 为一个扰动算子。

在点 $\boldsymbol{x}(t)$ 处的速度向量场 $\mathbf{V}(t,\boldsymbol{x}(t))$ 可以假设为

$$\mathbf{V}(t,\boldsymbol{x})=\left(\frac{\partial}{\partial x}T_t\right)\circ T_t^{-1}(\boldsymbol{x}) \tag{2-19}$$

对于 $\boldsymbol{x}=\boldsymbol{x}(t,\boldsymbol{X})$,满足下述方程:

$$\begin{cases}\dfrac{\mathrm{d}}{\mathrm{d}t}\boldsymbol{x}(t,\boldsymbol{X})=\mathbf{V}(t,\boldsymbol{x}(t,\boldsymbol{X}))\\ \boldsymbol{x}(0,\boldsymbol{X})=\boldsymbol{X}\end{cases} \tag{2-20}$$

2.2.3　基本性质

性质 2.1[80]　(1)考虑函数 $J(\Omega_t)=\int_{\Omega_t}\mathrm{d}\boldsymbol{x}$,做变量代换 $\boldsymbol{x}=T_t(\mathbf{V})(\Omega)$,有

$$J(\Omega_t) = \int_{\Omega} \gamma(t)(\boldsymbol{x}) \mathrm{d}\boldsymbol{x} \tag{2-21}$$

式中，$\gamma(t)=\det(DT_t)$。

(2)当 $t\to 0$ 时，有

$$\frac{1}{t}(\gamma(t)-1) \to \mathrm{div}\boldsymbol{h}(0) \tag{2-22}$$

性质 2.2 设 D 是 $\mathbb{R}$ 中的一个开集，假设 $J(\Omega)$ 是定义在集合 $\Omega(\Omega\subset D\subset \mathbb{R}^N)$ 中的可测集上的形状可微函数，则存在着分布 $G(\Omega)\in D^{-k}(\Omega)=(D^k(\Omega))'$ 使得

$$\mathrm{d}J(\Omega;\boldsymbol{h}) = \langle G(\Omega),\boldsymbol{h}(0)\rangle_{D^{-k}(D;\mathbb{R}^N)\times D^k(D;\mathbb{R}^N)},\ \ \forall \boldsymbol{h}\in C(0,\varepsilon;D^k(D;\mathbb{R}^N)) \tag{2-23}$$

定理 2.1(阿达马(Hadamard)公式) 设 $J(\cdot)$ 是在任一个 C^k 光滑程度的区域 $\Omega(\Omega\subset D)$ 上形状可微的形状泛函，进一步假设 $\Omega\subset D$ 是一个具有 C^{k-1} 边界的区域，存在着标量分布 $g(\Gamma)\in D^{-k}(\Gamma)$，使得在 Ω 上 $J(\cdot)$ 的梯度 $G(\Omega)\in D^{-k}(\Omega;\mathbb{R}^N)$（其中 $G(\Omega)$ 的支集包含在 Γ 中），满足

$$G(\Omega) = {}^*\gamma_\Gamma(g\cdot \boldsymbol{n}) \tag{2-24}$$

式中，$\gamma_\Gamma\in L(D(\bar{D};\mathbb{R}^N),D(\Gamma;\mathbb{R}^N))$ 是一个迹算子；${}^*\gamma_\Gamma$ 是 γ_Γ 的转置。

性质 2.3 有以下等式成立：

$$(1)(\nabla\varphi)\circ T_t = {}^*DT_t^{-1}\cdot\nabla(\varphi\circ T_t),\ \ \forall\varphi\in C^1(\mathbb{R}^N) \tag{2-25}$$

$$(2)D(T\circ S)=\{(DT)\circ S\}\cdot DS,\ \ \forall(T,S)\in C^1(\mathbb{R}^N,\mathbb{R}^N) \tag{2-26}$$

性质 2.4

$$(1)D(T_t^{-1})=D(T_t)^{-1}\circ T_t^{-1} \tag{2-27}$$

$$(2)\det D(T_t^{-1})=\gamma(t)^{-1}\circ T_t^{-1} \tag{2-28}$$

性质 2.5 映射 $t\to DT_t(\boldsymbol{h})(t\to\gamma(t))$ 在 $C^{k-1}(\mathbb{R}^N;\mathbb{R}^N)$ 上是可微的，则在 $t=0$ 处其导数满足

$$\left(\frac{\partial}{\partial x}DT_t(\boldsymbol{h})\right)\Bigg|_{t=0} = D\boldsymbol{h}(0) \tag{2-29}$$

性质 2.6 如果 $f\in W^{1,1}(\mathbb{R}^N)$ 和 $\boldsymbol{h}\in D^k(\mathbb{R}^N;\mathbb{R}^N)$，则在 $L^1(\mathbb{R}^N)$ 上 $t\to f\circ T_t$ 是可微的并且其导数满足

$$\left(\frac{\partial}{\partial t}(f\circ T_t)\right)\Bigg|_{t=0} = \langle\nabla f,\boldsymbol{h}(0)\rangle_{\mathbb{R}^N} \tag{2-30}$$

性质 2.7 假设 $(t\to f(t))\in C(0,\varepsilon;W^{1,1}(\mathbb{R}^N))\cap C^1(0,\varepsilon;L^1(\mathbb{R}^N))$ 及 $\boldsymbol{h}\in C(0,\varepsilon;D^k(\mathbb{R}^N;\mathbb{R}^N))$，$k\geqslant 1$，则映射 $t\to f(t)\circ T_t=f(t,T_t(\cdot))$ 在 $L^1(\mathbb{R}^N)$ 上是可微的，且其导数满足

$$\left(\frac{\partial}{\partial t}(f(t)\circ T_t)\right)\Bigg|_{t=0} = f'(0)+\nabla_x f(0)\cdot\boldsymbol{h}(0) \tag{2-31}$$

性质 2.8　设 f 是 $C(0,\varepsilon;W^{2,1}(\mathbb{R}^N))\cap C^1(0,\varepsilon;W^{1,1}(\mathbb{R}^N))$ 上一个给定的元素并且 $\boldsymbol{h}$ 是一个向量场，$\boldsymbol{h}\in C(0,\varepsilon;D^k(\mathbb{R}^N;\mathbb{R}^N))$，其中 $k\geqslant 1$ 是一个整数，则映射 $t\to f(t))\circ T_t$ 在 $W^{1,1}(\mathbb{R}^N)$ 上可微，在 $t=0$ 处其导数满足

$$\left(\frac{\partial}{\partial t}(f(t))\circ T_t)\right)\bigg|_{t=0}=f'(0)+\langle\nabla f(0),\boldsymbol{h}(0)\rangle_{\mathbb{R}^N}\tag{2-32}$$

2.2.4　重要定理

引理 2.1[80]　设 Ω 是一个具有利普希茨(Lipschitz)连续边界 $\Gamma=\partial\Omega$ 的有界开区域，$j(\boldsymbol{x})\in W^{1,1}(\mathbb{R}^N)$，定义 $J(\Omega)=\int_{\Omega}j(\Omega)\mathrm{d}\boldsymbol{x}$，则 $J(\Omega)$ 在 Ω 上可微并且其欧拉导数为

$$\mathrm{d}J(\Omega;\boldsymbol{h})=\int_{\Omega}j'(\Omega;\boldsymbol{h})\mathrm{d}\boldsymbol{x}+\int_{\Gamma}j(\Omega)\langle\boldsymbol{h}(0),\boldsymbol{n}\rangle_{\mathbb{R}^N}\mathrm{d}s\tag{2-33}$$

对任意的 $\boldsymbol{h}\in W^{1,\infty}(\mathbb{R}^N;\mathbb{R}^N)$，式(2-33)成立，$\Gamma=\partial\Omega$。

引理 2.2[80]　设 Ω 是一个具有利普希茨连续边界 $\Gamma=\partial\Omega$ 的有界开区域，$j(\boldsymbol{x})\in W^{2,1}(\mathbb{R}^N)$，定义 $J(\Omega)=\int_{\Gamma}j(\Omega)\mathrm{d}\boldsymbol{x}$，则 $J(\Omega)$ 在 Ω 上可微并且其欧拉导数为

$$\mathrm{d}J(\Omega;\boldsymbol{h})=\int_{\Gamma}j'(\Omega;\boldsymbol{h})\mathrm{d}s+\int_{\Gamma}\left(\frac{\partial}{\partial\boldsymbol{n}}j(\Omega)+\kappa j(\Omega)\right)\langle\boldsymbol{h}(0),\boldsymbol{n}\rangle_{\mathbb{R}^N}\mathrm{d}s\tag{2-34}$$

对任意的 $\boldsymbol{h}\in W^{1,\infty}(\mathbb{R}^N;\mathbb{R}^N)$，式(2-34)成立，$\kappa$ 为边界 $\Gamma=\partial\Omega$ 上的平均曲率。

2.3　斯托克斯优化问题的形状灵敏度分析

2.3.1　斯托克斯问题的描述

在微流体结构优化的研究领域，由于所关注的微流动现象往往具有微小的特征尺寸，因此会导致在相对较低的流速下，流动的雷诺数通常较小。在这种情况下，流体的惯性力与黏性力相比可以被忽略，因此流体的运动主要受到黏性阻力的主导。在构建描述微流动的控制方程时，我们可以忽略纳维-斯托克斯方程中的对流项，从而将流动控制方程简化为斯托克斯方程，该方程专门描述了这种低雷诺数下的流动状态。基于斯托克斯方程的优化问题，我们称之为斯托克斯问题。本节主要是针对斯托克斯问题进行形状灵敏度分析，旨在为微流体结构优化问题的研究提供理论基础。

二维不可压缩流体的斯托克斯方程可以表示为

$$\begin{cases} -\nu\Delta\boldsymbol{u}+\nabla p=\boldsymbol{f}, & \forall\,\boldsymbol{x}\in\Omega \\ -\operatorname{div}\boldsymbol{u}=0, & \forall\,\boldsymbol{x}\in\Omega \\ \boldsymbol{\sigma}\times\boldsymbol{n}=\boldsymbol{g}, & \forall\,\boldsymbol{x}\in\Gamma_{\mathrm{N}} \\ \boldsymbol{u}=\boldsymbol{u}_0, & \forall\,\boldsymbol{x}\in\Gamma_{\mathrm{D}} \\ \boldsymbol{u}=\boldsymbol{0}, & \forall\,\boldsymbol{x}\in\Gamma_{\mathrm{S}} \end{cases} \tag{2-35}$$

式中，速度 $\boldsymbol{u}$、压力 p 是上述方程的解；ν 是动动黏性系数；$\boldsymbol{f}$ 是体积力；$\boldsymbol{u}_0$ 是边界 Γ_{D} 上已知的速度分布；Ω 是一个具有利普希茨连续边界 $\Gamma=\partial\Omega$ 的有界开区域，代表的是流体域；Γ_{S} 是流体与障碍物间的壁面，Γ_{D} 是除 Γ_{S} 外具有狄利克雷(Dirichlet)边界条件的边界，在 Γ_{N} 上作用有诺伊曼(Neumann)边界条件，有 $\Gamma=\Gamma_{\mathrm{N}}\cup\Gamma_{\mathrm{D}}\cup\Gamma_{\mathrm{S}}$，并且 Γ_{N}、Γ_{D} 和 Γ_{S} 两两之间无重合部分；$\boldsymbol{\sigma}$ 为柯西(Cauchy)应力张量，表示为

$$\boldsymbol{\sigma}=\nu\nabla\boldsymbol{u}-p\boldsymbol{I} \tag{2-36}$$

式中，$\boldsymbol{g}$ 为 Γ_{N} 上已知的法向应力分布值；$\boldsymbol{n}$ 为边界 Γ 处的单位外法线向量；$\boldsymbol{I}$ 为单位张量。

在式(2-35)第一个式子的两端同时乘以 $\boldsymbol{w}$，再在区域 Ω 上求积分，经过分步积分，可得

$$\int_\Omega \nu\nabla\boldsymbol{u}\ \nabla\boldsymbol{w}\,\mathrm{d}\boldsymbol{x}-\int_\Omega p\operatorname{div}\boldsymbol{w}\,\mathrm{d}\boldsymbol{x}=\int_\Omega \boldsymbol{f}\boldsymbol{w}\,\mathrm{d}\boldsymbol{x}+\int_\Gamma(\nu\nabla\boldsymbol{u}-p\boldsymbol{I})\boldsymbol{n}\boldsymbol{w}\,\mathrm{d}\boldsymbol{x},\ \forall\,\boldsymbol{x}\in\Omega \tag{2-37}$$

取 $\boldsymbol{w}=\boldsymbol{0}$，$\forall\,\boldsymbol{x}\in\Gamma_{\mathrm{D}}\cup\Gamma_{\mathrm{S}}$ 并且考虑 Γ_{N} 上的边界条件，式(2-37)可变为

$$\int_\Omega \nu\nabla\boldsymbol{u}\ \nabla\boldsymbol{w}\,\mathrm{d}\boldsymbol{x}-\int_\Omega p\operatorname{div}\boldsymbol{w}\,\mathrm{d}\boldsymbol{x}=\int_\Omega \boldsymbol{f}\boldsymbol{w}\,\mathrm{d}\boldsymbol{x}+\int_{\Gamma_{\mathrm{N}}}\boldsymbol{g}\boldsymbol{w}\,\mathrm{d}\boldsymbol{x},\ \forall\,x\in\Omega \tag{2-38}$$

在式(2-35)的第二个式子两端同时乘以 q，然后在区域 Ω 上求积分，可得

$$-\int_\Omega q\operatorname{div}\boldsymbol{u}\,\mathrm{d}\boldsymbol{x}=0,\ \forall\,\boldsymbol{x}\in\Omega \tag{2-39}$$

引入双线性形式：

$$a(\boldsymbol{u},\boldsymbol{v})=\int_\Omega \nu\nabla\boldsymbol{u}\ \nabla\boldsymbol{v}\,\mathrm{d}\boldsymbol{x} \tag{2-40}$$

$$b(\boldsymbol{u},q)=-\int_\Omega q\operatorname{div}\boldsymbol{u}\,\mathrm{d}\boldsymbol{x} \tag{2-41}$$

并且记

$$\langle\boldsymbol{f},\boldsymbol{v}\rangle_\Omega=\int_\Omega \boldsymbol{f}\boldsymbol{v}\,\mathrm{d}\boldsymbol{x} \tag{2-42}$$

$$\langle\boldsymbol{g},\boldsymbol{w}\rangle_{\Gamma_{\mathrm{N}}}=\int_{\Gamma_{\mathrm{N}}}\boldsymbol{g}\boldsymbol{w}\,\mathrm{d}\boldsymbol{x} \tag{2-43}$$

则得到式(2-35)的弱形式：

$$\begin{cases} a(\boldsymbol{u},\boldsymbol{w})+b(\boldsymbol{w},p)=(\boldsymbol{f},\boldsymbol{w}) \\ b(\boldsymbol{u},q)=0 \\ \boldsymbol{u}=\boldsymbol{u}_0,\ \forall\,\boldsymbol{x}\in\Gamma_{\mathrm{D}} \\ \boldsymbol{u}=\boldsymbol{0},\ \forall\,\boldsymbol{x}\in\Gamma_{\mathrm{S}} \end{cases} \tag{2-44}$$

式中，$\boldsymbol{u}\in H^2(\Omega;\mathbb{R}^N)$，令 $\Gamma_0=\Gamma_{\mathrm{D}}\cup\Gamma_{\mathrm{S}}$，$\boldsymbol{w}\in H^2_{\Gamma_0}(\Omega;\mathbb{R}^N)$，$p$、$q\in L^2(\Omega)$，$H^2_{\Gamma_0}(\Omega;\mathbb{R}^N)=\{\boldsymbol{v}\in H^2(\Omega;\mathbb{R}^N),\boldsymbol{v}|_{\Gamma_0}=\boldsymbol{0}\}$，$\mathbb{R}^N$ 为 N 维实向量空间。

取优化的目标函数为

$$J(\boldsymbol{u},\nabla\boldsymbol{u},\Omega)=\int_{\Omega}F(\boldsymbol{u},\nabla\boldsymbol{u})\mathrm{d}\boldsymbol{x} \tag{2-45}$$

则优化问题可以描述为

$$\min_{\Omega\in D}:\ J(\boldsymbol{u},\nabla\boldsymbol{u},\Omega) \tag{2-46}$$

式(2-46)满足状态约束式(2-35)及其他约束，其中，D 是优化问题的工作区域，对于所有可能的 Ω 都有 $\Omega\subset D$。

2.3.2 灵敏度分析结果

定理 2.2　当考虑最小能量耗散的斯托克斯优化问题时，可将前述目标函数取为

$$J(\boldsymbol{u},\nabla\boldsymbol{u},\Omega)=\nu\int_{\Omega}|\nabla\boldsymbol{u}|^2\mathrm{d}\boldsymbol{x} \tag{2-47}$$

此时上述优化问题可变为

$$\min_{\Omega\in D}:J(\boldsymbol{u},\nabla\boldsymbol{u},\Omega)=\nu\int_{\Omega}|\nabla\boldsymbol{u}|^2\mathrm{d}\boldsymbol{x} \tag{2-48}$$

式中，$\boldsymbol{u}$ 满足状态约束式(2-35)。

此时目标泛函的欧拉导数[183]为

$$\mathrm{d}J(\boldsymbol{u},\nabla\boldsymbol{u},\boldsymbol{h})=-\nu\int_{\Gamma_{\mathrm{S}}}\left(\frac{\partial\boldsymbol{u}}{\partial\boldsymbol{n}}\right)^2\boldsymbol{h}\cdot\boldsymbol{n}\mathrm{d}s \tag{2-49}$$

定理 2.3　(1)当目标函数 $J(\boldsymbol{u},\nabla\boldsymbol{u},\Omega)$ 不含 $\nabla\boldsymbol{u}$ 项时，表达为

$$J(\boldsymbol{u},\Omega)=\int_{\Omega}F(\boldsymbol{u})\mathrm{d}\boldsymbol{x} \tag{2-50}$$

则优化问题可描述为

$$\min_{\Omega\in D}:J(\boldsymbol{u},\Omega)=\int_{\Omega}F(\boldsymbol{u})\mathrm{d}\boldsymbol{x} \tag{2-51}$$

式中，$\boldsymbol{u}$ 满足状态约束式(2-35)。此时目标泛函的欧拉导数为

$$\mathrm{d}J(\boldsymbol{u},\Omega)=\int_{\Gamma_{\mathrm{S}}}(F(\boldsymbol{u})-\nu\nabla\boldsymbol{u}\ \nabla\boldsymbol{w})\boldsymbol{h}\cdot\boldsymbol{n}\mathrm{d}s \tag{2-52}$$

(2)当目标泛函取为

$$J(\boldsymbol{u},\Omega)=\frac{1}{2}\int_{\Omega}(\boldsymbol{u}-\boldsymbol{u}_{\mathrm{d}})^{2}\mathrm{d}\boldsymbol{x} \tag{2-53}$$

时,目标泛函的欧拉导数为

$$\mathrm{d}J(\boldsymbol{u},\Omega)=\int_{\Gamma_{\mathrm{S}}}\left[\frac{1}{2}(\boldsymbol{u}-\boldsymbol{u}_{\mathrm{d}})^{2}-\nu\nabla\boldsymbol{u}\ \nabla\boldsymbol{w}\right]\boldsymbol{h}\cdot\boldsymbol{n}\mathrm{d}s \tag{2-54}$$

式中,$\boldsymbol{u}_{\mathrm{d}}$ 为已知的速度分布。

2.3.3 速度法

这里首先给出定理 2.3 的推导过程。

优化问题式(2-51)对应的拉格朗日(Lagrange)乘子式为

$$L(\boldsymbol{u},p,\boldsymbol{w},q,\Omega)=\int_{\Omega}F(\boldsymbol{u})\mathrm{d}\boldsymbol{x}-\int_{\Omega}\nu\nabla\boldsymbol{u}\ \nabla\boldsymbol{w}\mathrm{d}\boldsymbol{x}+\int_{\Omega}p\,\mathrm{div}\boldsymbol{w}\mathrm{d}\boldsymbol{x}+\int_{\Omega}q\,\mathrm{div}\boldsymbol{u}\mathrm{d}\boldsymbol{x}+\int_{\Omega}\boldsymbol{f}\boldsymbol{w}\mathrm{d}\boldsymbol{x}+\int_{\Gamma_{\mathrm{N}}}\boldsymbol{g}\boldsymbol{w}\mathrm{d}\boldsymbol{x}-\int_{\Gamma_{\mathrm{D}}}(\boldsymbol{u}-\boldsymbol{u}_{0})\boldsymbol{w}\mathrm{d}\boldsymbol{x}-\int_{\Gamma_{\mathrm{S}}}\boldsymbol{u}\boldsymbol{w}\mathrm{d}\boldsymbol{x} \tag{2-55}$$

式中,$\boldsymbol{u}\in H^{2}(\Omega;\mathbb{R}^{N})$,$\boldsymbol{w}\in H^{2}_{\Gamma_0}(\Omega;\mathbb{R}^{N})$,$p$、$q\in L^{2}(\Omega)$;$(\boldsymbol{w},q)$为控制方程及其边界条件即式(2-35)的拉格朗日乘子。现对变量 $\boldsymbol{u}$ 求 $L(\boldsymbol{u},p,\boldsymbol{w},q,\Omega)$的弗雷歇微分:

$$\left\langle\frac{\partial L(\boldsymbol{u},p,\boldsymbol{w},q,\Omega)}{\partial\boldsymbol{u}},\delta\boldsymbol{u}\right\rangle=\int_{\Omega}\frac{\partial F(\boldsymbol{u})}{\partial\boldsymbol{u}}\delta\boldsymbol{u}\mathrm{d}\boldsymbol{x}-\int_{\Omega}\nu\nabla\delta\boldsymbol{u}\ \nabla\boldsymbol{w}\mathrm{d}\boldsymbol{x}+\int_{\Omega}q\,\mathrm{div}\delta\boldsymbol{u}\mathrm{d}\boldsymbol{x}-\int_{\Gamma_{\mathrm{D}}}\boldsymbol{w}\delta\boldsymbol{u}\mathrm{d}\boldsymbol{x}-\int_{\Gamma_{\mathrm{S}}}\boldsymbol{w}\delta\boldsymbol{u}\mathrm{d}\boldsymbol{x} \tag{2-56}$$

分步积分后可化简为

$$\left\langle\frac{\partial L(\boldsymbol{u},p,\boldsymbol{w},q,\Omega)}{\partial\boldsymbol{u}},\delta\boldsymbol{u}\right\rangle=\int_{\Omega}\frac{\partial F(\boldsymbol{u})}{\partial\boldsymbol{u}}\delta\boldsymbol{u}\mathrm{d}\boldsymbol{x}-\int_{\Omega}(-\nu\Delta\boldsymbol{w}+\nabla q)\delta\boldsymbol{u}\mathrm{d}\boldsymbol{x}-\int_{\Gamma_{\mathrm{N}}}(\nu\nabla\boldsymbol{w}-q\boldsymbol{I})\boldsymbol{n}\delta\boldsymbol{u}\mathrm{d}s-\int_{\Gamma_{0}}[(\nu\nabla\boldsymbol{w}-q\boldsymbol{I})\boldsymbol{n}+\boldsymbol{w}]\delta\boldsymbol{u}\mathrm{d}s \tag{2-57}$$

根据库恩-塔克条件(Kuhn-Tucker conditions),目标函数达到最优时应满足:

$$\left\langle\frac{\partial L(\boldsymbol{u},p,\boldsymbol{w},q,\Omega)}{\partial\boldsymbol{u}},\delta\boldsymbol{u}\right\rangle=0 \tag{2-58}$$

首先,取 $\delta\boldsymbol{u}$ 在 Ω 上具有紧支集可以得到

$$-\nu\Delta\boldsymbol{w}+\nabla q=\frac{\partial F(\boldsymbol{u})}{\partial\boldsymbol{u}},\ \forall\boldsymbol{x}\in\Omega \tag{2-59}$$

然后,取 $\delta\boldsymbol{u}$ 只在边界 Γ_{N} 上变化可以得到

$$(\nu\nabla\boldsymbol{w}-q\boldsymbol{I})\boldsymbol{n}=\boldsymbol{0},\ \forall\boldsymbol{x}\in\Gamma_{\mathrm{N}} \tag{2-60}$$

最后，由于 $w \in H^2_{\Gamma_0}(\Omega; \mathbb{R}^N)$，可以得到 Γ_0 上的边界条件为

$$\boldsymbol{w} = \boldsymbol{0}, \ \forall \boldsymbol{x} \in \Gamma_0 \tag{2-61}$$

另外，由于

$$\left\langle \frac{\partial L(\boldsymbol{u}, p, \boldsymbol{w}, q, \Omega)}{\partial p}, \delta p \right\rangle = \int_\Omega \delta p \, \mathrm{div} \boldsymbol{w} \mathrm{d}\boldsymbol{x} = 0 \tag{2-62}$$

可以得到

$$\mathrm{div} \boldsymbol{w} = 0, \ \forall \boldsymbol{x} \in \Omega \tag{2-63}$$

总结起来，以上各式构成了此优化问题的共轭方程，即

$$\begin{cases} -\nu \Delta \boldsymbol{w} + \nabla q = \dfrac{\partial F(\boldsymbol{u})}{\partial \boldsymbol{u}}, & \forall \boldsymbol{x} \in \Omega \\ \mathrm{div} \boldsymbol{w} = 0, & \forall \boldsymbol{x} \in \Omega \\ (\nu \nabla \boldsymbol{w} - q\boldsymbol{I})\boldsymbol{n} = \boldsymbol{0}, & \forall \boldsymbol{x} \in \Gamma_{\mathrm{N}} \\ \boldsymbol{w} = \boldsymbol{0}, & \forall \boldsymbol{x} \in \Gamma_{\mathrm{D}} \\ \boldsymbol{w} = \boldsymbol{0}, & \forall \boldsymbol{x} \in \Gamma_{\mathrm{S}} \end{cases} \tag{2-64}$$

由控制方程式(2-35)或者其弱形式(2-44)可以得到

$$E(\boldsymbol{u}, p, \Omega) = 0 = \int_\Omega \nu \nabla \boldsymbol{u} \ \nabla \boldsymbol{w} \mathrm{d}\boldsymbol{x} - \int_\Omega p \, \mathrm{div} \boldsymbol{w} \mathrm{d}\boldsymbol{x} - \int_\Omega q \, \mathrm{div} \boldsymbol{u} \mathrm{d}\boldsymbol{x} - \int_\Omega \boldsymbol{f} \boldsymbol{w} \mathrm{d}\boldsymbol{x} - \int_{\Gamma_{\mathrm{N}}} \boldsymbol{g} \boldsymbol{w} \mathrm{d}s + \int_{\Gamma_{\mathrm{D}}} (\boldsymbol{u} - \boldsymbol{u}_0) \boldsymbol{w} \mathrm{d}s + \int_{\Gamma_{\mathrm{S}}} \boldsymbol{u} \boldsymbol{w} \mathrm{d}s \tag{2-65}$$

式(2-65)两边同时求欧拉导数，由引理 2.1 及引理 2.2 可得

$$\begin{aligned} & \int_\Omega \nu \nabla \delta \boldsymbol{u} \ \nabla \boldsymbol{w} \mathrm{d}\boldsymbol{x} - \int_\Omega \delta p \, \mathrm{div} \boldsymbol{w} \mathrm{d}\boldsymbol{x} - \int_\Omega q \, \mathrm{div} \delta \boldsymbol{u} \mathrm{d}\boldsymbol{x} + \int_{\Gamma_{\mathrm{D}}} \delta \boldsymbol{u} \boldsymbol{w} \mathrm{d}s + \int_{\Gamma_{\mathrm{S}}} \delta \boldsymbol{u} \boldsymbol{w} \mathrm{d}s \\ = & -\int_\Gamma (\nu \nabla \boldsymbol{u} \ \nabla \boldsymbol{w} - p \, \mathrm{div} \boldsymbol{w} - q \, \mathrm{div} \boldsymbol{u} - \boldsymbol{f} \boldsymbol{w})(\boldsymbol{h} \cdot \boldsymbol{n}) \mathrm{d}s + \int_{\Gamma_{\mathrm{N}}} \left[\frac{\partial (\boldsymbol{g} \boldsymbol{w})}{\partial \boldsymbol{n}} + \kappa (\boldsymbol{g} \boldsymbol{w}) \right] (\boldsymbol{h} \cdot \boldsymbol{n}) \mathrm{d}s - \\ & \int_{\Gamma_{\mathrm{D}}} \left[\frac{\partial ((\boldsymbol{u} - \boldsymbol{u}_0) \boldsymbol{w})}{\partial n} + \kappa ((\boldsymbol{u} - \boldsymbol{u}_0) \boldsymbol{w}) \right] (\boldsymbol{h} \cdot \boldsymbol{n}) \mathrm{d}s - \int_{\Gamma_{\mathrm{S}}} \left[\frac{\partial (\boldsymbol{u} \boldsymbol{w})}{\partial \boldsymbol{n}} + \kappa (\boldsymbol{u} \boldsymbol{w}) \right] (\boldsymbol{h} \cdot \boldsymbol{n}) \mathrm{d}s \end{aligned} \tag{2-66}$$

进一步可得

$$\int_\Omega \frac{\partial F(\boldsymbol{u})}{\partial \boldsymbol{u}} \delta \boldsymbol{u} \mathrm{d}\boldsymbol{x} = \int_\Omega \nu \nabla \delta \boldsymbol{u} \ \nabla \boldsymbol{w} \mathrm{d}\boldsymbol{x} - \int_\Omega q \, \mathrm{div} \delta \boldsymbol{u} \mathrm{d}\boldsymbol{x} - \int_\Omega \delta p \, \mathrm{div} \boldsymbol{w} \mathrm{d}\boldsymbol{x} + \int_{\Gamma_{\mathrm{D}}} \boldsymbol{w} \delta \boldsymbol{u} \mathrm{d}s + \int_{\Gamma_{\mathrm{S}}} \boldsymbol{w} \delta \boldsymbol{u} \mathrm{d}s \tag{2-67}$$

由式(2-66)与式(2-67)得

$$\int_\Omega \frac{\partial F(\boldsymbol{u})}{\partial \boldsymbol{u}} \delta \boldsymbol{u} \mathrm{d}\boldsymbol{x}$$

$$=-\int_{\Gamma}(\nu\nabla\boldsymbol{u}\ \nabla\boldsymbol{w}-p\mathrm{div}\boldsymbol{w}-q\mathrm{div}\boldsymbol{u}-\boldsymbol{f}\boldsymbol{w})(\boldsymbol{h}\cdot\boldsymbol{n})\mathrm{d}s+\int_{\Gamma_{\mathrm{N}}}\left[\frac{\partial(\boldsymbol{g}\boldsymbol{w})}{\partial\boldsymbol{n}}+\kappa(\boldsymbol{g}\boldsymbol{w})\right](\boldsymbol{h}\cdot\boldsymbol{n})\mathrm{d}s-$$
$$\int_{\Gamma_{\mathrm{D}}}\left[\frac{\partial((\boldsymbol{u}-\boldsymbol{u}_0)\boldsymbol{w})}{\partial\boldsymbol{n}}+\kappa((\boldsymbol{u}-\boldsymbol{u}_0)\boldsymbol{w})\right](\boldsymbol{h}\cdot\boldsymbol{n})\mathrm{d}s-\int_{\Gamma_{\mathrm{S}}}\left[\frac{\partial(\boldsymbol{u}\boldsymbol{w})}{\partial\boldsymbol{n}}+\kappa(\boldsymbol{u}\boldsymbol{w})\right](\boldsymbol{h}\cdot\boldsymbol{n})\mathrm{d}s \tag{2-68}$$

对目标泛函式(2-50)求欧拉导数，由引理 2.1 及引理 2.2 可得

$$\mathrm{d}J(\boldsymbol{u},\Omega)=\int_{\Omega}\frac{\partial F(\boldsymbol{u})}{\partial\boldsymbol{u}}\delta\boldsymbol{u}\mathrm{d}\boldsymbol{x}+\int_{\Gamma}F(\boldsymbol{u})(\boldsymbol{h}\cdot\boldsymbol{n})\mathrm{d}s \tag{2-69}$$

结合式(2-68)得到

$$\mathrm{d}J(\boldsymbol{u},\Omega)=-\int_{\Gamma}(\nu\nabla\boldsymbol{u}\ \nabla\boldsymbol{w}-p\mathrm{div}\boldsymbol{w}-q\mathrm{div}\boldsymbol{u}-\boldsymbol{f}\boldsymbol{w})(\boldsymbol{h}\cdot\boldsymbol{n})\mathrm{d}s+\int_{\Gamma}F(\boldsymbol{u})(\boldsymbol{h}\cdot\boldsymbol{n})\mathrm{d}s+$$
$$\int_{\Gamma_{\mathrm{N}}}\left[\frac{\partial(\boldsymbol{g}\boldsymbol{w})}{\partial\boldsymbol{n}}+\kappa(\boldsymbol{g}\boldsymbol{w})\right](\boldsymbol{h}\cdot\boldsymbol{n})\mathrm{d}s-\int_{\Gamma_{\mathrm{D}}}\left[\frac{\partial((\boldsymbol{u}-\boldsymbol{u}_0)\boldsymbol{w})}{\partial\boldsymbol{n}}+\kappa((\boldsymbol{u}-\boldsymbol{u}_0)\boldsymbol{w})\right](\boldsymbol{h}\cdot\boldsymbol{n})\mathrm{d}s-$$
$$\int_{\Gamma_{\mathrm{S}}}\left[\frac{\partial(\boldsymbol{u}\boldsymbol{w})}{\partial\boldsymbol{n}}+\kappa(\boldsymbol{u}\boldsymbol{w})\right](\boldsymbol{h}\cdot\boldsymbol{n})\mathrm{d}s \tag{2-70}$$

由于优化过程只发生在 Γ_{S} 上，有

$$(\boldsymbol{h}\cdot\boldsymbol{n})=0,\ \forall\boldsymbol{x}\in\Gamma_{\mathrm{N}}\cup\Gamma_{\mathrm{D}} \tag{2-71}$$

则式(2-70)变为

$$\mathrm{d}J(\boldsymbol{u},\Omega)=$$
$$-\int_{\Gamma_{\mathrm{S}}}\left(\nu\nabla\boldsymbol{u}\ \nabla\boldsymbol{w}-p\mathrm{div}\boldsymbol{w}-q\mathrm{div}\boldsymbol{u}-\boldsymbol{f}\boldsymbol{w}-F(\boldsymbol{u})+\frac{\partial(\boldsymbol{u}\boldsymbol{w})}{\partial n}+\kappa(\boldsymbol{u}\boldsymbol{w})\right)(\boldsymbol{h}\cdot\boldsymbol{n})\mathrm{d}s \tag{2-72}$$

考虑控制方程式(2-35)及共轭方程式(2-63)，可以将式(2-72)化简为

$$\mathrm{d}J(\boldsymbol{u},\Omega)=\int_{\Gamma_{\mathrm{S}}}[F(\boldsymbol{u})-\nu\nabla\boldsymbol{u}\ \nabla\boldsymbol{w}]\boldsymbol{h}\cdot\boldsymbol{n}\mathrm{d}s \tag{2-73}$$

当目标泛函取为式(2-53)时，目标泛函的欧拉导数为

$$\mathrm{d}J(\boldsymbol{u},\Omega)=\int_{\Gamma_{\mathrm{S}}}\left[\frac{1}{2}(\boldsymbol{u}-\boldsymbol{u}_{\mathrm{d}})^2-\nu\nabla\boldsymbol{u}\ \nabla\boldsymbol{w}\right]\boldsymbol{h}\cdot\boldsymbol{n}\mathrm{d}s \tag{2-74}$$

2.4 基于水平集的灵敏度分析

在进行基于水平集的流体拓扑优化问题研究时，研究者们主要采用两种方法进行流场的求解。第一种方法就是在流体控制方程中引入体积力项来近似流-固界面上的无滑移边界条件的虚拟材料方法。第二种方法是直接在流体域进行流场求解和直接在流-固界面上施加流动边界条件的重新网格划分方法。两种方法具有不同形式的流动控制方程和不同的流动定义域，因此它们的灵敏度分析结果也

是不同的。有必要分别对此两种优化问题进行灵敏度分析。本书首先采用离散法进行基于虚拟材料方法的一般化流体拓扑优化问题的灵敏度分析，然后采用连续法进行基于网格重新划分法的一般化流体拓扑优化问题的灵敏度分析。书中采用的流体拓扑优化问题的目标函数和控制方程边界条件都具有很强的一般性，适用于大多数流体拓扑优化问题的分析。

2.4.1　虚拟材料方法

许多文献[62,71,184]给出了基于变密度方法的离散灵敏度分析的详细推导过程，而基于水平集方法的离散灵敏度分析相对较少。尽管本书推导过程中的许多内容会与文献(特别是文献[62])中的相应部分有相似之处，但是出于完整性的考虑，还是在这里给出了灵敏度分析的全部推导过程。

设定优化的目标函数为

$$J(\varphi;\boldsymbol{u},p)=\int_{\Omega}j_1(\varphi;\boldsymbol{u},\nabla\boldsymbol{u},p)\mathrm{d}\boldsymbol{x}+\int_{\partial D}j_2(\varphi;\boldsymbol{u},p)\mathrm{d}\boldsymbol{s} \tag{2-75}$$

式中，Ω 为流体域；D 为设计域。引入了赫维赛德函数(Heaviside function)和狄拉克函数(Dirac function)：

$$H(\varphi(\boldsymbol{x}))=\begin{cases}1, & \varphi\geqslant 0\\ 0, & \varphi<0\end{cases} \tag{2-76}$$

$$\tau(\varphi(\boldsymbol{x}))=\frac{\mathrm{d}H(\varphi(\boldsymbol{x}))}{\mathrm{d}\varphi} \tag{2-77}$$

则有 $\Omega=\{\boldsymbol{x}\mid H(\varphi(x))=1\}$ 和目标函数变化为

$$J(\varphi;\boldsymbol{u},p)=\int_{D}j_1(\varphi;\boldsymbol{u},\nabla\boldsymbol{u},p)H(\varphi)\mathrm{d}\boldsymbol{x}+\int_{\partial D}j_2(\varphi;\boldsymbol{u},p)\mathrm{d}s \tag{2-78}$$

原定义在流体域 Ω 的纳维-斯托克斯方程为

$$\begin{cases}\rho(\boldsymbol{u}\cdot\nabla)\boldsymbol{u}-\nabla\cdot\boldsymbol{\sigma}=\boldsymbol{0}, & \forall\,\boldsymbol{x}\in\Omega\\ \nabla\cdot\boldsymbol{u}=0, & \forall\,\boldsymbol{x}\in\Omega\\ \boldsymbol{\sigma}\times\boldsymbol{n}=\boldsymbol{g}, & \forall\,\boldsymbol{x}\in\Gamma_{\mathrm{N}}\\ \boldsymbol{u}=\boldsymbol{u}_0, & \forall\,\boldsymbol{x}\in\Gamma_{\mathrm{D}}\\ \boldsymbol{u}=\boldsymbol{0}, & \forall\,\boldsymbol{x}\in\Gamma_{\mathrm{S}}\end{cases} \tag{2-79}$$

式中，

$$\begin{aligned}\boldsymbol{\sigma}&=-p\boldsymbol{I}+2\mu\varepsilon(\boldsymbol{u})\\ \varepsilon(\boldsymbol{u})&=\frac{1}{2}(\nabla\boldsymbol{u}+\nabla\boldsymbol{u}^{\mathrm{T}})\end{aligned} \tag{2-80}$$

将式(2-80)写成张量形式：

$$\sigma_{ij}=-p\delta_{ij}+\mu\left(\frac{\partial u_i}{\partial x_j}+\frac{\partial u_j}{\partial x_i}\right) \tag{2-81}$$

当采用虚拟材料方法进行流体拓扑优化的时候，需要将流动控制方程的定义域从流体域 Ω 扩展到整个设计域 D。为了在流-固界面上近似施加无滑移边界条件，需要在控制方程中加入浸没项 $\alpha(H(\varphi))$，则方程(2-79)可以变化为

$$\begin{cases}\rho(\boldsymbol{u}\cdot\nabla)\boldsymbol{u}-\nabla\cdot\boldsymbol{\sigma}+\alpha(H(\varphi))\boldsymbol{u}=\boldsymbol{0}, & \forall\boldsymbol{x}\in D\\ \nabla\cdot\boldsymbol{u}=0, & \forall\boldsymbol{x}\in D\\ \boldsymbol{\sigma}\times\boldsymbol{n}=\boldsymbol{g}, & \forall\boldsymbol{x}\in\Gamma_{\mathrm{N}}\\ \boldsymbol{u}=\boldsymbol{u}_0, & \forall\boldsymbol{x}\in\Gamma_{\mathrm{D}}\end{cases}\tag{2-82}$$

式中，设计域 D 的边界 $\partial D=\Gamma_{\mathrm{N}}\cup\Gamma_{\mathrm{D}}$。为了使推导过程具有更普遍的意义，须将控制方程写成更一般化的形式[55]。由于本书所研究的问题是二维的，因此坐标向量可以写为 $\boldsymbol{x}=[x_1,x_2]^{\mathrm{T}}$，引入解变量 $\boldsymbol{v}=[u_1,u_2,p]^{\mathrm{T}}$，并且定义

$$\boldsymbol{\Gamma}_1=\begin{bmatrix}\sigma_{11}\\ \sigma_{21}\end{bmatrix},\ \boldsymbol{\Gamma}_2=\begin{bmatrix}\sigma_{12}\\ \sigma_{22}\end{bmatrix},\ \boldsymbol{\Gamma}_3=\begin{bmatrix}0\\ 0\end{bmatrix}\tag{2-83}$$

$$\begin{cases}F_1=\rho(\boldsymbol{u}\cdot\nabla)u_1+\alpha(H(\varphi))u_1\\ F_2=\rho(\boldsymbol{u}\cdot\nabla)u_2+\alpha(H(\varphi))u_2\\ F_3=\nabla\cdot\boldsymbol{u}\end{cases}\tag{2-84}$$

原目标函数(2-78)可以写改为

$$J(\varphi,\boldsymbol{v})=\int_D j_1(\varphi,\boldsymbol{v})H(\varphi)\mathrm{d}\boldsymbol{x}+\int_{\partial D} j_2(\varphi,\boldsymbol{v})\mathrm{d}s\tag{2-85}$$

边界 ∂D 上的狄利克雷约束条件为

$$R_i=0,\ \forall\boldsymbol{x}\in\partial D\ (\text{狄利克雷边界条件})\tag{2-86}$$

例如方程(2-82)的边界条件可以表达为

$$\begin{cases}R_1=u_1-u_{01}\\ R_2=u_2-u_{02}\\ R_2=0\end{cases}\tag{2-87}$$

则方程(2-82)变化为

$$\begin{cases}\nabla\cdot\boldsymbol{\Gamma}_i=F_i, & \forall\boldsymbol{x}\in D\\ R_i=0, & \forall\boldsymbol{x}\in\partial D\ (\text{狄利克雷边界条件})\\ \boldsymbol{n}\cdot\boldsymbol{\Gamma}_i=g_i+\dfrac{\partial R_j}{\partial\boldsymbol{u}_i}\mu_j, & \forall\boldsymbol{x}\in\partial D\ (\text{诺伊曼边界条件})\end{cases}\tag{2-88}$$

式中，μ_j 是拉格朗日乘子，是用于施加约束 $R_i=0$ 的罚因子。

利用有限元方法进行离散[55]，在有限元基函数集 $\{\varphi_{i,n}(\boldsymbol{x})\}$ 上将解分量 ν_i 近似为

$$\nu_i(\boldsymbol{x})=\sum_n\nu_{i,n}\varphi_{i,n}(\boldsymbol{x})\tag{2-89}$$

式中，$\nu_{i,n}$ 为展开系数。设计变量 φ 也可以采用相似的方式在其相应的基函数集上

进行展开：

$$\varphi(\boldsymbol{x}) = \sum_n \varphi_n \varphi_{4,n}(\boldsymbol{x}) \tag{2-90}$$

此时方程(2-88)可以采用伽辽金法(Galerkin method)离散[55]为

$$\begin{cases} L_i(\mathbf{V}_i, \boldsymbol{\varphi}) - \mathbf{N}_{ij}\boldsymbol{\Xi}_j = 0 \\ M_i(\mathbf{V}_i, \boldsymbol{\varphi}) = 0 \end{cases} \tag{2-91}$$

式中，$\mathbf{V}_i$、$\boldsymbol{\varphi}$ 和 $\boldsymbol{\Xi}_i$ 分别是展开系数 $\nu_{i,n}$、φ_n 和 $\mu_{i,n}$ 对应的列向量。列向量 $L_i(\mathbf{V}, \boldsymbol{\varphi})$ 的展开式表示为

$$L_{i,n}(\mathbf{V}, \boldsymbol{\varphi}) = \int_D (\varphi_{i,n} F_i + \nabla\varphi_{i,n} \cdot \Gamma_i)\,\mathrm{d}\boldsymbol{x} - \int_{\partial D} \varphi_{i,n} g_i \,\mathrm{d}\boldsymbol{s} \tag{2-92}$$

列向量 $M_i(\mathbf{V}, \boldsymbol{\varphi})$ 代表的是狄利克雷约束在网格点上的值

$$\boldsymbol{M}_{i,n}(\mathbf{V}, \boldsymbol{\varphi}) = R_i(\nu(x_{i,n})) \tag{2-93}$$

矩阵 $\mathbf{N}_{ij}$ 满足

$$\mathbf{N}_{ij} = \frac{\partial \boldsymbol{M}_j}{\partial \mathbf{V}_i} \tag{2-94}$$

原目标函数进行离散后可以记为 $J(\boldsymbol{\varphi}, \mathbf{V}(\boldsymbol{\varphi}))$，考虑到 $\mathbf{V}$ 和 $\boldsymbol{\Xi}_i$ 是水平集函数 φ 的隐函数，并设定 $\mathbf{N}_{ij}$ 是不依赖于水平集函数 φ 的函数，则离散后的优化问题可以描述为

$$\begin{cases} \min\limits_{\varphi}: J(\varphi, \mathbf{V}(\varphi)) \\ \text{subject to}: \begin{cases} L_i(\mathbf{V}(\varphi), \varphi) - \mathbf{N}_{ij}\boldsymbol{\Xi}_j(\varphi) = 0 \\ M_i(\mathbf{V}(\varphi), \varphi) = 0 \end{cases} \end{cases} \tag{2-95}$$

求目标函数关于水平集函数的全导数：

$$\frac{\mathrm{d}J(\varphi, \mathbf{V}(\varphi))}{\mathrm{d}\varphi} = \frac{\partial J(\varphi, \mathbf{V}(\varphi))}{\partial\varphi} + \frac{\partial J(\varphi, \mathbf{V}(\varphi))}{\partial \mathbf{V}_i}\frac{\partial \mathbf{V}_i}{\partial\varphi} \tag{2-96}$$

由于 $\partial\mathbf{V}_i/\partial\varphi$ 无法直接计算，这里采用共轭方法进行处理。对式(2-95)中的约束方程两边求全导数，得到

$$\frac{\partial L_i(\mathbf{V}(\varphi), \varphi)}{\partial\varphi} + \frac{\partial L_i(\mathbf{V}(\varphi), \varphi)}{\partial V_k}\frac{\partial \mathbf{V}_k}{\partial\varphi} - \mathbf{N}_{ij}\frac{\partial\boldsymbol{\Xi}_j(\varphi)}{\partial\varphi} = 0 \tag{2-97}$$

$$\frac{\partial M_i(\mathbf{V}(\varphi), \varphi)}{\partial\varphi} + \frac{\partial M_i(\mathbf{V}(\varphi), \varphi)}{\partial \mathbf{V}_k}\frac{\partial \mathbf{V}_k}{\partial\varphi} = 0 \tag{2-98}$$

引入拉格朗日乘子 $\widetilde{\mathbf{V}}_i$ 和 $\widetilde{\boldsymbol{\Xi}}_i$ 将式(2-98)代入式(2-96)，得到

$$\begin{aligned} \frac{\mathrm{d}J(\varphi, \mathbf{V}(\varphi))}{\mathrm{d}\varphi} = &\frac{\partial J(\varphi, \mathbf{V}(\varphi))}{\partial\varphi} + \frac{\partial J(\varphi, \mathbf{V}(\varphi))}{\partial \mathbf{V}_i}\frac{\partial \mathbf{V}_i}{\partial\varphi} + \\ &\widetilde{\mathbf{V}}_i^{\mathrm{T}}\left[\frac{\partial L_i(\mathbf{V}(\varphi), \varphi)}{\partial\varphi} + \frac{\partial L_i(\mathbf{V}(\varphi), \varphi)}{\partial \mathbf{V}_k}\frac{\partial \mathbf{V}_k}{\partial\varphi} - \mathbf{N}_{ij}\frac{\partial\boldsymbol{\Xi}_j(\varphi)}{\partial\varphi}\right] + \\ &\widetilde{\boldsymbol{\Xi}}_i^{\mathrm{T}}\left[\frac{\partial M_i(\mathbf{V}(\varphi), \varphi)}{\partial\varphi} + \frac{\partial M_i(\mathbf{V}(\varphi), \varphi)}{\partial \mathbf{V}_k}\frac{\partial \mathbf{V}_k}{\partial\varphi}\right] \end{aligned} \tag{2-99}$$

式(2-98)可以转化为

$$\frac{\mathrm{d}J(\varphi,\boldsymbol{V}(\varphi))}{\mathrm{d}\varphi}=\frac{\partial J(\varphi,\boldsymbol{V}(\varphi))}{\partial\varphi}+\widetilde{\boldsymbol{V}}_i^{\mathrm{T}}\frac{\partial L_i(\boldsymbol{V}(\varphi),\varphi)}{\partial\varphi}+\widetilde{\boldsymbol{\Xi}}_i^{\mathrm{T}}\frac{\partial M_i(\boldsymbol{V}(\varphi),\varphi)}{\partial\varphi}+\frac{\partial J(\varphi,\boldsymbol{V}(\varphi))}{\partial\boldsymbol{V}_j}\frac{\partial\boldsymbol{V}_j}{\partial\varphi}+\widetilde{\boldsymbol{V}}_i^{\mathrm{T}}\frac{\partial L_i(\boldsymbol{V}(\varphi),\varphi)}{\partial\boldsymbol{V}_j}\frac{\partial\boldsymbol{V}_j}{\partial\varphi}-\widetilde{\boldsymbol{V}}_i^{\mathrm{T}}\boldsymbol{N}_{ij}\frac{\partial\boldsymbol{\Xi}_j(\varphi)}{\partial\varphi}+\widetilde{\boldsymbol{\Xi}}_i^{\mathrm{T}}\boldsymbol{N}_{ij}\frac{\partial\boldsymbol{V}_j}{\partial\varphi}\tag{2-100}$$

为了从式(2-100)中去掉$\partial\boldsymbol{V}_i/\partial\varphi$和$\partial\Xi_j/\partial\varphi$,引入如下关系式

$$\begin{cases}\left[\dfrac{\partial L_j(\boldsymbol{V}(\varphi),\varphi)}{\partial\boldsymbol{V}_i}\right]^{\mathrm{T}}\widetilde{\boldsymbol{V}}_j+\boldsymbol{N}_{ji}^{\mathrm{T}}\widetilde{\boldsymbol{\Xi}}_j=-\dfrac{\partial J(\varphi,\boldsymbol{V}(\varphi))}{\partial\boldsymbol{V}_i}\\ \boldsymbol{N}_{ji}^{\mathrm{T}}\widetilde{\boldsymbol{V}}_j=\boldsymbol{0}\end{cases}\tag{2-101}$$

式(2-100)变为

$$\frac{\mathrm{d}J(\varphi,\boldsymbol{V}(\varphi))}{\mathrm{d}\varphi}=\frac{\partial J(\varphi,\boldsymbol{V}(\varphi))}{\partial\varphi}+\widetilde{\boldsymbol{V}}_i^{\mathrm{T}}\frac{\partial L_i(\boldsymbol{V}(\varphi),\varphi)}{\partial\varphi}+\widetilde{\boldsymbol{\Xi}}_i^{\mathrm{T}}\frac{\partial M_i(\boldsymbol{V}(\varphi),\varphi)}{\partial\varphi}\tag{2-102}$$

式(2-102)就是离散灵敏度分析的结果,式(2-101)是共轭方程。

水平集方法是通过求解以下水平集方程实现水平集函数更新的一种界面捕捉方法:

$$\frac{\partial\varphi}{\partial t}+V_n\left|\nabla\varphi\right|=0\tag{2-103}$$

为了采用水平集方法进行拓扑优化,需要对灵敏度分析结果(2-102)进行进一步的处理以获得水平集法向速度V_n的表达式。由于水平集函数$\varphi=\varphi(\boldsymbol{x},t)$是虚拟时间$t$的函数,则式(2-102)变为

$$\frac{\mathrm{d}J(\varphi,\boldsymbol{V}(\varphi))}{\mathrm{d}t}\frac{\partial t}{\partial\varphi}=\frac{\partial J(\varphi,\boldsymbol{V}(\varphi))}{\partial\varphi}+\widetilde{\boldsymbol{V}}_i^{\mathrm{T}}\frac{\partial L_i(\boldsymbol{V}(\varphi),\varphi)}{\partial\varphi}+\widetilde{\boldsymbol{\Xi}}_i^{\mathrm{T}}\frac{\partial M_i(\boldsymbol{V}(\varphi),\varphi)}{\partial\varphi}\tag{2-104}$$

进一步可以得到

$$\frac{\mathrm{d}J(\varphi,\boldsymbol{V}(\varphi))}{\mathrm{d}t}=\left[\frac{\partial J(\varphi,\boldsymbol{V}(\varphi))}{\partial\varphi}+\widetilde{\boldsymbol{V}}_i^{\mathrm{T}}\frac{\partial L_i(\boldsymbol{V}(\varphi),\varphi)}{\partial\varphi}+\widetilde{\boldsymbol{\Xi}}_i^{\mathrm{T}}\frac{\partial M_i(\boldsymbol{V}(\varphi),\varphi)}{\partial\varphi}\right]\frac{\partial\varphi}{\partial t}\tag{2-105}$$

根据式(2-85)、(2-92)和(2-93),可以将式(2-105)转化为

$$\begin{aligned}&\frac{\mathrm{d}J(\varphi,\boldsymbol{V}(\varphi))}{\mathrm{d}t}\\&=\int_D\frac{\partial j_1(\varphi,\boldsymbol{V}(\varphi))}{\partial\varphi}H(\varphi)\frac{\partial\varphi}{\partial t}\mathrm{d}\boldsymbol{x}+\int_D\left[j_1(\varphi,\boldsymbol{V}(\varphi))+\widetilde{\boldsymbol{V}}_i^{\mathrm{T}}\frac{\partial F_i}{\partial\varphi}\right]\tau(\varphi)\frac{\partial\varphi}{\partial t}\mathrm{d}\boldsymbol{x}+\\&\quad\int_{\partial D}\frac{\partial j_2(\varphi,\boldsymbol{V}(\varphi))}{\partial\varphi}\frac{\partial\varphi}{\partial t}\mathrm{d}\boldsymbol{x}\end{aligned}$$

$$
=\int_D \frac{\partial j_1(\varphi,\boldsymbol{V}(\varphi))}{\partial\varphi}H(\varphi)\frac{\partial\varphi}{\partial t}\mathrm{d}\boldsymbol{x}+
$$

$$
\int_D\left[j_1(\varphi,\boldsymbol{V}(\varphi))+(\tilde{\boldsymbol{V}}_1^{\mathrm{T}}\boldsymbol{V}_1+\tilde{\boldsymbol{V}}_2^{\mathrm{T}}\boldsymbol{V}_2)\frac{\partial\alpha}{\partial H}\right]\tau(\varphi)\frac{\partial\varphi}{\partial t}\mathrm{d}\boldsymbol{x}+\int_{\partial D}\frac{\partial j_2(\varphi,\boldsymbol{V}(\varphi))}{\partial\varphi}\frac{\partial\varphi}{\partial t}\mathrm{d}\boldsymbol{x} \tag{2-106}
$$

将式(2-103)代入上式可得

$$
\frac{\mathrm{d}J(\varphi,\boldsymbol{V}(\varphi))}{\mathrm{d}t}
$$

$$
=-\int_\Omega \frac{\partial j_1(\varphi,\boldsymbol{V}(\varphi))}{\partial\varphi}\boldsymbol{V}_n|\nabla\varphi|\mathrm{d}\boldsymbol{x}+\int_D\left[j_1(\varphi,\boldsymbol{V}(\varphi))+(\tilde{\boldsymbol{V}}_1^{\mathrm{T}}\boldsymbol{V}_1+\tilde{\boldsymbol{V}}_2^{\mathrm{T}}\boldsymbol{V}_2)\frac{\partial\alpha}{\partial H}\right]\times
$$

$$
\boldsymbol{V}_n\tau(\varphi)|\nabla\varphi|\mathrm{d}\boldsymbol{x}+\int_{\partial D}\frac{\partial j_2(\varphi,\boldsymbol{V}(\varphi))}{\partial\varphi}\boldsymbol{V}_n|\nabla\varphi|\mathrm{d}\boldsymbol{x}
$$

$$
=-\int_\Omega \frac{\partial j_1(\varphi,\boldsymbol{V}(\varphi))}{\partial\varphi}|\nabla\varphi|\boldsymbol{V}_n\mathrm{d}\boldsymbol{x}-\int_{\Gamma_{\mathrm{S}}}\left[j_1(\varphi,\boldsymbol{V}(\varphi))+(\tilde{\boldsymbol{V}}_1^{\mathrm{T}}\boldsymbol{V}_1+\tilde{\boldsymbol{V}}_2^{\mathrm{T}}\boldsymbol{V}_2)\frac{\partial\alpha}{\partial H}\right]\boldsymbol{V}_n\mathrm{d}\boldsymbol{s}-
$$

$$
\int_{\partial D}\frac{\partial j_2(\varphi,\boldsymbol{V}(\varphi))}{\partial\varphi}|\nabla\varphi|\boldsymbol{V}_n\mathrm{d}\boldsymbol{x} \tag{2-107}
$$

式中，Γ_{S} 是流-固界面。

由于通常情况下设计域边界与流-固界面是没有交集的，所以可以假设 $\Gamma_{\mathrm{S}}\cap\partial D=\Phi$，其中 Φ 代表的是空集。为了使得水平集函数的演化方向为目标函数下降的方向，需要将水平集法向速度进行如下取值：

$$
V_n=\begin{cases}\dfrac{\partial j_1(\varphi,\boldsymbol{V}(\varphi))}{\partial\varphi}|\nabla\varphi|, & \forall\boldsymbol{x}\in\Omega\\[2ex] j_1(\varphi,\boldsymbol{V}(\varphi))+(\tilde{\boldsymbol{V}}_1^{\mathrm{T}}\boldsymbol{V}_1+\tilde{\boldsymbol{V}}_2^{\mathrm{T}}\boldsymbol{V}_2)\dfrac{\partial\alpha}{\partial H}, & \forall\boldsymbol{x}\in\Gamma_{\mathrm{S}}\\[2ex] \dfrac{\partial j_2(\varphi,\boldsymbol{V}(\varphi))}{\partial\varphi}|\nabla\varphi|, & \forall\boldsymbol{x}\in\partial D\end{cases} \tag{2-108}
$$

作为界面捕捉的水平集方法，其优化原理都是通过控制界面的演化实现目标函数值下降。所以在一般情况下，只有流-固界面的水平集法向速度才是真正可用的，也就是说实际进行优化时可以直接取

$$
V_n=j_1(\varphi,\boldsymbol{V}(\varphi))+(\tilde{\boldsymbol{V}}_1^{\mathrm{T}}\boldsymbol{V}_1+\tilde{\boldsymbol{V}}_2^{\mathrm{T}}\boldsymbol{V}_2)\frac{\partial\alpha}{\partial H},\quad\forall\boldsymbol{x}\in\Gamma_{\mathrm{S}} \tag{2-109}
$$

然后，再将界面上的水平集法向速度扩展到整个水平集方程求解区域。

2.4.2　网格重新划分法

在进行灵敏度分析之前，先介绍一个用于连续灵敏度分析的弗雷歇导数的概念。

定义函数 $T(\boldsymbol{u})$关于 $\boldsymbol{u}$ 在$\boldsymbol{\theta}$ 方向的弗雷歇导数（记为$\left\langle\dfrac{\partial}{\partial\boldsymbol{u}}T(\boldsymbol{u}),\boldsymbol{\theta}\right\rangle$）为

$$T(\boldsymbol{u}+\boldsymbol{\theta})-T(\boldsymbol{u})=\left\langle\frac{\partial}{\partial \boldsymbol{u}}T(\boldsymbol{u}),\boldsymbol{\theta}\right\rangle+o(\boldsymbol{\theta}),\text{ 并且 }\lim_{\boldsymbol{\theta}\to 0}\frac{|o(\boldsymbol{\theta})|}{\|\boldsymbol{\theta}\|}=0 \tag{2-110}$$

式中：$\boldsymbol{u},\boldsymbol{\theta}\in W^{1,\infty}(\mathbb{R}^d;\mathbb{R}^d)$；$\boldsymbol{\theta}$ 是一个模充分小的向量。

网格重新划分方法中，因为所有流动量都只定义在流体域上，所以将优化目标函数定义为

$$J(\varphi;\boldsymbol{u},p)=\int_{\Omega}j_1(\varphi;\boldsymbol{u},\nabla\boldsymbol{u},p)\mathrm{d}\boldsymbol{x}+\int_{\partial\Omega}j_2(\varphi;\boldsymbol{u},p)\mathrm{d}s \tag{2-111}$$

与虚拟材料方法相比，网格重新划分方法将控制方程定义域从流体域扩展到设计域的方法是不同的。在虚拟材料方法中，采用的是加入惩罚因子对流-固边界进行浸没的方法，需要在整个设计域上进行真实的流场求解。而网格重新划分方法不需要在整个设计域上进行流场分析，只是为了便于灵敏度分析才将控制方程定义域虚拟地扩展到了设计域上。因此，在网格重新划分方法中不需要加入惩罚项，相应的控制方程纳维-斯托克斯方程为

$$\begin{cases}\rho(\boldsymbol{u}\cdot\nabla)\boldsymbol{u}-\nabla\cdot\boldsymbol{\sigma}=\boldsymbol{0}, & \forall\,\boldsymbol{x}\in\Omega\\ \nabla\cdot\boldsymbol{u}=0, & \forall\,\boldsymbol{x}\in\Omega\\ \boldsymbol{\sigma}\times\boldsymbol{n}=\boldsymbol{g}, & \forall\,\boldsymbol{x}\in\Gamma_{\mathrm{N}}\\ \boldsymbol{u}=\boldsymbol{u}_0, & \forall\,\boldsymbol{x}\in\Gamma_{\mathrm{D}}\\ \boldsymbol{u}=\boldsymbol{0}, & \forall\,\boldsymbol{x}\in\Gamma_{\mathrm{S}}\end{cases} \tag{2-112}$$

式中，应力张量 $\boldsymbol{\sigma}$ 满足

$$\boldsymbol{\sigma}=-p\boldsymbol{I}+2\mu\varepsilon(\boldsymbol{u})\quad \varepsilon(\boldsymbol{u})=\frac{1}{2}(\nabla\boldsymbol{u}+\nabla\boldsymbol{u}^{\mathrm{T}}) \tag{2-113}$$

将边界条件化为一般化形式：

$$\begin{cases}\rho(\boldsymbol{u}\cdot\nabla)\boldsymbol{u}-\nabla\cdot\boldsymbol{\sigma}=\boldsymbol{0}, & \forall\,\boldsymbol{x}\in\Omega\\ \nabla\cdot\boldsymbol{u}=0, & \forall\,\boldsymbol{x}\in\Omega\\ \boldsymbol{R}(\boldsymbol{u},p)=\boldsymbol{0}, & \forall\,\boldsymbol{x}\in\partial\Omega\text{（狄利克雷边界条件）}\\ \boldsymbol{n}\cdot\boldsymbol{\sigma}=\boldsymbol{g}+\dfrac{\partial\boldsymbol{R}}{\partial\boldsymbol{u}}\boldsymbol{\mu}, & \forall\,\boldsymbol{x}\in\partial\Omega\text{（诺伊曼边界条件）}\end{cases} \tag{2-114}$$

可以看出此控制方程只定义在流体域上。式(2-114)的弱形式为

$$\begin{cases}\displaystyle\int_{\Omega}(\rho\boldsymbol{v}(\boldsymbol{u}\cdot\nabla)\boldsymbol{u}+\varepsilon(\boldsymbol{v})\cdot\boldsymbol{\sigma}+q\,\nabla\cdot\boldsymbol{u})\mathrm{d}\boldsymbol{x}-\int_{\partial\Omega}\boldsymbol{v}\boldsymbol{g}\,\mathrm{d}s-\int_{\partial\Omega}\boldsymbol{v}\frac{\partial\boldsymbol{R}}{\partial\boldsymbol{u}}\boldsymbol{\mu}\,\mathrm{d}s=0\\ \displaystyle\int_{\partial\Omega}\boldsymbol{w}\boldsymbol{R}(\boldsymbol{u},p)\mathrm{d}s=0\end{cases} \tag{2-115}$$

式中，$\boldsymbol{v}$、q 和 $\boldsymbol{w}$ 为试函数。为了便于进行灵敏度分析，下面要做的就是将优化问题

的定义域从流体域Ω虚拟地扩展到设计域D。由于$\partial\Omega$对∂D的差集满足$\partial\Omega\backslash\partial D=\Gamma_S$，其中$\Gamma_S$是流-固界面，则有$\partial\Omega\backslash\Gamma_S\subset\partial D$。可以得到

$$\int_{\partial\Omega} f\,\mathrm{d}s=\int_{\partial\Omega\backslash\Gamma_S} f\,\mathrm{d}s+\int_{\Gamma_S} f\,\mathrm{d}s=\int_{\partial D} fH(\varphi)\,\mathrm{d}s+\int_D f\tau(\varphi)\,|\nabla\varphi|\,\mathrm{d}\boldsymbol{x} \tag{2-116}$$

目标函数可以变为

$$J(\varphi;\boldsymbol{u},p)=\int_D[j_1(\varphi;\boldsymbol{u},\nabla\boldsymbol{u},p)H(\varphi)+j_2(\varphi;\boldsymbol{u},p)\tau(\varphi)\,|\nabla\varphi|\,]\mathrm{d}\boldsymbol{x}+\int_{\partial D} j_2(\varphi;\boldsymbol{u},p)H(\varphi)\,\mathrm{d}s \tag{2-117}$$

根据式(2-116)，可以将式(2-115)改写为

$$\begin{cases}\displaystyle\int_D\left[(\rho\boldsymbol{v}(\boldsymbol{u}\cdot\nabla)\boldsymbol{u}+\varepsilon(\boldsymbol{v})\cdot\boldsymbol{\sigma}+q\,\nabla\cdot\boldsymbol{u})H(\varphi)-\boldsymbol{v}\left(\boldsymbol{g}+\frac{\partial\boldsymbol{R}}{\partial\boldsymbol{u}}\boldsymbol{\mu}\right)\tau(\varphi)\,|\nabla\varphi|\,\right]\mathrm{d}\boldsymbol{x}= \\ \qquad\displaystyle\int_{\partial D}\boldsymbol{v}(\boldsymbol{g}+\frac{\partial\boldsymbol{R}}{\partial\boldsymbol{u}}\boldsymbol{\mu})H(\varphi)\,\mathrm{d}s \\ \displaystyle\int_{\partial D}\boldsymbol{wR}H(\varphi)\,\mathrm{d}s+\int_D\boldsymbol{wR}\tau(\varphi)\,|\nabla\varphi|\,\mathrm{d}\boldsymbol{x}=0\end{cases} \tag{2-118}$$

分别引入记号

$$E(\boldsymbol{u},p,\varphi)=\int_D[(\rho\boldsymbol{v}(\boldsymbol{u}\cdot\nabla)\boldsymbol{u}+\varepsilon(\boldsymbol{v})\cdot\boldsymbol{\sigma}+q\,\nabla\cdot\boldsymbol{u})H(\varphi)-\boldsymbol{vg}\tau(\varphi)\,|\nabla\varphi|\,]\mathrm{d}\boldsymbol{x}-\int_{\partial D}\boldsymbol{vg}H(\varphi)\,\mathrm{d}s \tag{2-119}$$

$$Q(\boldsymbol{\mu},\varphi)=\int_D\boldsymbol{v}\,\frac{\partial\boldsymbol{R}}{\partial\boldsymbol{u}}\boldsymbol{\mu}\tau(\varphi)\,|\nabla\varphi|\,\mathrm{d}\boldsymbol{x}+\int_{\partial D}\boldsymbol{v}\,\frac{\partial\boldsymbol{R}}{\partial\boldsymbol{u}}\boldsymbol{\mu}H(\varphi)\,\mathrm{d}s \tag{2-120}$$

$$M(\boldsymbol{u},p,\varphi)=\int_{\partial D}\boldsymbol{wR}H(\varphi)\,\mathrm{d}s+\int_D\boldsymbol{wR}\tau(\varphi)\,|\nabla\varphi|\,\mathrm{d}\boldsymbol{x} \tag{2-121}$$

式(2-118)可以记为

$$\begin{cases}E(\boldsymbol{u},p,\varphi)-Q(\boldsymbol{\mu},\varphi)=0\\ M(\boldsymbol{u},p,\varphi)=0\end{cases} \tag{2-122}$$

原优化问题可以描述为

$$\begin{cases}\min\limits_{\varphi}\colon J(\varphi;\boldsymbol{u},p)\\ \text{subject to:}\begin{cases}E(\boldsymbol{u}(\varphi),p(\varphi),\varphi)-Q(\boldsymbol{\mu}(\varphi),\varphi)=0\\ M(\boldsymbol{u}(\varphi),p(\varphi),\varphi)=0\end{cases}\end{cases} \tag{2-123}$$

这个优化问题对应的拉格朗日形式可以写为

$$L(\varphi,\boldsymbol{u}(\varphi),p(\varphi),\boldsymbol{\mu}(\varphi))=J(\varphi;\boldsymbol{u},p)+E(\boldsymbol{u}(\varphi),p(\varphi),\varphi)-Q(\boldsymbol{\mu}(\varphi),\varphi)+M(\boldsymbol{u}(\varphi),p(\varphi),\varphi) \quad (2-124)$$

此时，$\boldsymbol{v}$、q 和 $\boldsymbol{w}$ 充当的是拉格朗日乘子。

求 $L(\varphi,\boldsymbol{u},p,\boldsymbol{\mu})$关于 $\boldsymbol{u}$ 的弗雷歇导数，有

$$\left\langle\frac{\partial L(\varphi,\boldsymbol{u},p,\boldsymbol{\mu})}{\partial \boldsymbol{u}},\delta\boldsymbol{u}\right\rangle=\left\langle\frac{\partial J(\varphi;\boldsymbol{u},p)}{\partial \boldsymbol{u}},\delta\boldsymbol{u}\right\rangle+\left\langle\frac{\partial E(\boldsymbol{u},p,\varphi)}{\partial \boldsymbol{u}},\delta\boldsymbol{u}\right\rangle-\left\langle\frac{\partial Q(\boldsymbol{\mu},\varphi)}{\partial \boldsymbol{u}},\delta\boldsymbol{u}\right\rangle+\left\langle\frac{\partial M(\boldsymbol{u},p,\varphi)}{\partial \boldsymbol{u}},\delta\boldsymbol{u}\right\rangle \quad (2-125)$$

式中，$\delta\boldsymbol{u}$ 是微小虚拟时间段 δt 内变量 $\boldsymbol{u}$ 发生的微小变化。

根据式(2－85)可得

$$\begin{aligned}\left\langle\frac{\partial J(\varphi;\boldsymbol{u},p)}{\partial \boldsymbol{u}},\delta\boldsymbol{u}\right\rangle&=\left\langle\frac{\partial\int_D j_1(\varphi;\boldsymbol{u},\nabla\boldsymbol{u},p)H(\varphi)\mathrm{d}\boldsymbol{x}}{\partial \boldsymbol{u}},\delta\boldsymbol{u}\right\rangle+\int_{\partial\Omega}\frac{\partial j_2(\varphi;\boldsymbol{u},p)}{\partial \boldsymbol{u}}\delta\boldsymbol{u}\mathrm{d}s\\&=\int_D\left[\frac{\partial j_1(\varphi;\boldsymbol{u},\nabla\boldsymbol{u},p)}{\partial \boldsymbol{u}}\delta\boldsymbol{u}+\frac{\partial j_1(\varphi;\boldsymbol{u},\nabla\boldsymbol{u},p)}{\partial \nabla\boldsymbol{u}}\nabla(\delta\boldsymbol{u})\right]H(\varphi)\mathrm{d}\boldsymbol{x}+\\&\quad\int_{\partial\Omega}\frac{\partial j_2(\varphi;\boldsymbol{u},p)}{\partial \boldsymbol{u}}\delta\boldsymbol{u}\mathrm{d}s\\&=\int_\Omega\left[\frac{\partial j_1(\varphi;\boldsymbol{u},\nabla\boldsymbol{u},p)}{\partial \boldsymbol{u}}\delta\boldsymbol{u}-\nabla\cdot\frac{\partial j_1(\varphi;\boldsymbol{u},\nabla\boldsymbol{u},p)}{\partial \nabla\boldsymbol{u}}\delta\boldsymbol{u}\right]\mathrm{d}\boldsymbol{x}+\\&\quad\int_{\partial\Omega}\frac{\partial j_1(\varphi;\boldsymbol{u},\nabla\boldsymbol{u},p)}{\partial \nabla\boldsymbol{u}}\boldsymbol{n}\,\delta\boldsymbol{u}\mathrm{d}s+\int_{\partial\Omega}\frac{\partial j_2(\varphi;\boldsymbol{u},p)}{\partial \boldsymbol{u}}\delta\boldsymbol{u}\mathrm{d}s\end{aligned} \quad (2-126)$$

由式(2－119)，得到

$$\begin{aligned}\left\langle\frac{\partial E(\boldsymbol{u},p,\varphi)}{\partial \boldsymbol{u}},\delta\boldsymbol{u}\right\rangle&=\int_D\left[\left(\rho\boldsymbol{v}(\delta\boldsymbol{u}\cdot\nabla)\boldsymbol{u}+\rho\boldsymbol{v}(\boldsymbol{u}\cdot\nabla)\delta\boldsymbol{u}+\varepsilon(\boldsymbol{v})\cdot\left\langle\frac{\partial\boldsymbol{\sigma}}{\partial\boldsymbol{u}},\delta\boldsymbol{u}\right\rangle+\right.\right.\\&\quad\left.\left.q\nabla\cdot(\delta\boldsymbol{u})\right)H(\varphi)\right]\mathrm{d}\boldsymbol{x}\\&=\int_\Omega[(\rho\boldsymbol{v}(\delta\boldsymbol{u}\cdot\nabla)\boldsymbol{u}+\rho\boldsymbol{v}(\boldsymbol{u}\cdot\nabla)\delta\boldsymbol{u}+2\boldsymbol{\mu}\varepsilon(\boldsymbol{v})\cdot\varepsilon(\delta\boldsymbol{u})+q\nabla\cdot(\delta\boldsymbol{u}))]\mathrm{d}\boldsymbol{x}\\&=\int_\Omega\rho(\boldsymbol{v}\cdot\nabla)\boldsymbol{u}\cdot\delta\boldsymbol{u}\mathrm{d}\boldsymbol{x}-\int_\Omega\rho(\boldsymbol{u}\cdot\nabla)\boldsymbol{v}\cdot\delta\boldsymbol{u}\mathrm{d}\boldsymbol{x}+\int_{\partial\Omega}\rho(\boldsymbol{u}\cdot\boldsymbol{n})\boldsymbol{v}\cdot\delta\boldsymbol{u}\mathrm{d}\Gamma+\\&\quad\int_{\partial\Omega}2\boldsymbol{\mu}\varepsilon(\boldsymbol{v})\cdot\boldsymbol{n}\cdot\delta\boldsymbol{u}\mathrm{d}s-\int_\Omega 2\nabla\cdot[\boldsymbol{\mu}\varepsilon(\boldsymbol{v})]\delta\boldsymbol{u}\mathrm{d}\boldsymbol{x}+\\&\quad\int_{\partial\Omega}q\boldsymbol{n}\cdot\delta\boldsymbol{u}\mathrm{d}s-\int_\Omega\nabla q\cdot\delta\boldsymbol{u}\mathrm{d}\boldsymbol{x}\end{aligned} \quad (2-127)$$

假设$\partial \boldsymbol{R}/\partial \boldsymbol{u}$不是$\boldsymbol{u}$ 和 p 的函数，则有

$$\left\langle \frac{\partial Q(\boldsymbol{\mu},\varphi)}{\partial \boldsymbol{u}},\delta \boldsymbol{u} \right\rangle = 0 \tag{2-128}$$

由式(2－121)，可得

$$\left\langle \frac{\partial M(\boldsymbol{u},p,\varphi)}{\partial \boldsymbol{u}},\delta \boldsymbol{u} \right\rangle = \int_{\partial\Omega} w \frac{\partial \boldsymbol{R}}{\partial \boldsymbol{u}}\delta \boldsymbol{u}\,\mathrm{d}s \tag{2-129}$$

根据式(2－125)、(2－126)、(2－127)、(2－128)和(2－129)，以及 KKT(Karush-Kuhn-Tucker，卡鲁什-库恩-塔克)最优化条件

$$\left\langle \frac{\partial L(\varphi,\boldsymbol{u},p,\boldsymbol{\mu})}{\partial \boldsymbol{u}},\delta \boldsymbol{u} \right\rangle = 0 \tag{2-130}$$

得到

$$\begin{aligned}
&\iint_{\Omega}\Big[\frac{\partial j_1(\varphi;\boldsymbol{u},\nabla \boldsymbol{u},p)}{\partial \boldsymbol{u}} - \nabla\cdot \frac{\partial j_1(\varphi;\boldsymbol{u},\nabla \boldsymbol{u},p)}{\partial \nabla \boldsymbol{u}} + \rho(\boldsymbol{v}\cdot\nabla)\boldsymbol{u} - \rho(\boldsymbol{u}\cdot\nabla)\boldsymbol{v} - \\
&\qquad 2\,\nabla\cdot[\boldsymbol{\mu}\varepsilon(\boldsymbol{v})] - \nabla q\Big]\delta \boldsymbol{u}\,\mathrm{d}\boldsymbol{x} + \\
&\iint_{\partial\Omega}\Big[\frac{\partial j_1(\varphi;\boldsymbol{u},\nabla \boldsymbol{u},p)}{\partial \nabla \boldsymbol{u}}\boldsymbol{n} + \frac{\partial j_2(\varphi;\boldsymbol{u},p)}{\partial \boldsymbol{u}} + \rho(\boldsymbol{u}\cdot\boldsymbol{n})\boldsymbol{v} + \\
&\qquad 2\boldsymbol{\mu}\varepsilon(\boldsymbol{v})\cdot\boldsymbol{n} + q\boldsymbol{n} + w\frac{\partial \boldsymbol{R}}{\partial \boldsymbol{u}}\Big]\delta \boldsymbol{u}\,\mathrm{d}s = 0
\end{aligned} \tag{2-131}$$

对式(2－131)做两个处理。首先在区域Ω上改变$\delta \boldsymbol{u}$的取值，可以得到

$$\begin{aligned}
&\rho(\boldsymbol{v}\cdot\nabla)\boldsymbol{u} - \rho(\boldsymbol{u}\cdot\nabla)\boldsymbol{v} - 2\,\nabla\cdot[\boldsymbol{\mu}\varepsilon(\boldsymbol{v})] - \nabla q = \\
&\nabla\cdot\frac{\partial j_1(\varphi;\boldsymbol{u},\nabla \boldsymbol{u},p)}{\partial \nabla \boldsymbol{u}} - \frac{\partial j_1(\varphi;\boldsymbol{u},\nabla \boldsymbol{u},p)}{\partial \boldsymbol{u}},\ \forall \boldsymbol{x}\in\Omega
\end{aligned} \tag{2-132}$$

然后在$\partial\Omega$上改变$\delta \boldsymbol{u}$的取值，得到

$$\begin{aligned}
&\rho(\boldsymbol{u}\cdot\boldsymbol{n})\boldsymbol{v} + 2\boldsymbol{\mu}\varepsilon(\boldsymbol{v})\cdot\boldsymbol{n} + q\boldsymbol{n} + \left(\frac{\partial \boldsymbol{R}}{\partial \boldsymbol{u}}\right)^{\mathrm{T}} w = \\
&-\frac{\partial j_1(\varphi;\boldsymbol{u},\nabla \boldsymbol{u},p)}{\partial \nabla \boldsymbol{u}}\boldsymbol{n} - \frac{\partial j_2(\varphi;\boldsymbol{u},p)}{\partial \boldsymbol{u}},\ \forall \boldsymbol{x}\in\partial\Omega
\end{aligned} \tag{2-133}$$

求$L(\varphi,\boldsymbol{u},p,\boldsymbol{\mu})$关于$\boldsymbol{\mu}$的弗雷歇导数，有

$$\begin{aligned}
\left\langle \frac{\partial L(\varphi,\boldsymbol{u},p,\boldsymbol{\mu})}{\partial \boldsymbol{\mu}},\delta\boldsymbol{\mu} \right\rangle &= \left\langle \frac{\partial J(\varphi;\boldsymbol{u},p)}{\partial \boldsymbol{\mu}},\delta\boldsymbol{\mu} \right\rangle + \left\langle \frac{\partial E(\boldsymbol{u},p,\varphi)}{\partial \boldsymbol{\mu}},\delta\boldsymbol{\mu} \right\rangle - \\
&\qquad \left\langle \frac{\partial Q(\boldsymbol{\mu},\varphi)}{\partial \boldsymbol{\mu}},\delta\boldsymbol{\mu} \right\rangle + \left\langle \frac{\partial M(\boldsymbol{u},p,\varphi)}{\partial \boldsymbol{\mu}},\delta\boldsymbol{\mu} \right\rangle \\
&= -\left\langle \frac{\partial Q(\boldsymbol{\mu},\varphi)}{\partial \boldsymbol{\mu}},\delta\boldsymbol{\mu} \right\rangle = -\int_{\partial\Omega} v\frac{\partial R}{\partial \boldsymbol{u}}\delta\boldsymbol{\mu}\,\mathrm{d}s
\end{aligned} \tag{2-134}$$

由 KKT 最优化条件可知

$$\int_{\partial\Omega} \boldsymbol{v} \frac{\partial \boldsymbol{R}}{\partial \boldsymbol{u}} \delta\boldsymbol{\mu} \mathrm{d}s = 0 \tag{2-135}$$

在$\partial\Omega$上改变$\delta\boldsymbol{\mu}$的取值，得到

$$\left(\frac{\partial \boldsymbol{R}}{\partial \boldsymbol{u}}\right)^{\mathrm{T}} \boldsymbol{v} = 0, \ \forall \boldsymbol{x} \in \partial\Omega \tag{2-136}$$

求$L(\varphi,\boldsymbol{u},p,\boldsymbol{\mu})$关于$p$的弗雷数导数并考虑 KKT 条件，可得

$$\left\langle \frac{\partial L(\varphi,\boldsymbol{u},p,\boldsymbol{\mu})}{\partial p}, \delta p \right\rangle = \int_{\Omega} \delta p (\nabla \cdot \boldsymbol{v}) \mathrm{d}\boldsymbol{x} = 0 \tag{2-137}$$

在Ω上改变δp的取值，得到

$$\nabla \cdot \boldsymbol{v} = 0, \ \forall \boldsymbol{x} \in \Omega \tag{2-138}$$

以上式(2-132)、(2-133)、(2-136)和(2-138)共同构成了优化问题的共轭方程：

$$\begin{cases} \rho(\boldsymbol{v} \cdot \nabla)\boldsymbol{u} - \rho(\boldsymbol{u} \cdot \nabla)\boldsymbol{v} - 2\nabla \cdot [\boldsymbol{\mu}\varepsilon(\boldsymbol{v})] - \nabla q = \nabla \cdot \dfrac{\partial j_1(\varphi;\boldsymbol{u},\nabla\boldsymbol{u},p)}{\partial \nabla\boldsymbol{u}} - \\ \quad \dfrac{\partial j_1(\varphi;\boldsymbol{u},\nabla\boldsymbol{u},p)}{\partial \boldsymbol{u}}, \ \forall \boldsymbol{x} \in \Omega \\ \nabla \cdot \boldsymbol{v} = 0, \ \forall \boldsymbol{x} \in \Omega \\ \rho(\boldsymbol{u} \cdot \boldsymbol{n})\boldsymbol{v} + 2\mu\varepsilon(\boldsymbol{v}) \cdot \boldsymbol{n} + q\boldsymbol{n} + \left(\dfrac{\partial R}{\partial \boldsymbol{u}}\right)^{\mathrm{T}} \boldsymbol{w} = -\dfrac{\partial j_1(\varphi;\boldsymbol{u},\nabla\boldsymbol{u},p)}{\partial \nabla\boldsymbol{u}}\boldsymbol{n} - \\ \quad \dfrac{\partial j_2(\varphi;\boldsymbol{u},p)}{\partial \boldsymbol{u}}, \ \forall \boldsymbol{x} \in \partial\Omega \\ \left(\dfrac{\partial R}{\partial \boldsymbol{u}}\right)^{\mathrm{T}} \boldsymbol{v} = 0, \ \forall \boldsymbol{x} \in \partial\Omega \end{cases} \tag{2-139}$$

附录 A 中给出了目标函数全导数的推导过程，推得的结果为

$$\begin{aligned} &\frac{\mathrm{d}J(\varphi;\boldsymbol{u},p)}{\mathrm{d}t} \\ &= -\int_{\Omega} \frac{\partial j_1(\varphi;\boldsymbol{u},\nabla\boldsymbol{u},p)}{\partial\varphi} |\nabla\varphi| V_n \mathrm{d}\boldsymbol{x} - \int_{\partial\Omega_1} \frac{\partial j_2(\varphi;\boldsymbol{u},p)}{\partial\varphi} |\nabla\varphi| V_n \mathrm{d}s - \\ &\quad \int_{\Gamma_{\mathrm{S}}} \Big[j_1(\varphi;\boldsymbol{u},\nabla\boldsymbol{u},p) + \rho\boldsymbol{v}(\boldsymbol{u} \cdot \nabla)\boldsymbol{u} + \varepsilon(\boldsymbol{v}) \cdot \boldsymbol{\sigma} + q\nabla \cdot \boldsymbol{u} + \\ &\quad \frac{\partial j_2(\varphi;\boldsymbol{u},p)}{\partial\varphi} |\nabla\varphi| - \frac{\partial B}{\partial \boldsymbol{n}} - B\kappa \Big] V_n \mathrm{d}\boldsymbol{x} \end{aligned} \tag{2-140}$$

为了使得水平集优化过程中目标函数值呈下降趋势，需要将水平集法向速度进行如下取值：

$$V_n=\begin{cases}\dfrac{\partial j_1(\varphi;\boldsymbol{u},\nabla\boldsymbol{u},p)}{\partial\varphi}|\nabla\varphi|, & \forall\,\boldsymbol{x}\in\Omega\\ \dfrac{\partial j_2(\varphi;\boldsymbol{u},p)}{\partial\varphi}|\nabla\varphi|, & \forall\,\boldsymbol{x}\in\partial\Omega_1\\ j_1(\varphi;\boldsymbol{u},\nabla\boldsymbol{u},p)+\rho\boldsymbol{v}(\boldsymbol{u}\cdot\nabla)\boldsymbol{u}+\varepsilon(\boldsymbol{v})\cdot\boldsymbol{\sigma}+ & \\ \quad q\nabla\cdot\boldsymbol{u}+\dfrac{\partial j_2(\varphi;\boldsymbol{u},p)}{\partial\varphi}|\nabla\varphi|-\dfrac{\partial B}{\partial\boldsymbol{n}}-B\kappa, & \forall\,\boldsymbol{x}\in\Gamma_S\end{cases}\tag{2-141}$$

水平集优化方法作为一种通过界面移动达到优化目的的方法，用于确定优化方向的水平集法向速度时一般只考虑在流-固界面 Γ_S 上的求值：

$$V_n=j_1(\varphi;\boldsymbol{u},\nabla\boldsymbol{u},p)+\rho\boldsymbol{v}(\boldsymbol{u}\cdot\nabla)\boldsymbol{u}+\varepsilon(\boldsymbol{v})\cdot\boldsymbol{\sigma}+q\nabla\cdot\boldsymbol{u}+\dfrac{\partial j_2(\varphi;\boldsymbol{u},p)}{\partial\varphi}|\nabla\varphi|-\dfrac{\partial B}{\partial\boldsymbol{n}}-B\kappa,\ \forall\,\boldsymbol{x}\in\Gamma_S\tag{2-142}$$

整个水平集方程求解区域的水平集法向速度需要从流-固界面 Γ_S 上进行扩展得到。

2.5　基于变密度法的理论及灵敏度分析

2.5.1　变密度法的理论分析

自从 Bendsøe 等人[17]将拓扑优化引入固体力学领域以来，其已成为创新设计的强大工具。变密度法是将拓扑优化方法应用在许多领域（如结构力学、传热、流体、光学和声学[33]）的流行方法之一，其引入了归一化密度场，使材料密度处于 0 和 1 之间，其将设计域 Ω_D 中的每个点都取值为 0（空）或 1（固体）。假定设计变量 γ 在设计域内连续，拓扑优化问题可被描述为满足于给定约束泛函 G_j 的最小化目标泛函 J 的材料分配问题，其数学表述为

$$\begin{cases}\min: J=J(\gamma,\boldsymbol{u}(\gamma))\\ \text{subject to:}\begin{cases}R(\gamma,\boldsymbol{u}(\gamma))=0\\ G_1(\gamma)=\displaystyle\int_D\gamma\,\mathrm{d}V-fV_{\Omega_D}\leqslant 0\\ G_i(\gamma,\boldsymbol{u}(\gamma))\leqslant 0,\quad i=2,\cdots,M+1\\ 0\leqslant\gamma(\boldsymbol{x})\leqslant 1,\quad\forall\,\boldsymbol{x}\in\Omega_D\end{cases}\end{cases}\tag{2-143}$$

式中，$\boldsymbol{u}$ 是所考虑物理问题的状态向量；R 是离散化物理问题的残差；G_1 是体积约束，其将体积为 V_{Ω_D} 的设计域内分布的材料量限制在规定的体积分数 f 内；G_i 是设计问题中可能包含的 M 个额外约束。

在变密度法的拓扑优化中，使用不同的插值函数在设计密度和材料属性之间进行插值，以连续变量的形式表述单元密度和材料弹性模量之间的关系。其中，所指的密度实际上是伪密度，其反映了材料密度和材料特性之间的对应关系。在该

方法中，有必要通过插值函数充分补偿中间密度，可引入惩罚因子对中间密度值进行惩罚，以确保收敛到 0 或 1 的设计。此时，中间密度单元的弹性模量非常小，对整个结构刚度矩阵的影响可忽略不计。固体各向同性材料惩罚(solid isotropic material with penalization，SIMP)是应用最多的密度函数插值模型，其在 0－1 离散模型中引入连续设计变量和惩罚系数，将优化问题转换为连续型优化问题。该方法最早由 Bendsøe[42] 在 1989 年引入，定义如下：

$$E(\gamma_i) = \gamma_i^p E_0 \tag{2-144}$$

式中，连续设计变量 $\gamma_i(0 \leqslant \gamma_i \leqslant 1)$ 是单元的当量密度；p 是惩罚参数，可被设置为大于 1 的值以惩罚中间密度，从而减少中间密度的单元数目；$E(\gamma_i)$ 和 E_0 分别为插值后的材料弹性张量和材料固体部分的弹性张量。显然，$E(\gamma_i)=0$ 代表该单元不存在，否则代表单元存在。惩罚参数越大，则惩罚效果越强，但过大的值会引起系统矩阵奇异，一般取 $p=3$。惩罚参数和连续设计变量的关系如图 2－1 所示，可以看出，只有一部分单元密度值接近 0 或 1，依然有大量中间密度单元存在。

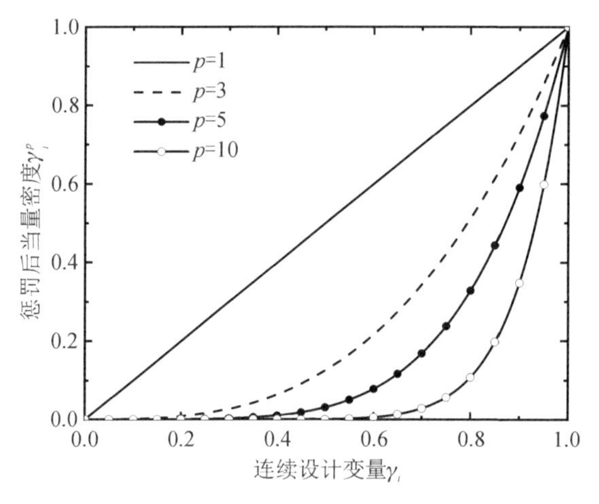

图 2－1　SIMP 密度函数惩罚模型

虽然变密度法是解决拓扑优化问题有用且表述简单的方法，但其仍有严重的缺陷。由于不连续设计变量被替换成了连续设计变量以避免数值不稳定，但变密度法本质上是允许灰度区域存在的，即允许密度为 0 到 1 的中间介质存在。但是中间介质的属性在工程问题上是毫无意义的，还会使最终的拓扑结构的可制造性变差。主要的解决方法分为两类：几何约束和过滤方法[185-187]。固体力学领域中的赫维赛德投影滤波模型如图 2－2 所示，公式如下：

$$\tilde{\gamma}_i = 1 - \mathrm{e}^{-\beta\gamma_i} + \gamma_i \mathrm{e}^{-\beta} \tag{2-145}$$

式中，$\tilde{\gamma}_i$ 是投影过滤设计变量；β 是控制陡度的参数。该模型使惩罚后的设计变量向 0 和 1 两端聚集，减少了中间密度介质的存在。

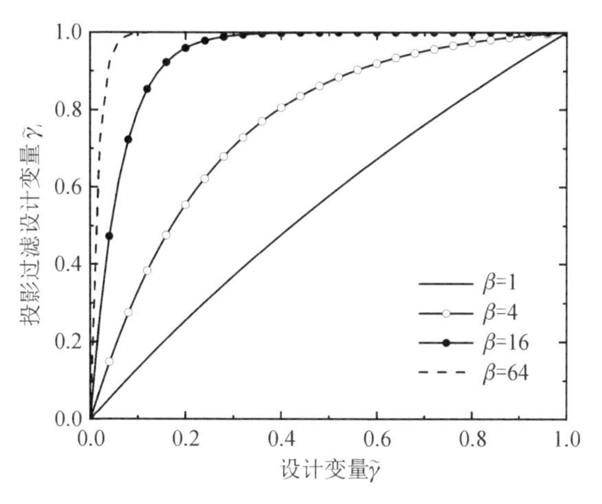

图 2-2　固体力学域中的赫维赛德模型

Borrvall 等人[51]于 2003 年提出了斯托克斯流中流-固分布问题的拓扑优化方法。他们引入了人工达西摩擦力，以根据设计域中的每个设计变量值来区分流体和固体。设计变量的值在 0 和 1 之间变化，其中 0 和 1 分别对应于人工固体域和流体域。假定流体和流动分别是不可压缩流体和二维稳态流动，纳维-斯托克斯方程和连续性方程分别定义为

$$\rho(\boldsymbol{u}\cdot\nabla)\boldsymbol{u}-\mu\,\nabla\cdot(\nabla\boldsymbol{u}+\nabla\boldsymbol{u}^{\mathrm{T}})+\nabla p=\boldsymbol{F} \tag{2-146}$$

$$\nabla\cdot\boldsymbol{u}=0 \tag{2-147}$$

式中，ρ 是流体密度；$\boldsymbol{u}$ 是流速；p 是流体压强；μ 是流体的动力黏性系数；$\boldsymbol{F}$ 是体力项。

在基于变密度法的流体流动拓扑优化问题中，设计变量 γ 表达为从 0 到 1 连续变化的材料密度：0 表示设计域中的固体，1 表示设计域中的流体。通过在设计域中引入虚假体力，以数值实现优化过程，将纳维-斯托克斯方程(2-146)的体力项设置为

$$\boldsymbol{F}=-\alpha(\gamma)\boldsymbol{u} \tag{2-148}$$

式中，α 为材料的材质密度，可表达为设计变量 γ 的插值函数，常用形式如下：

$$\alpha=\alpha_{\min}+(\alpha_{\max}-\alpha_{\min})\frac{q(1-\gamma)}{q+\gamma} \tag{2-149}$$

式中，$\alpha_{\min}$和 $\alpha_{\max}$分别为 $\alpha(\gamma)$的最小值和最大值，$\alpha_{\min}$一般取为 0，$\alpha_{\max}$取值越大代表固相材料中的黏滞力越大，即固体渗透率越小，显然，固体的渗透率越小越好，但由于变密度法拓扑优化依赖于流体的渗透性，如果 $\alpha_{\max}$取值过大，易发生数值波动的情况，因此 $\alpha_{\max}$需要根据经验取值，以保证数值稳定和固相材料的低渗透性；设计变量 γ 的取值范围为 0 至 1；q 为正实数，用以调节函数 $\alpha(\gamma)$的凹凸性，一般取值为

1。在非设计域中，纳维-斯托克斯方程的体力项 $\boldsymbol{F}=\mathbf{0}$，即体力项只施加于设计域内。

在热流耦合的拓扑优化问题中，对流传热方程为

$$\rho C_p(\boldsymbol{u}\cdot\nabla)T = k(\gamma)\nabla^2 T + Q \tag{2-150}$$

式中，C_p 为比热容；T 是温度场；Q 是热源；热导率 k 通过插值函数随设计变量 γ 变化，可建立流体与固体热导率之间的插值关系。

为了确保设计域中 γ 的空间平滑性，利用了亥姆霍兹(Helmholtz)型偏微分方程(partial differential equation, PDE)滤波器[188]：

$$-r_{\text{filter}}^2\nabla^2\tilde{\gamma}+\tilde{\gamma}=\gamma \tag{2-151}$$

式中，r_{filter}是过滤直径；$\tilde{\gamma}$ 是过滤后的设计变量。在数值实现中，采用有限元软件COMSOL Multiphysics 与 MATLAB 的接口进行编程，其中采用了弱形式将微分方程变为积分方程，然后采用分部积分对导数进行降阶从而减轻计算负担。

为了减少固体和流体之间的灰度区域(中间密度介质)，将平滑的赫维赛德投影阈值方法应用于过滤设计场[189]：

$$\bar{\tilde{\gamma}}=\frac{\tanh(\beta\eta)+\tanh(\beta(\tilde{\gamma}-\eta))}{\tanh(\beta\eta)+\tanh(\beta(1-\eta))} \tag{2-152}$$

式中，$\bar{\tilde{\gamma}}$ 是投影设计变量；η 是投影阈值参数，通常取值为 0.5；β 是控制投影陡度的参数。图 2-3 所示为不同 β 值的投影设计变量分布，β 取值越大则曲线越陡，两极化分布越明显，但也会导致数值不稳定。

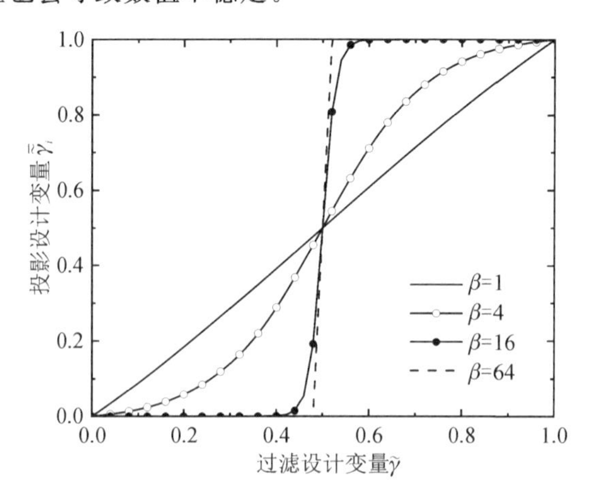

图 2-3 流体力学拓扑优化的设计变量投影模型

以微混合器拓扑优化过程中的过滤及投影设计变量为例，图 2-4 展示了原始设计变量、过滤设计变量、过滤和投影设计变量的最优分布，其中红色为流体，蓝色为

固体。原始设计变量图 2－4(a)中流-固界面为锯齿状分布；过滤设计变量图 2－4(b)中虽然消除了锯齿状分布，增加了 γ 的空间平滑性，但同时增大了中间密度材料的分布范围；经过投影后，在一定程度上消除了中间密度材料且平滑了流-固交界面。

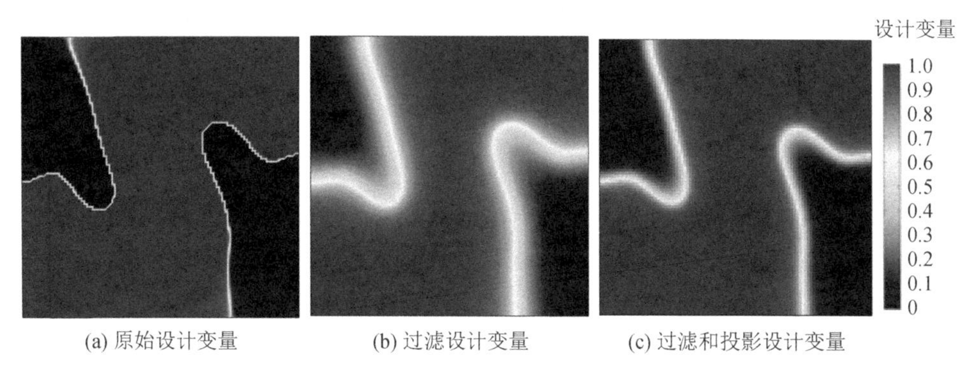

图 2－4　设计变量分布图

流场采用 P1＋P1 离散化格式，即采用线性函数求解流体速度场和压力场，三角形单元和四边形单元的节点特征分别如图 2－5 和图 2－6 所示。

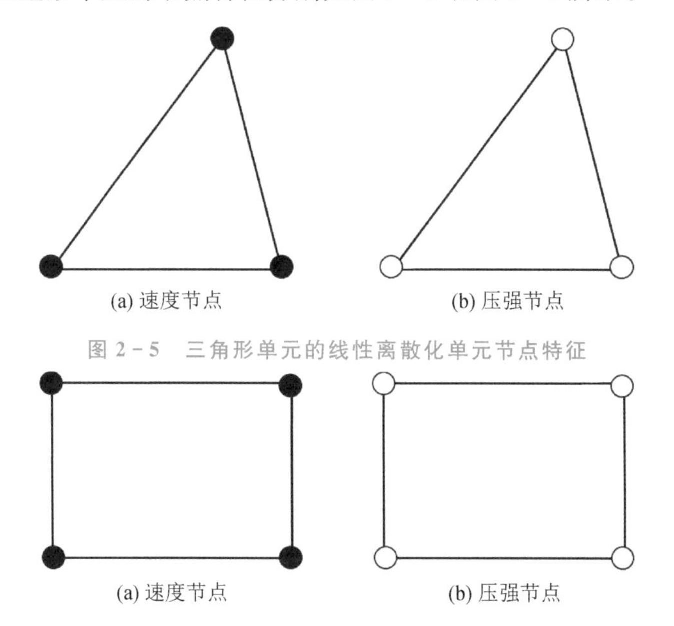

图 2－5　三角形单元的线性离散化单元节点特征

图 2－6　四边形单元的线性离散化单元节点特征

基于以上描述，可以简单建立如下的拓扑优化问题：

$$\begin{cases} \min: J(\gamma,\boldsymbol{u}) \\ \text{subject to:} \begin{cases} \rho(\boldsymbol{u}\cdot\nabla)\boldsymbol{u}-\nu\nabla(\nabla\boldsymbol{u}+\nabla\boldsymbol{u}^{\mathrm{T}})+\nabla p=\boldsymbol{F}, & \forall\,\boldsymbol{x}\in\Omega \\ -\nabla\cdot\boldsymbol{u}=0, & \forall\,\boldsymbol{x}\in\Omega \\ \rho C_p(\boldsymbol{u}\cdot\nabla)T=k(\gamma)\nabla^2 T+Q, & \forall\,\boldsymbol{x}\in\Omega \\ \boldsymbol{u}=\boldsymbol{u}_0, & \forall\,\boldsymbol{x}\in\Gamma_{\mathrm{D}} \\ [-p\boldsymbol{I}+\mu(\nabla\boldsymbol{u}+\nabla\boldsymbol{u}^{\mathrm{T}})]\boldsymbol{n}=\boldsymbol{g}, & \forall\,\boldsymbol{x}\in\Gamma_{\mathrm{N}} \\ G_1(\gamma) \\ G_i(\gamma) \\ 0\leqslant\gamma\leqslant 1 \end{cases} \end{cases} \tag{2-153}$$

式中,$\boldsymbol{u}_0$ 是狄利克雷边界 Γ_{D} 上给出的速度分布;$\boldsymbol{g}$ 为诺伊曼边界 Γ_{N} 上给出的应力分布。

下面给出了流体流动拓扑优化问题执行过程的详细步骤:

(1)确定初始化设计域中的设计变量 γ;

(2)使用有限元方法(finite element method, FEM)求解控制方程;

(3)计算目标函数和约束;

(4)使用灵敏度分析方法获得目标函数和约束的灵敏度;

(5)采用数值优化方法更新设计变量 γ;

(6)循环进行上述(2)~(5)步直至满足截止条件。

2.5.2 变密度法的灵敏度分析

如 2.1 节中所述,一个最小化优化问题可被描述为

$$\begin{cases} \min: J(\boldsymbol{x},\boldsymbol{u}) \\ \text{subject to: } E(\boldsymbol{x},\boldsymbol{u})=0 \end{cases} \tag{2-154}$$

式中,$\boldsymbol{x}$ 是设计变量;$J(\boldsymbol{x},\boldsymbol{u})$是目标函数;$\boldsymbol{x}\rightarrow\boldsymbol{u}(\boldsymbol{x})$是偏微分控制方程 $E(\boldsymbol{x},\boldsymbol{u})=0$ 的解。虽然这个优化问题由一个等式约束的目标函数组成,用于简化灵敏度分析的内容,但是在不等式约束条件中同样可以采用。设计变量与状态变量 $\boldsymbol{u}(\boldsymbol{x})$直接的关系通常被视为结构优化问题中的典型情况。

1. 直接方法

获得设计灵敏度最简单的方法是有限差分法。关于设计变量 $\boldsymbol{x}$ 的目标函数 J 的前向差分逼近为

$$\frac{\mathrm{d}J}{\mathrm{d}\boldsymbol{x}}\approx\frac{J(\boldsymbol{x}+\varepsilon\boldsymbol{e},\boldsymbol{u}(\boldsymbol{x}+\varepsilon\boldsymbol{e}))-J(\boldsymbol{x},\boldsymbol{u}(\boldsymbol{x}))}{\varepsilon} \tag{2-155}$$

式中,$\boldsymbol{e}$ 是单元向量;$\varepsilon>0$ 是一个为了确定设计变量扰动的参数。如果将 ε 替换为 $-\varepsilon$,则公式(2-155)被定义为后向差分法。此外,如果设计变量在两个方向上都

受到扰动，灵敏度分析方程为

$$\frac{\mathrm{d}J}{\mathrm{d}\boldsymbol{x}} \approx \frac{J(\boldsymbol{x}+\varepsilon \boldsymbol{e}, \boldsymbol{u}(\boldsymbol{x}+\varepsilon \boldsymbol{e}))-J(\boldsymbol{x}-\varepsilon \boldsymbol{e}, \boldsymbol{u}(\boldsymbol{x}-\varepsilon \boldsymbol{e}))}{2\varepsilon} \tag{2-156}$$

式(2-156)被称为中心差分法。虽然这些方法易于实施且鲁棒性强，但存在众所周知的困难[190]：

(1)扰动 ε 的选择；

(2)由于近似相等项的删减导致的舍入误差；

(3)计算成本与状态变量空间乘以设计变量空间的大小成正比。

2. 伴随方法

为了计算全导数 $\mathrm{d}J/\mathrm{d}\boldsymbol{x}$，将链导法则用于共轭法[191]，可得到

$$\frac{\mathrm{d}J(\boldsymbol{x}, \boldsymbol{u}(\boldsymbol{x}))}{\mathrm{d}\boldsymbol{x}}=\frac{\partial J(\boldsymbol{x}, \boldsymbol{u}(\boldsymbol{x}))}{\partial \boldsymbol{x}}+\frac{\partial J(\boldsymbol{x}, \boldsymbol{u}(\boldsymbol{x}))}{\partial \boldsymbol{u}} \cdot \frac{\partial \boldsymbol{u}(\boldsymbol{x})}{\partial \boldsymbol{x}} \tag{2-157}$$

式中，偏导数 $\partial J(\boldsymbol{x}, \boldsymbol{u}(\boldsymbol{x}))/\partial \boldsymbol{x}$ 和 $\partial J(x, \boldsymbol{u}(\boldsymbol{x}))/\partial \boldsymbol{u}$ 可通过目标函数 J 获得。但是 $\partial \boldsymbol{u}(\boldsymbol{x})/\partial \boldsymbol{x}$ 必须通过有限差分法等方法计算，因为状态变量 $\boldsymbol{u}$ 通过解决隐式依赖于设计变量 $\boldsymbol{x}$ 的偏微分方程 $E(\boldsymbol{x}, \boldsymbol{u})=0$ 获得。由于设计变量数量较多，一般与网格单元数是相同量级的，因此计算成本巨大。为了避免计算成本过大问题，引入 E 的梯度：

$$\frac{\mathrm{d}E(\boldsymbol{x}, \boldsymbol{u}(\boldsymbol{x}))}{\mathrm{d}\boldsymbol{x}}=\frac{\partial E(x, \boldsymbol{u}(\boldsymbol{x}))}{\partial \boldsymbol{x}}+\frac{\partial E(\boldsymbol{x}, \boldsymbol{u}(\boldsymbol{x}))}{\partial \boldsymbol{u}} \frac{\partial \boldsymbol{u}(\boldsymbol{x})}{\partial \boldsymbol{x}}=0 \tag{2-158}$$

式(2-158)可以被改写为

$$\frac{\partial \boldsymbol{u}(\boldsymbol{x})}{\partial \boldsymbol{x}}=-\left(\frac{\partial E(\boldsymbol{x}, \boldsymbol{u}(\boldsymbol{x}))}{\partial \boldsymbol{u}}\right)^{-1} \frac{\partial E(\boldsymbol{x}, \boldsymbol{u}(\boldsymbol{x}))}{\partial \boldsymbol{x}} \tag{2-159}$$

将式(2-159)代入式(2-157)可得到

$$\begin{aligned}\frac{\mathrm{d}J(\boldsymbol{x}, \boldsymbol{u}(\boldsymbol{x}))}{\mathrm{d}\boldsymbol{x}} &= \frac{\partial J(\boldsymbol{x}, \boldsymbol{u}(\boldsymbol{x}))}{\partial \boldsymbol{x}}-\frac{\partial J(\boldsymbol{x}, \boldsymbol{u}(\boldsymbol{x}))}{\partial \boldsymbol{u}}\left(\left(\frac{\partial E(\boldsymbol{x}, \boldsymbol{u}(\boldsymbol{x}))}{\partial \boldsymbol{u}}\right)^{-1} \frac{\partial E(\boldsymbol{x}, \boldsymbol{u}(\boldsymbol{x}))}{\partial \boldsymbol{x}}\right) \\ &= \frac{\partial J(\boldsymbol{x}, \boldsymbol{u}(\boldsymbol{x}))}{\partial \boldsymbol{x}}-\left(\left(\frac{\partial E(\boldsymbol{x}, \boldsymbol{u}(\boldsymbol{x}))}{\partial \boldsymbol{u}}\right)^{-\mathrm{T}} \frac{\partial J(\boldsymbol{x}, \boldsymbol{u}(\boldsymbol{x}))}{\partial \boldsymbol{u}}\right) \frac{\partial E(\boldsymbol{x}, \boldsymbol{u}(\boldsymbol{x}))}{\partial x}\end{aligned} \tag{2-160}$$

引入共轭变量 $\tilde{\boldsymbol{u}}(\boldsymbol{x})$，使其是以下方程的解：

$$\left(\frac{\partial E(\boldsymbol{x}, \boldsymbol{u}(\boldsymbol{x}))}{\partial \boldsymbol{u}}\right)^{\mathrm{T}} \tilde{\boldsymbol{u}}(\boldsymbol{x})=\frac{\partial J(\boldsymbol{x}, \boldsymbol{u}(\boldsymbol{x}))}{\partial \boldsymbol{u}} \tag{2-161}$$

这使得计算梯度的成本与设计变量数量无关，将式(2-161)代入式(2-157)可得到全导数 $\mathrm{d}J(\boldsymbol{x}, \boldsymbol{u}(\boldsymbol{x}))/\mathrm{d}\boldsymbol{x}$ 的算式为

$$\frac{\mathrm{d}J(\boldsymbol{x}, \boldsymbol{u}(\boldsymbol{x}))}{\mathrm{d}\boldsymbol{x}}=\frac{\partial J(\boldsymbol{x}, \boldsymbol{u}(\boldsymbol{x}))}{\partial \boldsymbol{x}}-\tilde{\boldsymbol{u}}^{\mathrm{T}}(\boldsymbol{x}) \frac{\partial E(\boldsymbol{x}, \boldsymbol{u}(\boldsymbol{x}))}{\partial \boldsymbol{x}} \tag{2-162}$$

在结构优化过程中，可通过求解目标函数和每一个约束方程得到式(2-161)。当约束比设计变量少时，优先考虑使用伴随方法进行灵敏度分析，其是解决优化问题的重要工具。

第 3 章 外流拓扑优化设计

3.1 斯托克斯流动的形状优化问题

在石油化工、环境工程、水利工程、采矿、生物力学、气象学等领域，都需要考虑微小粒子、液滴或气泡在黏性流体中的缓慢流动，或者黏性流体在微小尺寸通道内的缓慢流动，如地下水的流动、石油在岩层中的流动，或者黏性薄液膜的流动，如滑动轴承中的润滑油膜的流动等。这些运动的共同特点是流动的惯性力与黏性力相比可以忽略不计，或只占次要地位，称之为小雷诺数流动。如果流动的 Re 很小，将流动化为准定常问题，可以进一步忽略纳维-斯托克斯方程中的局部惯性力项，如果质量力也可以忽略，则有

$$\nabla^2 \boldsymbol{u} = \frac{1}{\mu} \nabla p \tag{3-1}$$

式(3-1)称为斯托克斯方程，而满足上式和连续方程(3-2)的流体运动称为斯托克斯流动：

$$\nabla \cdot \boldsymbol{u} = 0 \tag{3-2}$$

严格地讲，只有 $Re \to 0$ 的极限情形下斯托克斯方程才成立，而只有特征速度 $U=0$ 或特征长度 $L=0$ 时才有 $Re=0$，因此任何的真实流动的雷诺数都不等于零。实验证明，对于单个微粒在无界流体中的定常运动来说，斯托克斯理论的结果在 $Re<0.1$ 时即能较好地成立；对大量微粒的悬浮液，或单个粒子在其他边界附近的情形，关于雷诺数的限制可以放宽，有时 $Re>1$ 时斯托克斯理论仍可近似应用。在本书的牛顿流体和非牛顿流体的拓扑优化中，认为 $Re<1$ 可近似为斯托克斯流动。

3.1.1 问题描述

设 Ω 是一个具有利普希茨连续边界 $\Gamma=\partial\Omega$ 的有界开区域。Γ_N 上作用有诺伊曼边界条件，Γ_S 是流体与固体间的壁面，Γ_D 是除 Γ_S 外的狄利克雷边界，且有 $\Gamma=\Gamma_N \cup \Gamma_D \cup \Gamma_S$。则二维不可压缩流体的斯托克斯方程可以表示为

$$\begin{cases} -\nu\Delta \boldsymbol{u} + \nabla p = \boldsymbol{f}, & \forall\, \boldsymbol{x} \in \Omega \\ -\operatorname{div}\boldsymbol{u} = 0, & \forall\, \boldsymbol{x} \in \Omega \\ \boldsymbol{\sigma} \times \boldsymbol{n} = \boldsymbol{g}, & \forall\, \boldsymbol{x} \in \Gamma_N \\ \boldsymbol{u} = \boldsymbol{u}_0, & \forall\, \boldsymbol{x} \in \Gamma_D \\ \boldsymbol{u} = \boldsymbol{0}, & \forall\, \boldsymbol{x} \in \Gamma_S \end{cases} \tag{3-3}$$

式中，速度 $\boldsymbol{u}$、压力 p 是上述方程的解；ν 是动动黏性系数；$\boldsymbol{f}$ 是体积力；$\boldsymbol{u}_0$ 是边界 Γ_{D} 上已知的速度分布；$\boldsymbol{\sigma}$ 为柯西应力张量；$\boldsymbol{g}$ 为 Γ_{N} 上已知的法向应力分布值。

3.1.2　灵敏度分析与水平集法向速度

当考虑最小能量耗散的斯托克斯优化问题时，可将目标函数取为

$$J(\boldsymbol{u},\nabla\boldsymbol{u},\Omega)=\nu\int_{\Omega}|\nabla\boldsymbol{u}|^{2}\mathrm{d}\boldsymbol{x} \tag{3-4}$$

优化问题可以描述为

$$\min_{\Omega\in D}:J(\boldsymbol{u},\nabla\boldsymbol{u},\Omega)=\nu\int_{\Omega}|\nabla\boldsymbol{u}|^{2}\mathrm{d}\boldsymbol{x} \tag{3-5}$$

式中，$\boldsymbol{u}$ 满足状态约束式(3-3)。

定理3.1　设 Ω 是一个具有光滑边界 $\Gamma=\partial\Omega$ 的有界开区域，$\boldsymbol{h}\in W^{1,\infty}(\mathbb{R}^2,\mathbb{R}^2)$，根据文献[192]，此时目标泛函的欧拉导数为

$$\mathrm{d}J(\boldsymbol{u},\nabla\boldsymbol{u},\boldsymbol{h})=-\nu\int_{\Gamma_{\mathrm{S}}}\left(\frac{\partial\boldsymbol{u}}{\partial\boldsymbol{n}}\right)^{2}\boldsymbol{h}\cdot\boldsymbol{n}\mathrm{d}s \tag{3-6}$$

式中，$\boldsymbol{u}$ 为控制方程(3-3)的解。

由定理3.1的欧拉导数可以确定水平集法向速度为

$$V_n=-\nu\left(\frac{\partial\boldsymbol{u}}{\partial\boldsymbol{n}}\right)^{2} \tag{3-7}$$

此时，目标函数会向着最优下降方向演化。

此时，水平集演化方程为

$$\frac{\partial\varphi(\boldsymbol{x},t)}{\partial t}+V_n|\varphi(\boldsymbol{x},t)|=0 \tag{3-8}$$

3.1.3　数值方法

斯托克斯流动拓扑优化的实施步骤(见图3-1)：

(1)给出初始区域 Ω_0，初始化此初始区域为符号距离函数；

(2)根据水平集函数分布，运用无样条参数化网格重新划分方法提取界面并在流体域进行网格重新划分，因为每次优化时流场区域都发生变化；

(3)利用非结构网格上的有限体积方法求解控制方程(3-3)，得到速度值 $\boldsymbol{u}$ 与压力值 p；

(4)实施灵敏度分析，并求得水平集法向速度 V_n；

(5)将水平集法向速度 V_n 由界面向整个设计域进行扩展[193]；

(6)执行面积约束；

(7)采用前方所述的一阶本质不振荡(essentially non-oscillatory，ENO)格式在结构化网格上求解水平集方程，实现界面演化；

(8)采用本书提出的保持界面位置不动的隐式重新初始化方法每优化两次就对水平集方程进行重新初始化，将水平集函数重置为符号距离函数。

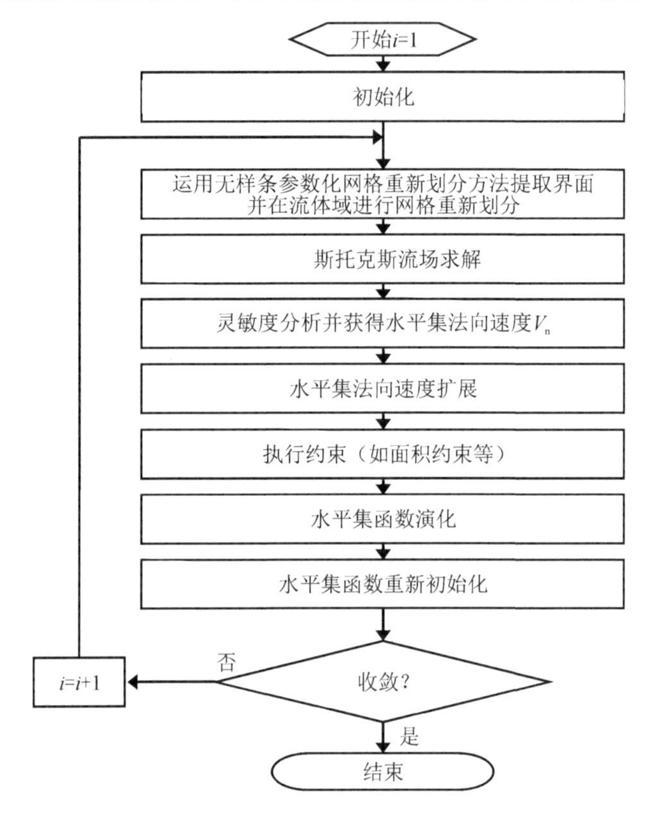

图 3-1 斯托克斯流动拓扑优化执行流程图

3.1.4 数值算例

1. 扩散体优化

本算例给出了一个扩散体结构的流体拓扑优化问题。该算例是一个经典的流体拓扑优化算例，最早在文献[51]中作为一个重要的方法验证算例被研究过。扩散体优化问题的区域和边界条件设置如图 3-2 所示，进出口的速度边界条件都是以抛物线形式给出的，进口和出口在同一个方向上，但是出口宽度是进口宽度的1/3(本章文中及图中数字较多都是无量纲形式)。优化的目标是实现流场能量耗散最低，优

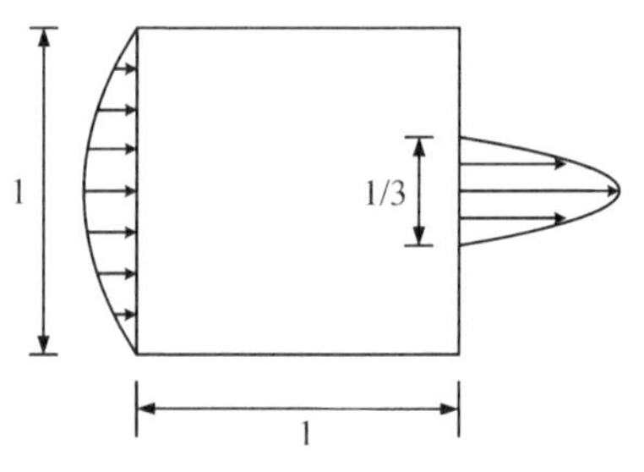

图 3-2 扩散体优化问题的区域和边界条件设置

化问题的约束条件为目标流场面积为 0.5。

在给定的条件下，采用基于无样条参数化网格重新划分方法的水平集方法进行扩散体的拓扑优化。根据图 3 - 2 所示的边界条件设置可知，由于整个左边界都有入口速度，因此所得到的最优设计的进口区域应该完全覆盖整个左边界。但是，通过研究发现，最优扩散体的进口区域并没有完全覆盖整个左边界，而是只覆盖了一部分，这个结果与文献[51]中的结果是一致的。通过研究发现，此优化算例具有一定的网格依赖性。如图 3 - 3 所示，不同的网格设置下，优化得到的最优扩散体构型略有差别，这种差别主要体现在扩散体进口宽度上。假设图 3 - 3 中水平集网格单元尺度为 Δh，三角网格相邻节点间距是 $\Delta h/2$，从图中可以看出，随着网格单元数的增加，最优扩散体的进口区域逐渐增大，更加接近真实的物理设置。

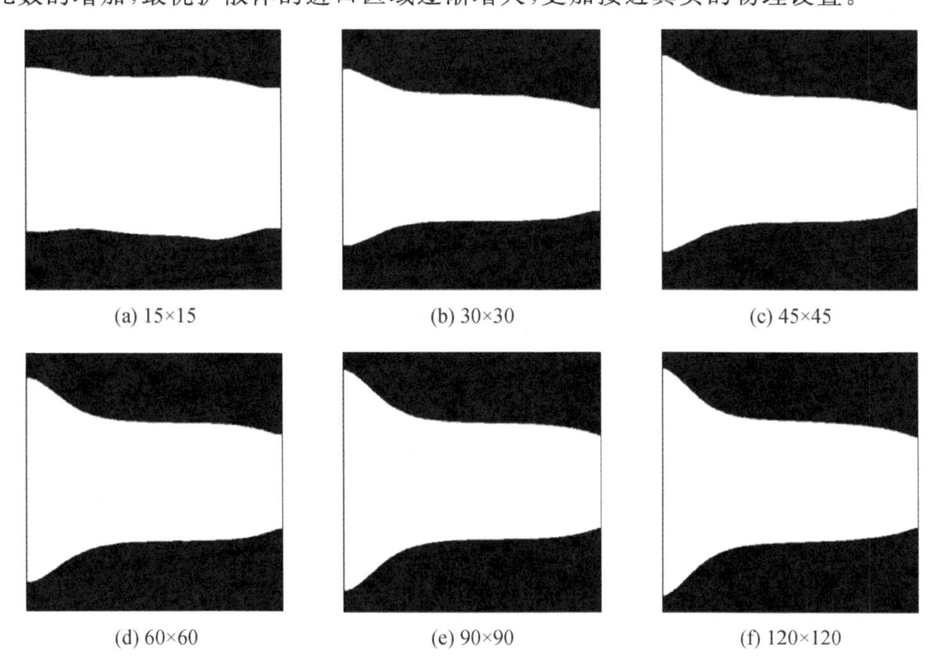

(a) 15×15　(b) 30×30　(c) 45×45

(d) 60×60　(e) 90×90　(f) 120×120

图 3 - 3　不同水平集网格设置下的最优扩散体设计构型

（设计域分别被划分为 15×15、30×30、45×45、60×60、90×90 和 120×120 个网格单元，用于水平集类方程的求解，下同）

由于基于无样条参数化网格重新划分方法的水平集拓扑优化方法是在两套网格上分别进行水平集类方程和流场类方程的求解的，因此需要分别考虑两套网格的影响。图 3 - 4 展示的是相同三角网格节点间距不同水平集网格设置下的最优扩散体设计构型，三角网格节点间距设定为 1/90。由图可知，水平集网格数由 15×15增加到 60×60 的过程中，最优扩散体的进口区域逐渐增大；当水平集网格数超过 60×60 时，最优扩散体的进口区域基本保持不变。

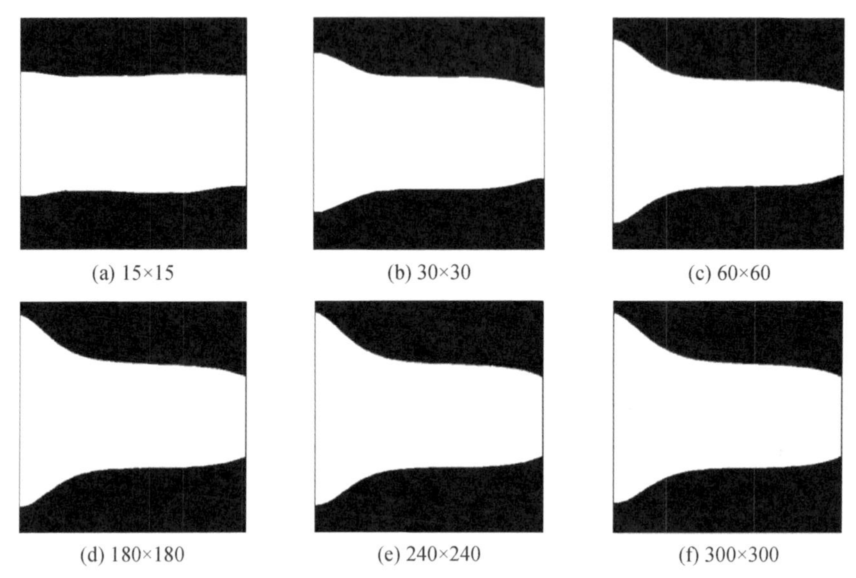

图 3-4 相同三角网格节点间距不同水平集网格设置下的最优扩散体设计构型

图 3-5(a)中三角网格节点间距为 0.0089,图 3-5(b)中三角网格节点间距为 0.0139。从这里可以看出,虽然图 3-5(b)中水平集网格较多,但是因为其三角网格节点间距也比图 3-5(a)中的设置值高,所以,图 3-5(b)中的最优设计的进口宽度比图 3-5(a)中的小,因此,水平集网格尺度和三角网格节点间距同时影响最优扩散体设计构型的进口宽度。

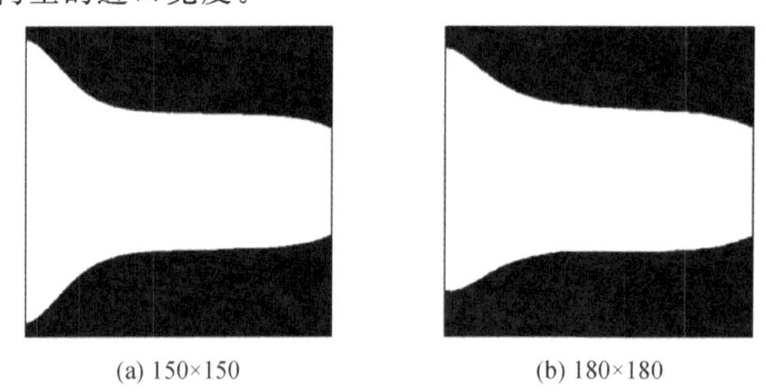

图 3-5 不同水平集网格和三角网格节点间距设置下的最优扩散体设计构型

2. 翼型优化

本算例中我们研究一个最小能量耗散问题的橄榄形形状优化问题。工作区域 D 是一个 1×1 的正方形区域,四条边上都是具有狄利克雷边界条件的边界 Γ_D,而且速度 $\boldsymbol{u}=(u_1,u_2)$为常量且在四边上都有 $u_1=1$、$u_2=0$,固-液界面是具有无滑移边界条件的边界 Γ_S,同时图 3-6 中也给出了此优化问题的初始形状——一个位于工作区域中间的 0.9×0.9 正方形结构,这里将针对 $Re=20$ 的优化问题进行研究。

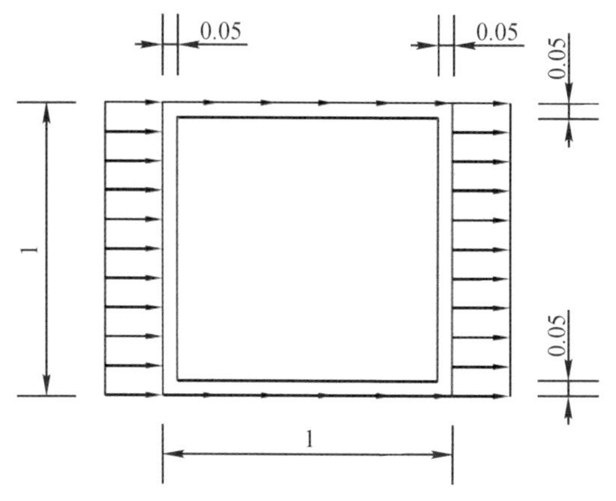

图 3-6　拓扑优化的工作区域与边界条件

本书分别针对面积比 γ 为 0.8、0.9 和 0.95 的优化问题进行了研究，面积约束的处理方法同文献[45]、[81]。图 3-7 给出了优化的最优形状及其速度分布，本书结

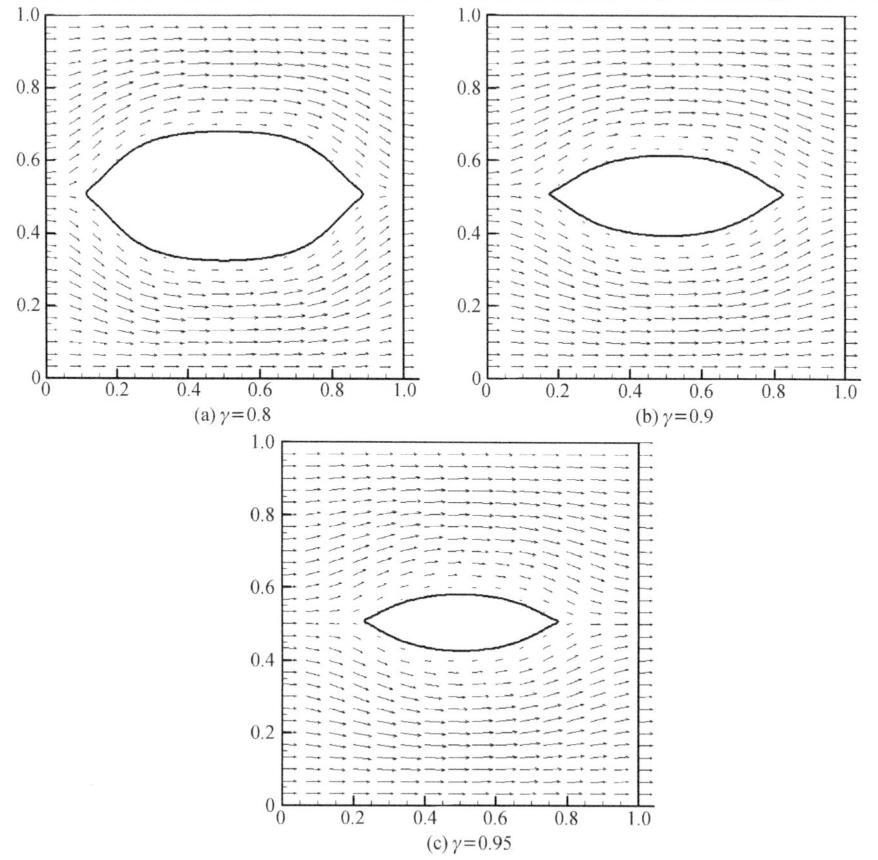

图 3-7　优化的最优形状及其速度分布

果与以往文献中的结果很相似。图 3-8 显示的是在形状优化过程中目标函数值和流体域面积的变化。从图中可以看出,刚开始迭代时目标函数值下降较快,之后渐渐变慢并直到最后接近 0 为止,达到最优结果。流体域面积在刚开始迭代时由最初初始化给定面积逐渐上升至所要求的面积,之后保持面积值基本不变直到迭代收敛。

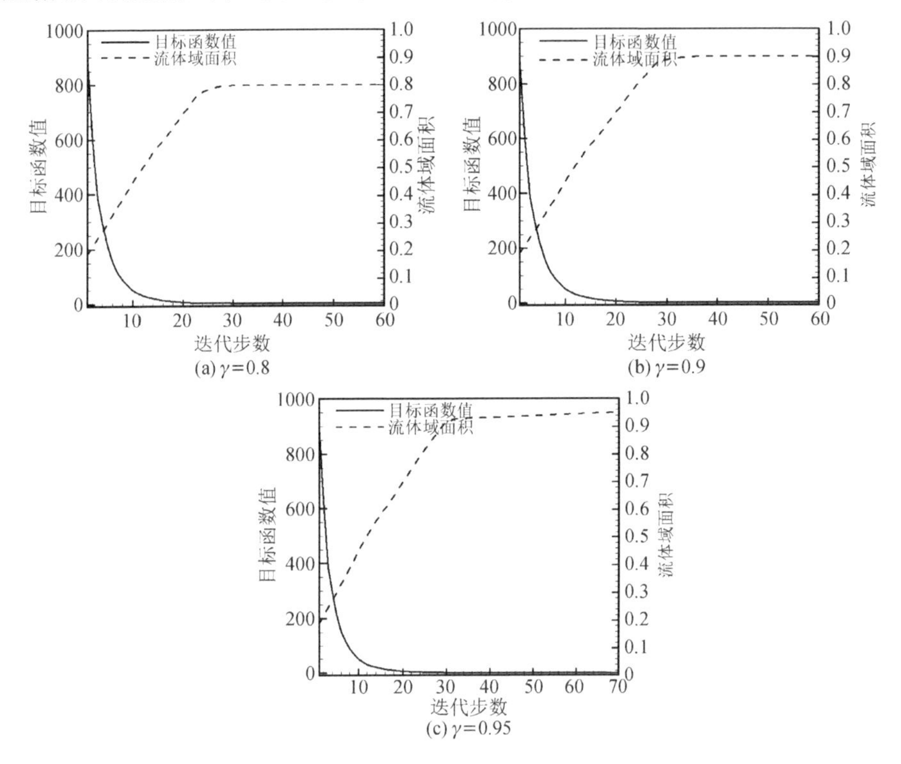

图 3-8 目标函数值与流体域面积的变化

3.2 纳维-斯托克斯流动的形状优化问题

3.2.1 问题描述

设区域 $\Omega \subset \mathbb{R}^2$ 是一个二维流体域,$\Gamma = \partial\Omega$ 是其边界,则定义在 Ω 上的二维不可压缩的纳维-斯托克斯方程为

$$\begin{cases} -\nu\Delta\boldsymbol{u} + (\boldsymbol{u}\cdot\nabla)\boldsymbol{u} + \nabla p = \boldsymbol{f}, & \forall\,\boldsymbol{x}\in\Omega \\ -\operatorname{div}\boldsymbol{u} = 0, & \forall\,\boldsymbol{x}\in\Omega \\ \boldsymbol{\sigma}\times\boldsymbol{n} = \boldsymbol{g}, & \forall\,\boldsymbol{x}\in\Gamma_{\mathrm{N}} \\ \boldsymbol{u} = \boldsymbol{u}_0, & \forall\,\boldsymbol{x}\in\Gamma_{\mathrm{D}} \\ \boldsymbol{u} = \boldsymbol{0}, & \forall\,\boldsymbol{x}\in\Gamma_{\mathrm{S}} \end{cases} \tag{3-9}$$

式中，流体速度 $\boldsymbol{u}$ 和流体压力 p 是方程的未知变量；$\boldsymbol{n}$ 是单位外法线向量；ν 是流体动动黏性系数；$\boldsymbol{f}$ 是体积力项；Ω 的边界由三个互不重合的部分组成：$\Gamma=\Gamma_N\cup\Gamma_D\cup\Gamma_S$，其中 Γ_S 是流-固界面，Γ_D 是除 Γ_S 外的狄利克雷边界，Γ_N 是诺依曼边界；$\boldsymbol{u}_0$ 是在边界 Γ_D 上给定的速度；柯西应力张量 $\boldsymbol{\sigma}$ 定义为 $\boldsymbol{\sigma}=\nu\nabla\boldsymbol{u}-p\boldsymbol{I}$，其中 $\boldsymbol{I}$ 是单位张量。

纳维-斯托克斯方程(3-9)的弱形式为

$$\begin{cases}\alpha(\boldsymbol{u},\boldsymbol{v})+\beta(\boldsymbol{v},p)+\gamma(\boldsymbol{u};\boldsymbol{u},\boldsymbol{v})=\langle\boldsymbol{f},\boldsymbol{v}\rangle_{\Omega}+\langle\boldsymbol{g},\boldsymbol{v}\rangle_{\Gamma_N}\\ \beta(\boldsymbol{u},q)=0\\ \boldsymbol{u}=\boldsymbol{u}_0,\quad\forall\,\boldsymbol{x}\in\Gamma_D\\ \boldsymbol{u}=0,\quad\forall\,\boldsymbol{x}\in\Gamma_S\end{cases}\tag{3-10}$$

式中，$\boldsymbol{u}\in H^2(\Omega;\mathbb{R}^N)$；$\boldsymbol{v}\in H^2_{\Gamma_0}(\Omega;\mathbb{R}^N)$；$H^2_{\Gamma_0}(\Omega;\mathbb{R}^N)=\{\boldsymbol{v}\in H^2(\Omega;\mathbb{R}^N),\boldsymbol{v}|_{\Gamma_0}=0\}$ $p,q\in L^2(\Omega)$；$\mathbb{R}^N$($N=2$ 或者 3)是 N 维实向量。

3.2.2　灵敏度分析与水平集法向速度

考虑最小能量耗散问题，选取目标函数为

$$J(\boldsymbol{u},\nabla\boldsymbol{u},\Omega)=\nu\int_{\Omega}|\nabla\boldsymbol{u}|^2\mathrm{d}\boldsymbol{x}\tag{3-11}$$

拓扑优化问题描述为

$$\min_{\Omega\in D}:J(\boldsymbol{u},\nabla\boldsymbol{u},\Omega)=\nu\int_{\Omega}|\nabla\boldsymbol{u}|^2\mathrm{d}\boldsymbol{x}\tag{3-12}$$

式中，$\boldsymbol{u}$ 满足状态约束方程(3-9)。目标函数的全微分为

$$\mathrm{d}J(\boldsymbol{u},\nabla\boldsymbol{u},\boldsymbol{h})=-\nu\int_{\Gamma_S}[(\nabla\boldsymbol{u})^2-\nabla\boldsymbol{u}\cdot\nabla\boldsymbol{w}]V_n\mathrm{d}\boldsymbol{s}\tag{3-13}$$

式中，$\boldsymbol{w}$ 是如下共轭方程的解

$$\begin{cases}-\nu\Delta\boldsymbol{w}-(\boldsymbol{u}\cdot\nabla)\boldsymbol{w}+(\boldsymbol{w}\cdot\nabla)\boldsymbol{u}+\nabla q=-2\nu\Delta\boldsymbol{u}, & \forall\,\boldsymbol{x}\in\Omega\\ -\mathrm{div}\boldsymbol{w}=0, & \forall\,\boldsymbol{x}\in\Omega\\ (\nu\nabla\boldsymbol{w}-q\boldsymbol{I})\boldsymbol{n}=-(\boldsymbol{u}\cdot\boldsymbol{n})\boldsymbol{w}+2\nu\nabla\boldsymbol{u}\cdot\boldsymbol{n}, & \forall\,\boldsymbol{x}\in\Gamma_N\\ \boldsymbol{w}=\boldsymbol{0}, & \forall\,\boldsymbol{x}\in\Gamma_D\\ \boldsymbol{w}=\boldsymbol{0}, & \forall\,\boldsymbol{x}\in\Gamma_S\end{cases}\tag{3-14}$$

可以通过式(3-14)获得水平集法向速度：

$$V_n=\nu[(\nabla\boldsymbol{u})^2-\nabla\boldsymbol{u}\cdot\nabla\boldsymbol{w}]\tag{3-15}$$

3.2.3　数值算例

本小节采用无样条参数化网格重新划分方法进行纳维-斯托克斯拓扑优化，分

别研究了内流和外流问题的拓扑优化[194]。在以下算例中,用于水平集类问题求解的网格是在设计域上划分的 60×60 的均匀网格,而用于物理场求解的三角网格上两个相邻边界节点的距离为 1/40。

1. 内流问题

本书研究了一个三端口内流设备的拓扑优化问题[194]。设计域是一个 1×1 的方形区域(见图 3-9),在两个进口和一个出口的边界处分别施加如下的速度边界条件:

$$\begin{aligned} \boldsymbol{u}_1 &= 12(y-4/6)(5/6-y)\boldsymbol{n} \\ \boldsymbol{u}_2 &= -3(y-1/6)(2/6-y)\boldsymbol{n} \\ \boldsymbol{u}_3 &= -7.5(y-0.4)(0.6-y)\boldsymbol{n} \end{aligned} \tag{3-16}$$

式中,$\boldsymbol{n}$ 是边界上的单位外法向向量。流-固界面上施加着无滑移边界条件,流动雷诺数定义为 $Re=U_{\max}L_{\text{out}}/\nu$,其中,$U_{\max}$ 是出口处的最大速度,L_{out} 是出口宽度。面积约束中流体域所占面积比为 1/3,给定的雷诺数为 $Re=1000$。

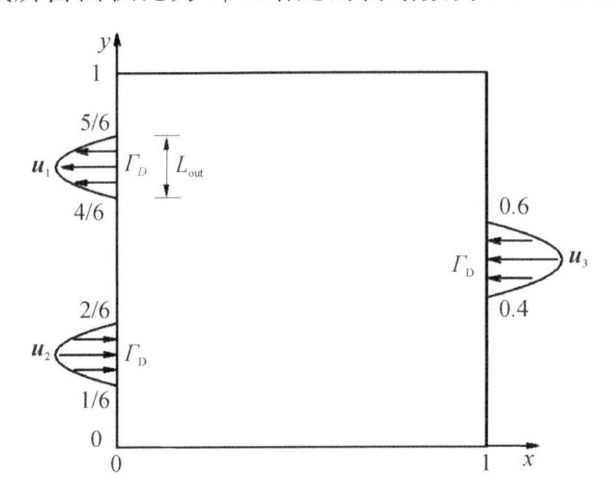

图 3-9 三端口问题的设计域和边界条件

图 3-10 中给出了优化过程中的设计结构,其中包括初始设计[见图 3-10(a)]和最优设计[见图 3-10(f)]。由图 3-10 可知,无样条参数化网格重新划分方法能够有效地处理优化过程中流体域的拓扑变化问题。图 3-11 显示了最优设计对应的双重网格,图 3-12 显示了最优化设计对应的流体速度矢量分布图和流线分布图。由于在流体域上采用了适体的非结构化网格,流场边界条件可以直接施加,并且所得到的流场物理特性和流动的物理特性相吻合。通过观察优化迭代 10 步及 86 步的水平集函数的重新初始化结果(见图 3-13)可知,改进的隐式重新初始化方法能够在保持界面位置基本不动[见图 3-13(b)和(d)]的情况下,实现水平集函数的符号距离函数化[见图 3-13(a)和(c)]。

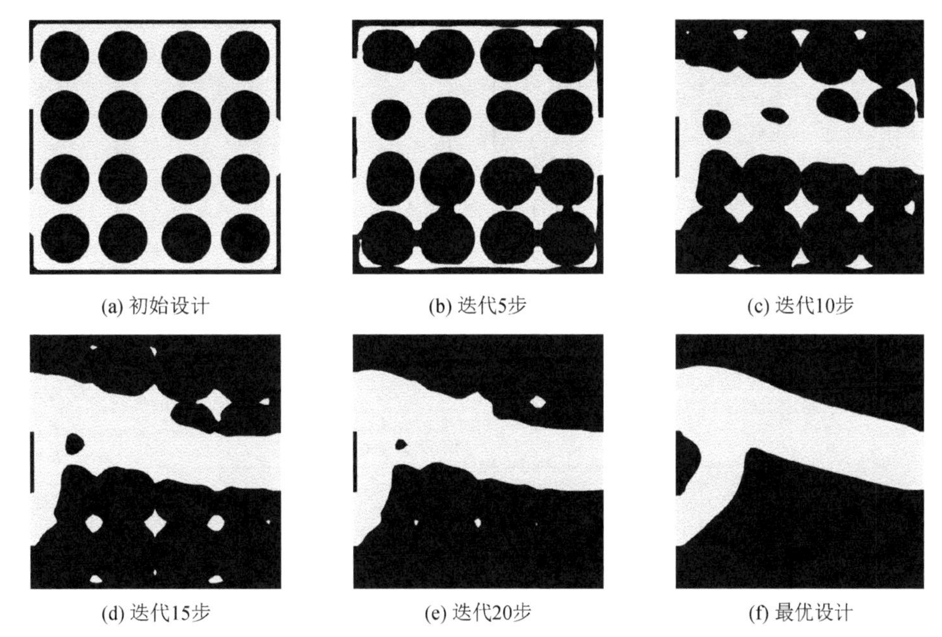

(a) 初始设计　(b) 迭代5步　(c) 迭代10步

(d) 迭代15步　(e) 迭代20步　(f) 最优设计

图 3-10　三端口问题对应的优化过程中的界面演化情况

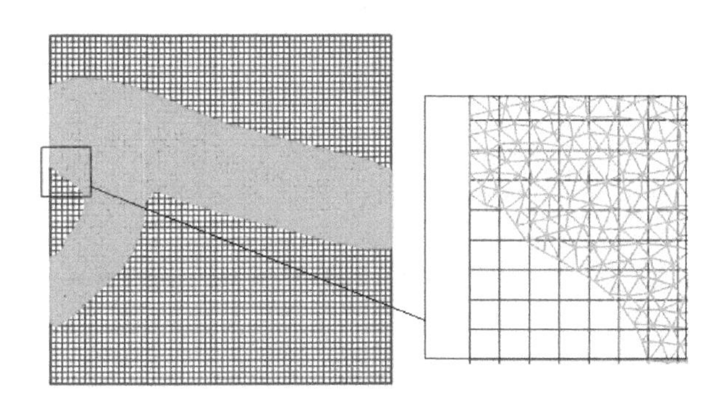

图 3-11　图 3-10(f)中最优设计对应的双重网格

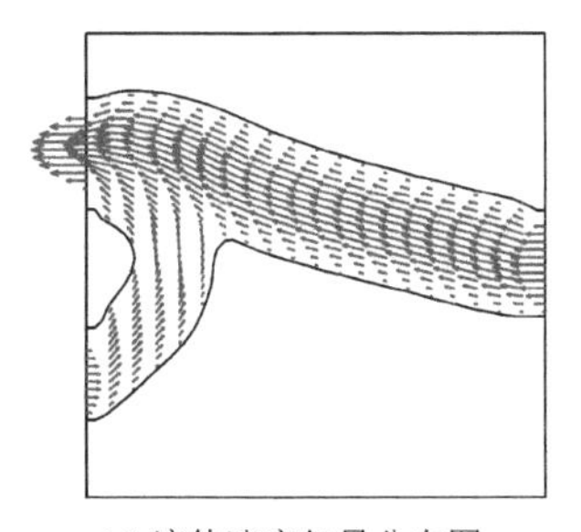

(a) 流体速度矢量分布图

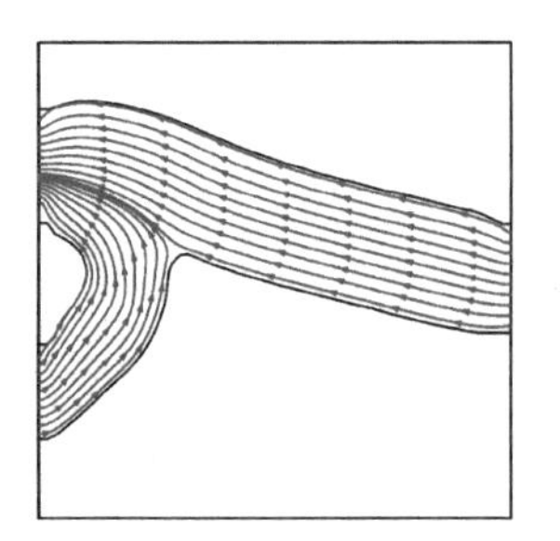

(b) 流线分布图

图 3-12　图 3-10(f)中最优设计对应的流体速度矢量分布图和流线分布图

(a) 优化迭代10步时，重新初始化后的水平集函数的等值线分布（等值线间隔为0.02 mm）

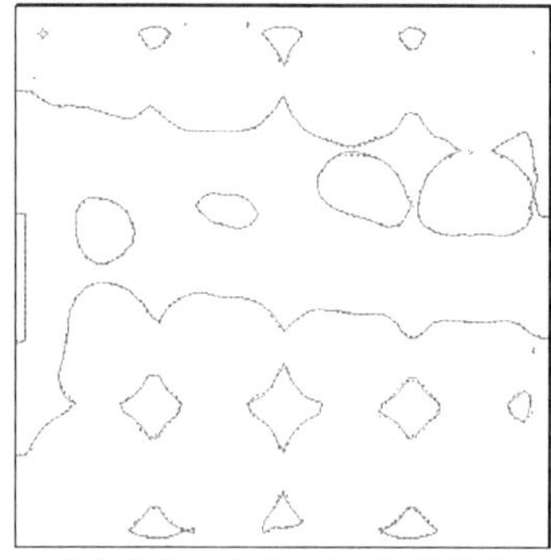

(b) 优化迭代10步时，重新初始化前后界面位置比较（重新初始化之前的界面位置用虚线表示，重新初始化之后的界面位置用实线表示）

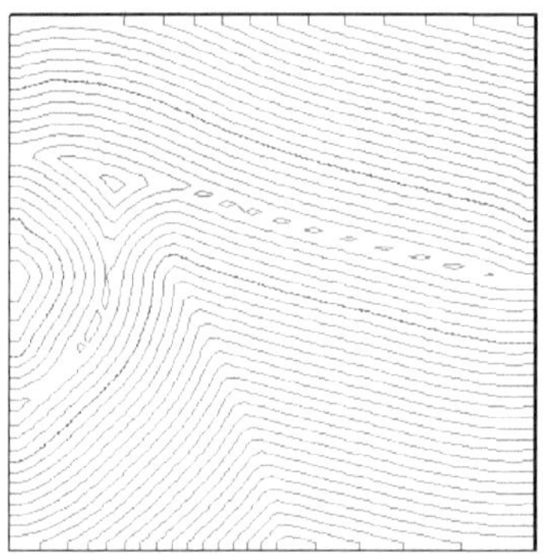

(c) 优化迭代86步时，重新初始化后的水平集函数的等值线分布（等值线间隔为0.02 mm）

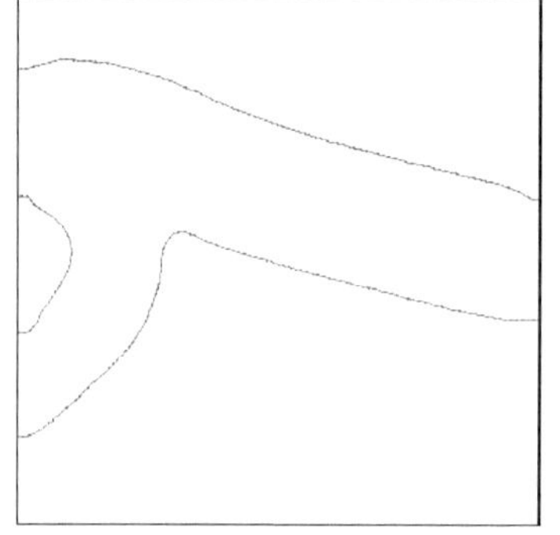

(d) 优化迭代86步时，重新初始化前后界面位置比较（重新初始化之前的界面位置用虚线表示，重新初始化之后的界面位置用实线表示）

图 3-13　采用改进的隐式重新初始化方法对优化过程中的水平集函数进行重新初始化的结果(原始边界用红色虚线表示)

图 3-14 给出了目标函数值和流体域面积随迭代步数变化的变化情况。目标函数值在优化过程中下降幅度很大，在优化的最后保持平稳并得到收敛。流体域面积在优化的开始阶段先下降，然后略有上升，最终保持几乎不变达到收敛。

2. 外流问题

这里给出了一个外流问题的拓扑优化算例。如图 3-15 所示，设计域 D 是一个 1×1 的方形区域，初始设计为区域 D 中间的一个 0.9×0.9 的方形区域。在矩形设计域 D 的四个边(记为 Γ_D)上作用着狄利克雷边界条件，具体给定为 $\boldsymbol{u}=(u_1, u_2)=(1,0)$。在流-固界面 Γ_S 上施加的边界条件是无滑移边界条件。流动雷诺数定义为 $Re=UL/\nu$，其中，U 是进口速度，L 是进口宽度。面积约束中流体域面积比设置为 $\gamma=0.9$，运用类似于文献[46]、[85]中的方法对面积约束进行处理。雷诺数给定为 $Re=500$。

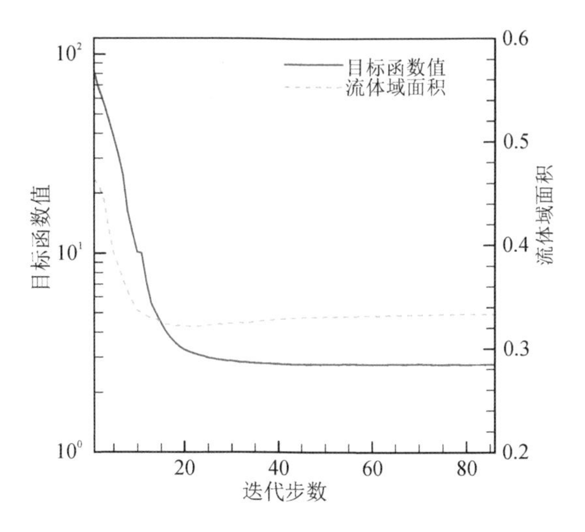

图 3-14　目标函数值和流体域面积随迭代步数的变化情况

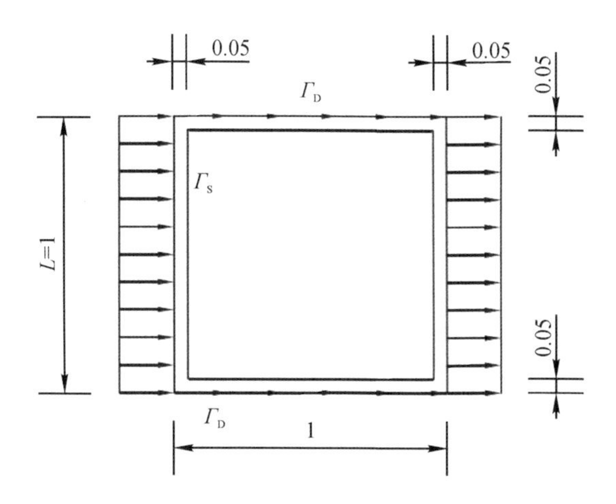

图 3-15　外流问题的设计域和边界条件

通过观察图 3-16 中的演化过程发现，最优设计[见图 3-16(f)]与文献[60]中用其他方法获得的结果吻合得很好。图 3-17 显示了最优设计对应的双重网格，图 3-18 显示了最优设计对应的流体速度矢量分布和流线分布情况。虽然需要两套网格分别进行水平集类函数求解和物理场求解，但是无样条参数化网格重新划分方法能够保证流-固界面上边界条件的准确施加，大大提高了计算的准确性。

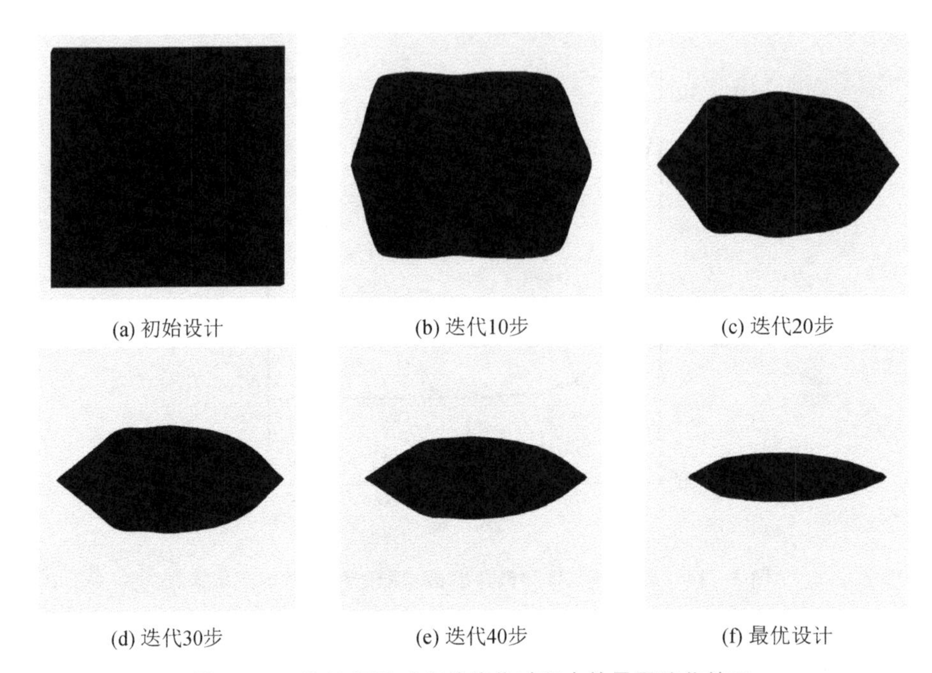

图 3-16　外流问题对应的优化过程中的界面演化情况

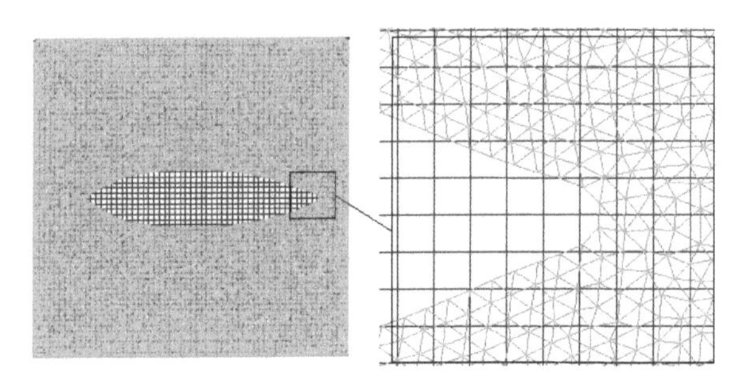

图 3-17　图 3-16(f)中最优设计对应的双重网格

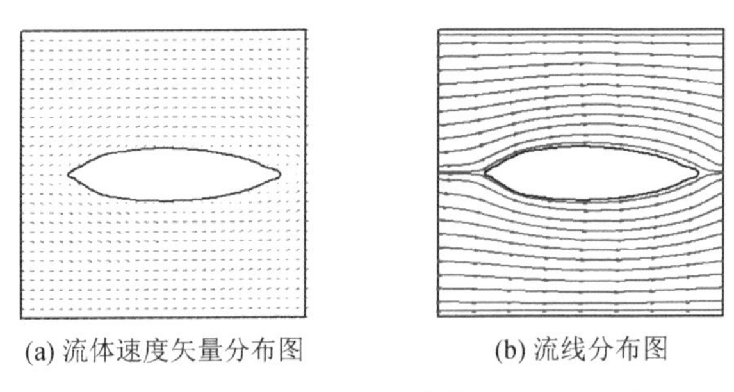

图 3-18　图 3-16(f)中最优设计对应的流体速度矢量分布和流线分布情况

图 3-19 显示了优化迭代 20 步和 130 步时，水平集函数的重新初始化情况。可以看到经过重新初始化之后，水平集函数变成了符号距离函数并且还可以保持界面位置基本不动，这充分验证了本书所发展的水平集重新初始化方法的有效性。

(a) 优化迭代20步时，重新初始化后的水平集函数的等值线分布（等值线间隔为0.02 mm）

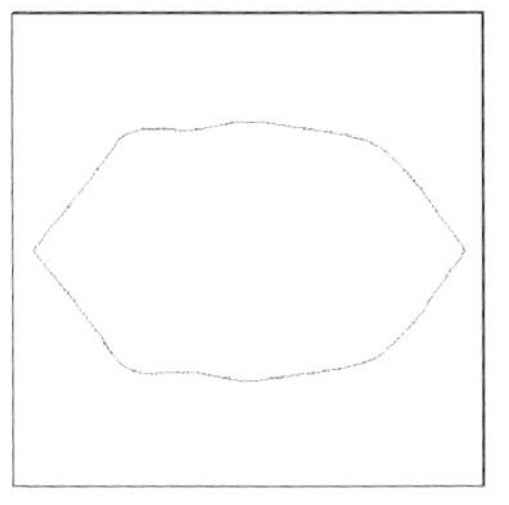

(b) 优化迭代20步时，重新初始化前后界面位置比较（重新初始化之前的界面位置用虚线表示，重新初始化之后的界面位置用实线表示）

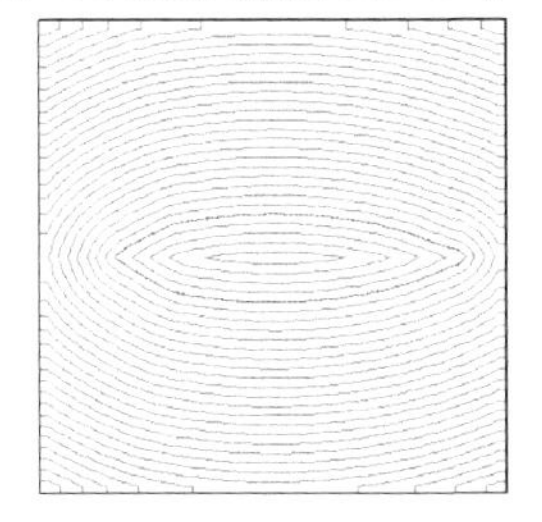

(c) 优化迭代130步时，重新初始化后的水平集函数的等值线分布（等值线间隔为0.02 mm）

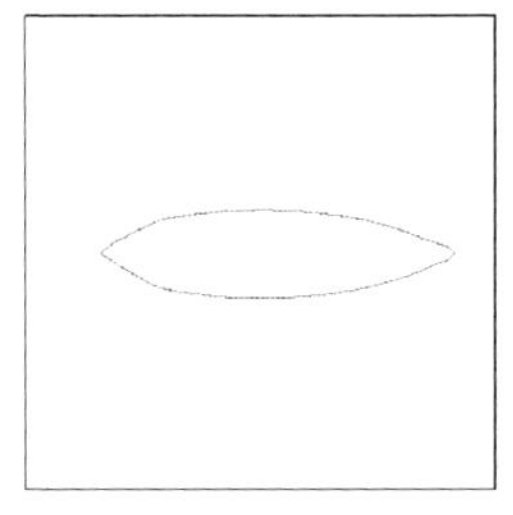

(d) 优化迭代130步时，重新初始化前后界面位置比较（重新初始化之前的界面位置用虚线表示，重新初始化之后的界面位置用实线表示）

图 3-19　采用改进的隐式重新初始化方法对优化过程中的水平集函数进行重新初始化的结果

目标函数值和流体域面积的收敛历史(见图 3-20)表明了采用无样条参数化网格重新划分方法进行优化能够使目标函数值有大幅度地降低。

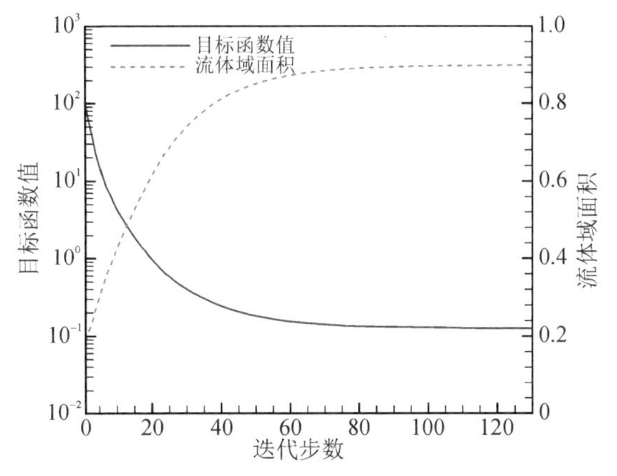

图 3-20　目标函数值和流体域面积的收敛历史

第 4 章

生物医学结构拓扑优化设计方法

4.1 血管架桥结构拓扑优化

血管架桥问题是生物医学结构设计中的一个重要课题。由于血液是一种典型的非牛顿流体，进行血管架桥问题的研究需要考虑非牛顿流体流动的拓扑优化问题。本章将血液流动近似为改进的 Cross 模型的非牛顿流体流动，采用基于虚拟材料方法的水平集优化方法进行血管架桥问题的拓扑优化设计研究，并以最小流动剪切率为设计目标，研究血管旁路设计和血管架桥连接处设计的拓扑优化算例。

4.1.1 问题描述

考虑在一个固定区域 $\Omega\subset\mathbb{R}^2$ 上的二维血液流动问题。血流速度 $\boldsymbol{u}$ 和压力 p 是下列动量方程和连续性方程的解：

$$\begin{cases}\rho(\boldsymbol{u}\cdot\nabla)\boldsymbol{u}+\nabla\cdot\boldsymbol{\sigma}=\boldsymbol{0}, & \forall\boldsymbol{x}\in\Omega\\ -\operatorname{div}\boldsymbol{u}=0, & \forall\boldsymbol{x}\in\Omega\\ \boldsymbol{\sigma}\times\boldsymbol{n}=\boldsymbol{g}, & \forall\boldsymbol{x}\in\Gamma_{\mathrm{N}}\\ \boldsymbol{u}=\boldsymbol{u}_0, & \forall\boldsymbol{x}\in\Gamma_{\mathrm{D}}\\ \boldsymbol{u}=\boldsymbol{0}, & \forall\boldsymbol{x}\in\Gamma_{\mathrm{S}}\end{cases}\tag{4-1}$$

式中，流体域 Ω 的边界由三个互不相交的部分组成：$\partial\Omega=\Gamma_{\mathrm{N}}\cup\Gamma_{\mathrm{D}}\cup\Gamma_{\mathrm{S}}$，其中 Γ_{S} 是流-固界面，Γ_{D} 是除 Γ_{S} 以外的狄利克雷边界，Γ_{N} 是诺伊曼边界；$\boldsymbol{u}_0$ 是边界 Γ_{D} 上给定的速度函数；$\boldsymbol{g}$ 是 Γ_{N} 上已知的法向应力函数；$\boldsymbol{n}$ 是边界 $\partial\Omega$ 上的单位外法向向量；应力张量 $\boldsymbol{\sigma}$ 定义为

$$\begin{cases}\boldsymbol{\sigma}=-p\boldsymbol{I}+2\mu\varepsilon(\boldsymbol{u})\\ \varepsilon(\boldsymbol{u})=\dfrac{1}{2}(\nabla\boldsymbol{u}+\nabla\boldsymbol{u}^{\mathrm{T}})\end{cases}\tag{4-2}$$

式中，μ 是动力黏性系数；$\boldsymbol{I}$ 是单位张量。对于非牛顿流动，考虑血液的剪切渐薄效应，本书将动力黏性系数模型选择为改进的 Cross 模型：

$$\mu(\gamma)=\mu_\infty+\frac{\mu_0-\mu_\infty}{(1+(\lambda\gamma)^b)^a}\tag{4-3}$$

式中，μ_∞ 和 μ_0 分别代表着无限剪切黏度和零剪切黏度。各参数取值[184,195]为：

$\mu_\infty = 0.0035\ \text{Pa}\cdot\text{s}$、$\mu_0 = 0.1600\ \text{Pa}\cdot\text{s}$、$\lambda = 0.82\ \text{s}$、$a = 1.23$、$b = 0.64$，血液密度 $\rho = 1.058\ \text{g/cm}^3$。应变张量具有如下形式：

$$\gamma = \sqrt{2\varepsilon(\boldsymbol{u}) : \varepsilon(\boldsymbol{u})} \tag{4-4}$$

本书拓扑优化的目标是设计一个具有最小血液破损的流体域。由于血液破损与流动剪切应力有关[184,196]，优化目标函数可以选为剪切率二次方的积分，即

$$J(\Omega) = \int_\Omega 2\varepsilon(\boldsymbol{u}) : \varepsilon(\boldsymbol{u})\mathrm{d}\boldsymbol{x} \tag{4-5}$$

此处，符号“ : ”代表着两个张量的标量积。如果 D 是优化问题的设计域，血液流动的优化模型可以描述为

$$\begin{cases} \min\limits_{\Omega\in D}: J(\Omega) \\ \text{subject to}: \begin{cases} \text{控制方程} \\ G(\Omega) = \int_\Omega \mathrm{d}\boldsymbol{x} \leqslant A \end{cases} \end{cases} \tag{4-6}$$

式中，A 是流体域的最大面积约束值。

4.1.2　数值算例

在本节中，首先采用书中提出的基于水平集的拓扑优化方法研究三个血管架桥数值算例。在第一个算例中，研究被堵塞血管的完整架桥结构的拓扑优化。采用此算例主要是为了与文献[184]中的优化结果进行比较，在优化过程中架桥结构的进口和出口导管是固定不动的，因此导致主血管和架桥结构连接部分的优化设计是受限的。此外，本节还补充了另外两个算例，以研究主血管和旁路血管连接部位的优化设计。

1. 算例 1:堵塞血管的架桥问题

在本算例中，研究了一个主血管完全堵塞的架桥结构优化问题，并与文献[184]中的结果进行了比较。为了能够更好地进行比较，本书研究了与文献中相同的数值算例。图 4-1 给出了问题的几何设定，图中灰色阴影区域是设计域 D，其他部分在优化过程中是保持不变的。图 4-1 中黑色阴影区域（记为 Ω_A）是中心在点 O 处的半个椭圆形，半轴设定为 $(l_1 - l_2 - d, l_4)$。区域 Ω_A 不包含在流场分析区域 Ω_f 中，是一个固定的固体域。水平集求解区域设定为 $\Omega_L = D \cup \Omega_A$。流动方向自左向右。血液流场的边界条件设定为：进口是抛物型速度条件，出口是 $\boldsymbol{\sigma}\times\boldsymbol{n} = \boldsymbol{0}$ 的诺伊曼条件，其他所有壁面是无滑移边界条件。雷诺数为 $Re = 300$，其定义为 $Re = V_{\max}H/\mu_\infty$，其中 $V_{\max}$ 是进口处的最大速度，$H = 0.8$ 是进口的高度。这里采用前面提出的基于水平集的拓扑优化方法在设计域 D 上对架桥结构的形状和拓扑进行优化。

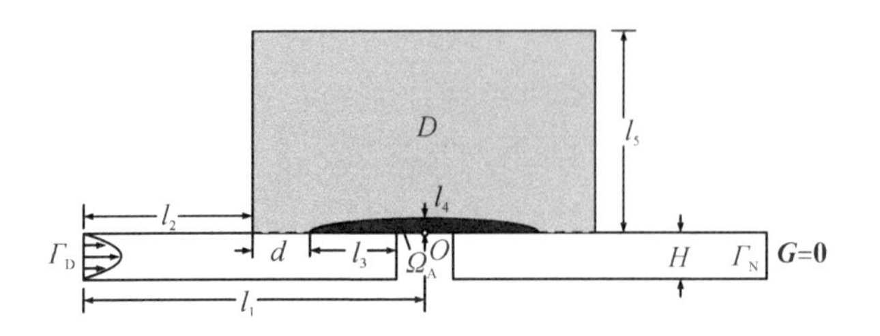

图 4-1 算例 1 中血管架桥结构的计算区域

(固定几何参数为 $l_1=6.0$、$l_2=3.0$、$l_3+d=2.5$、$l_4=d/4$、$l_5=l_1-l_2+d/2$、$H=0.8$，流体计算区域 Ω_f 是左右对称的结构。)

1)情况 1

在第一种情况下，设定 $d=0.6$。流场分析区域和水平集求解区域分别划分出 25360 个和 67200 个三角网格单元。为了与文献[184]的最优结果进行比较，流体域的最大面积约束为 $A=4.1$，这与文献中的最优架桥结构的流体域面积是相等的。初始设计取为与文献[184]中一样的结构，即中心位置在点 O 处的半圆环结构[见图 4-2(a)]。

优化过程中的设计和相应的流线分布如图 4-2 所示。由图 4-2 可知，迭代 20 步之后流体域的面积开始下降。从图 4-2(e)和(f)可知，架桥结构进出口的限制导致旁路血管与主血管交接处的设计并不是很符合流动特性。如图 4-2 所示，在优化过程中竖直方向上的血管高度一直在下降。当架桥的高度变得不能再低的时候，旁路血管变得最短。由于在优化过程中流场面积是固定的，旁路血管最短的时候，血管的平均截面变得最宽。通过比较图 4-2 和图 4-6 中的设计可知，图 4-2(f)中的最优设计具有最短的旁路长度和最宽的旁路截面积。由于设计域的限制，血管高度迭代的最后阶段保持不变，优化过程达到收敛。如果没有这个限制，最优设计可能与原来未堵塞时的血管是一样的。为了验证这一点，本书执行了一个没有设计域限制的数值算例。在这个新加入的算例中，设计域、流场分析区域和水平集求解区域都发生了变化。图 4-3 显示了其几何设置：灰色阴影区域是设计域 D，其他区域在优化过程中是固定的。流场分析区域 Ω_f 为设计域 D 和固定区域的并集。图 4-3 中的矩形区域 $ABEF$ 是水平集求解区域 Ω_L，l_5 设置为 $l_5=3.3$，其他设置保持不变。图 4-4 显示了新增算例的初始和最优设计及它们的流线分布，可以看到最优设计是一个直血管，占据了原堵塞的主血管。虽然由于设计域的设置，在局部位置存在着一些涡，但是总体设计能够很好地符合流动的特点。最优设计的目标函数值为 5.88。由以下讨论可知，图 4-4(b)中设计对应的目标函数比图 4-2 和图 4-6 中的都要低很多。

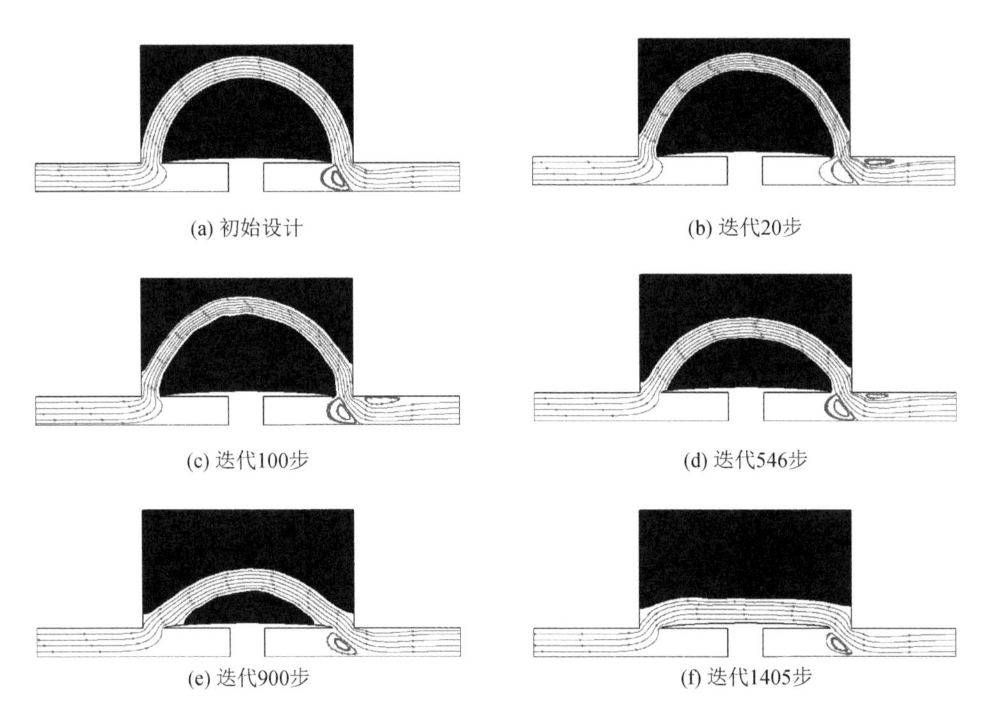

(a) 初始设计　(b) 迭代20步

(c) 迭代100步　(d) 迭代546步

(e) 迭代900步　(f) 迭代1405步

图 4-2　算例 1 情况 1 优化过程中的设计和流线分布

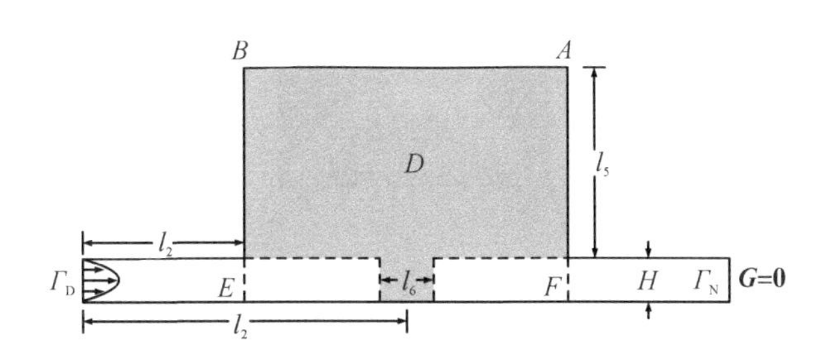

图 4-3　新增算例的计算区域

（固定几何参数 $l_1=6.0$、$l_2=3.0$、$l_5=3.3$、$l_6=1.0$、$H=0.8$，流场分析区域 Ω_f 是一个左右对称的区域。）

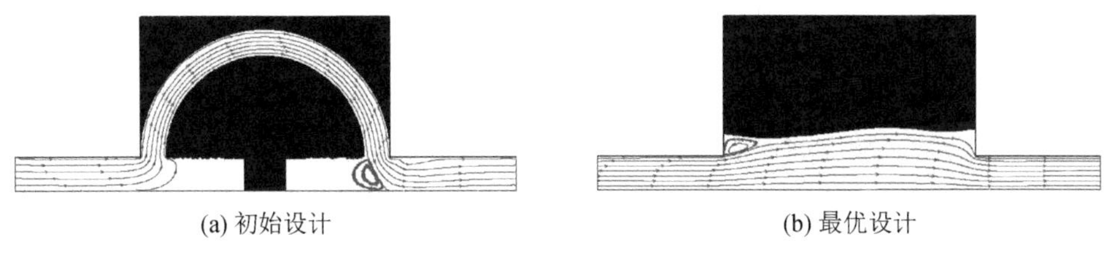

(a) 初始设计　(b) 最优设计

图 4-4　新增算例(计算区域见图 4-3)的初始和最优设计及它们的流线分布

图 4－5 给出了情况 1 中目标函数值和流体域面积的变化情况。从图 4－5 可知，在优化的开始阶段目标函数值快速下降，到了优化后期下降速度减缓。目标函数值在优化的过程中下降了 68.56％。

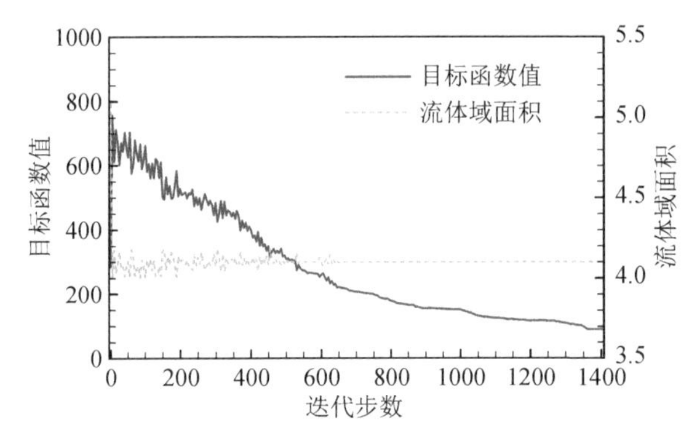

图 4－5　算例 1 情况 1 优化过程中的目标函数值和流体域面积变化情况

本书将文献[184]中最优设计对应的速度场和目标函数值在本书的流场分析框架下进行了计算。图 4－6 显示了文献中的最优设计及其相应的流线分布。图 4－6 中形状对应的目标函数值为 275.38。图 4－5 中当迭代 546 步之后(迭代 546 步时的设计在图 4－2(d)中给出)，目标函数值就开始比文献中目标函数的最小值还要小了。

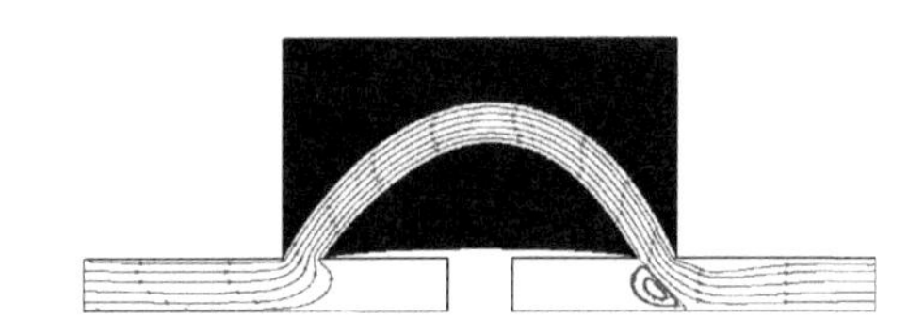

图 4－6　文献[184]中情况 1 的最优设计及其流线分布

图 4－7 显示了初始设计、本书最优设计和文献[184]中最优设计的速度大小分布。与其他两个设计相比，本书优设计具有更小的高速区域(速度值超过 1.4)和从主流到管壁更平缓的速度变化，这些都要归功于本书最优架桥较宽的结构截面。本书最优设计所具有的速度分布也会产生较平缓的速度梯度分布和剪切率分布(见图 4－8)。由图 4－8 可知，图 4－8(b)中的高剪切率区域面积(剪切率值高于 12)要远远小于图 4－8(a)和(c)中的对应面积。在图 4－8(b)中，由于设计域的限制，高剪切率区域仅仅存在于进口和出口的局部区域内，而其他区域都具有很小的剪切率。另外，图 4－8 中的高剪切率区域都存在于靠近架桥血管壁面的地方。所以，图 4－8(b)中的设计将具有较小的剪切率积分值。通过比较剪切率分布和架桥血管长度，图 4－8(b)中的设计无疑将具有更小的目标函数值。

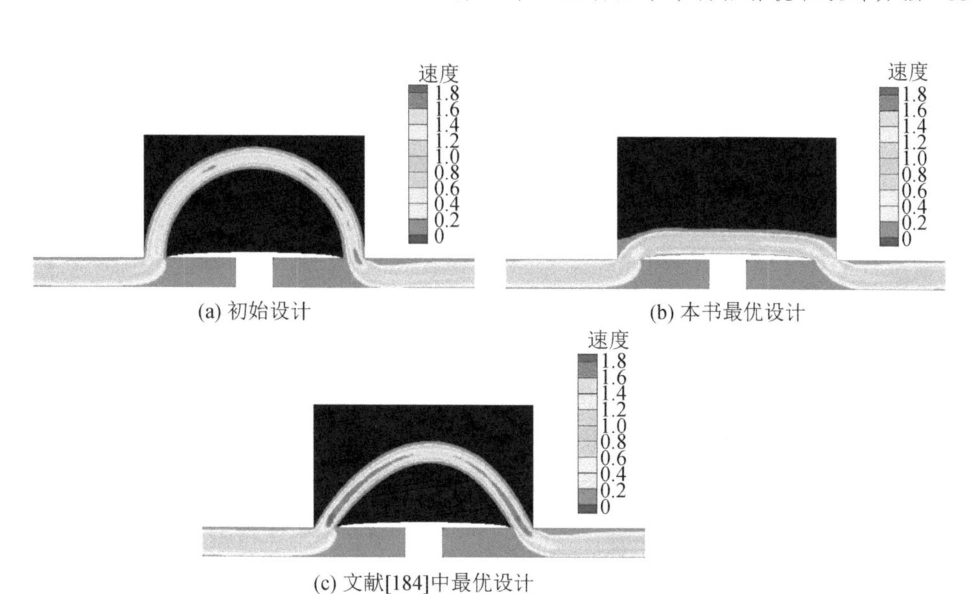

(a) 初始设计　(b) 本书最优设计　(c) 文献[184]中最优设计

图 4-7　算例 1 情况 1 中典型结构的速度大小分布(无量纲)

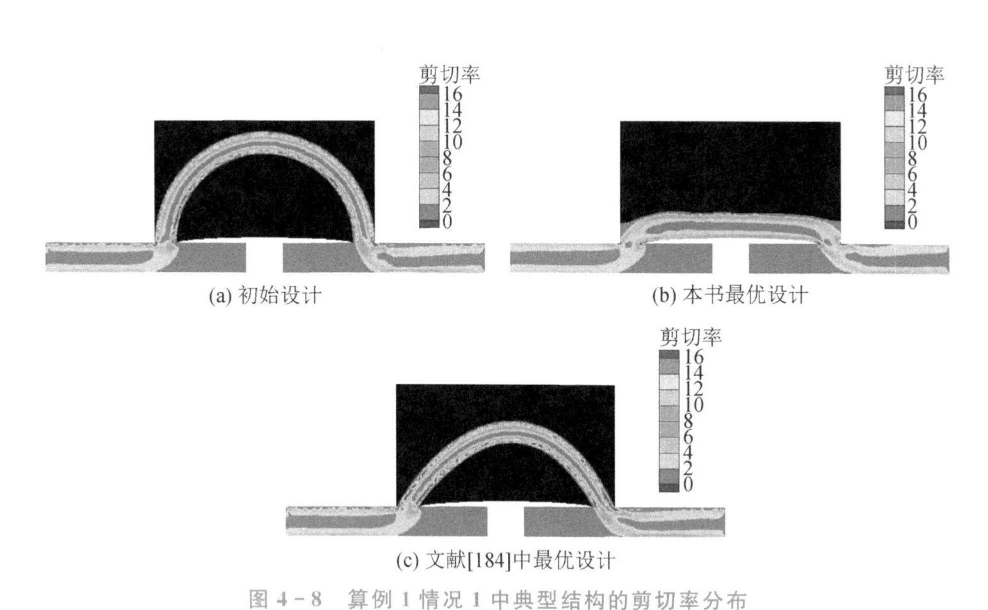

(a) 初始设计　(b) 本书最优设计　(c) 文献[184]中最优设计

图 4-8　算例 1 情况 1 中典型结构的剪切率分布

与文献[184]中的最优设计结果相比较，本书优化得到的架桥结构的目标函数值降低了 67.44%，其原因与本书最优设计对初始设计的结构改进更大有关。在文献[184]中，只通过有限几个设计参数的变化实现了架桥结构中线形状的改进，最优设计和初始设计之间差别较小。而本书采用所提出的基于水平集的拓扑优化方法，通过整个界面的位置移动实现了架桥结构的优化，最优设计和初始设计之间差别较大。由图 4－2 可知，优化过程中架桥血管的形状经历了很大的变化，主要反映在竖直方向上架桥血管离主血管的距离不断减小。图 4－5 显示了迭代 20 步之后，目标函数的大体变化是呈下降趋势的，再次证明了压低架桥血管的高度能够使得目标函数下降。另外，由以上讨论可知，竖直方向血管高度的降低改善了血液流动，因此，由于优化过程中大的形状变化而获得目标函数的降低就显而易见了。

众所周知，水平集方法难以在流体域上生成小岛。为了检验初始设计的依赖性，本书采用了一个更一般化的初始设计[见图 4－9(a)]进行优化。新的初始设计在设计域上含有 18 个小岛，以弥补水平集方法的缺陷。图 4－9(b)显示了新初始设计对应的优化设计结果。为了更精确地对比，图 4－10 给出了基于两个不同初始设计的最优设计结果，由图可知，在含有小岛和不含小岛的两种初始条件下，最优设计结果是基本吻合的，而且两者目标函数的差别仅仅只有 0.0058%，因此，图 4－2(f)的最优设计是血管架桥优化问题的一个全局性较好的结果。

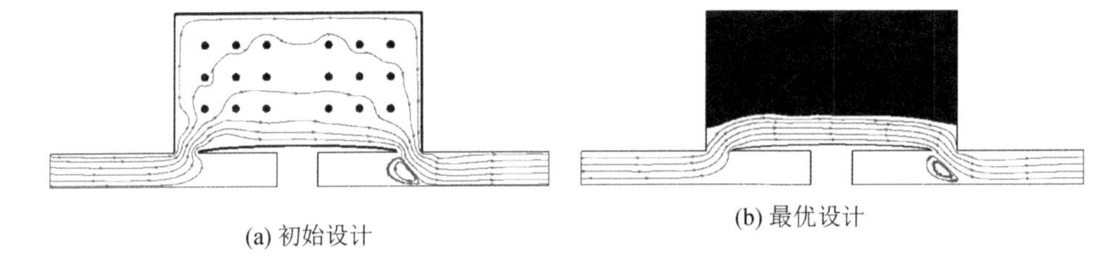

(a) 初始设计　　(b) 最优设计

图 4－9　算例 1 情况 1 中当初始设计具有小岛时的设计和流线分布

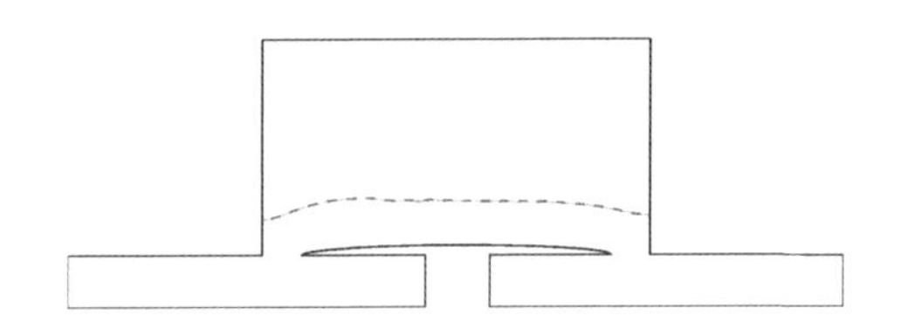

图 4－10　图 4－2(f)和图 4－9(b)中的最优设计比较

(绿色实线和红色虚线分别代表图 4－2(f)和图 4－9(b)中最优设计的界面位置。)

2)情况 2

情况 2 中，直径设置为 $d=1$。流动分析区域和水平集求解区域分别被划分成 28474 和 67200 个三角网格单元。流体域的最大面积约束与文献[184]中最优设计中流体域面积一样，也就是 $A=5.77$。与文献[184]中一样，初始设计选择为中心在点 O 的半圆环形状[见图 4－11(a)]。

图 4－11 显示了优化过程中的设计结果和相应的流线分布。优化过程中竖直方向血管高度的降低在图 4－11 的子图中清晰可见。在这里仍然测试了在采

用与图 4－3 中几何相类似的设置（只是这里 $l_5=3.5$）时的水平集拓扑优化，相应设计结果在图 4－12 中给出。由图 4－12 可知，最优设计结果仍然是一个占据主血管位置的直管。这个最优设计能很好地符合流动特征，并且具有一个很低的目标函数（目标函数值为 4.90）。图 4－11(e)和(f)显示了血管架桥结构在进出口位置不符合流动耗能小的特征，这个问题是由设计域的几何设置导致的。情况 2 中目标函数和流体域的变化情况在图 4－13 中给出。通过对图 4－13 的观察可知，在优化的开始阶段目标函数值有大幅度下降，之后下降缓慢并逐渐保持不变。与初始设计相比，图 4－11(f)的最优设计对应的目标函数值下降了 40.58％。

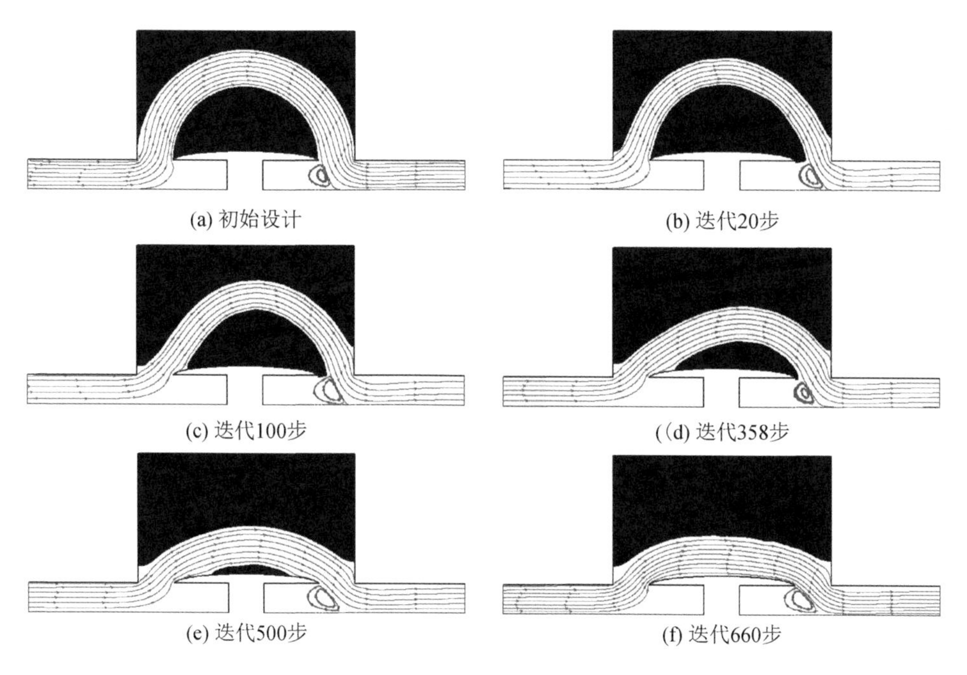

图 4－11　算例 1 情况 2 优化过程中的设计结果和流线分布

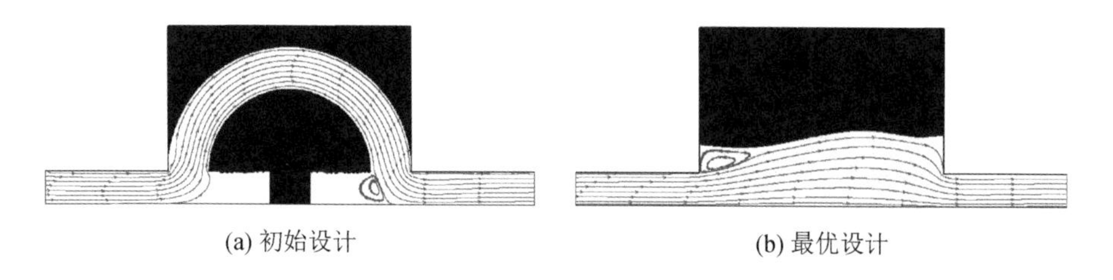

图 4－12　采用类似于图 4－4 中几何设置时的设计结果及其流线分布

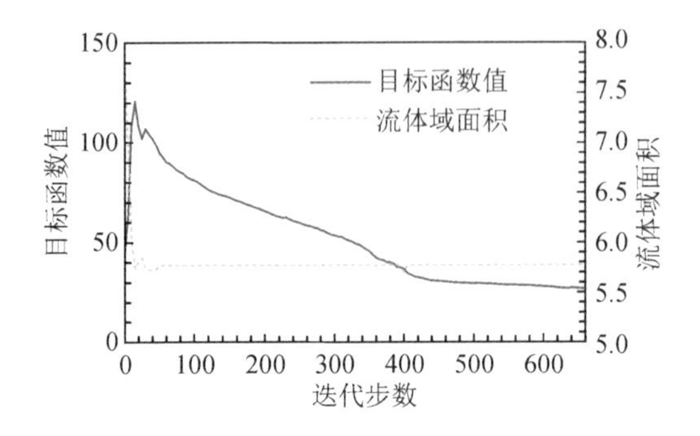

图 4-13　算例 1 情况 2 目标函数值和流体域面积的变化情况

在本书的计算框架下，对文献[184]中的最优架桥设计进行了数值模拟，其流线分布图显示在图 4-14 中。当流动区域、网格和控制方程都采用本书计算框架时，图 4-14 中结构对应的目标函数值为 42.91。而由图 4-13 可知，当迭代到 358 步以后（迭代第 358 步时的设计在图 4-11(d)中给出），目标函数值已经小于 42.91 了。通过比较图 4-14 和图 4-11(f)中最优设计的目标函数值可知，图 4-11(f)中的剪切率积分值要比文献[184]中设计结果的对应值低 37.87%。因此，可以得出结论，采用本书方法优化得到的架桥结构具有更优越的性能。

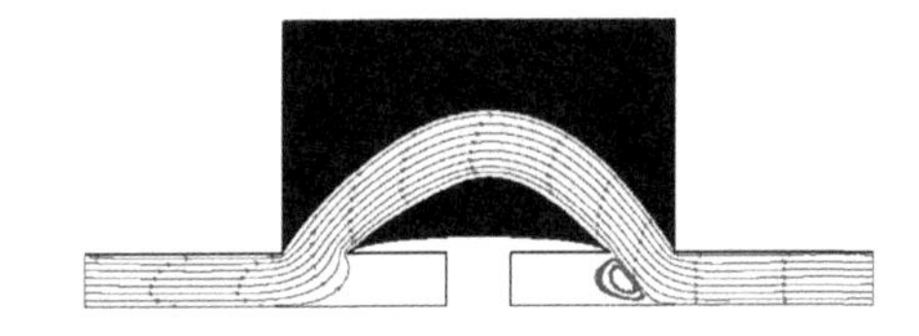

图 4-14　文献[184]中情况 2 的最优设计和流线分布

图 4-15 所示为初始设计、本书最优设计和文献[184]中最优设计对应的速度大小分布。从图中可以看出，图 4-15(b)中设计对应的从主流区到架桥血管壁面的速度变化明显比其他两图要平缓。由这三个设计结构剪切率的分布（见图 4-16）可知，图 4-11(f)中最优设计也具有比较低的剪切率平均值，因此，图 4-11(f)中最优设计具有更低的目标函数值是符合客观事实的。

一个在设计域上具有 18 个小岛的更一般化的初始化设计[见图 4-17(a)]被用于优化中。这个新初始化值对应的最优设计示于图 4-17(b)。通过观察图 4-18 中两个不同初始化对应的流-固界面的比较可知，两个最优的血管架桥结构基本一致，而且二者目标函数值差别只有 0.015%，所以，图 4-11(f)中的最优设计具有较强的全局性。

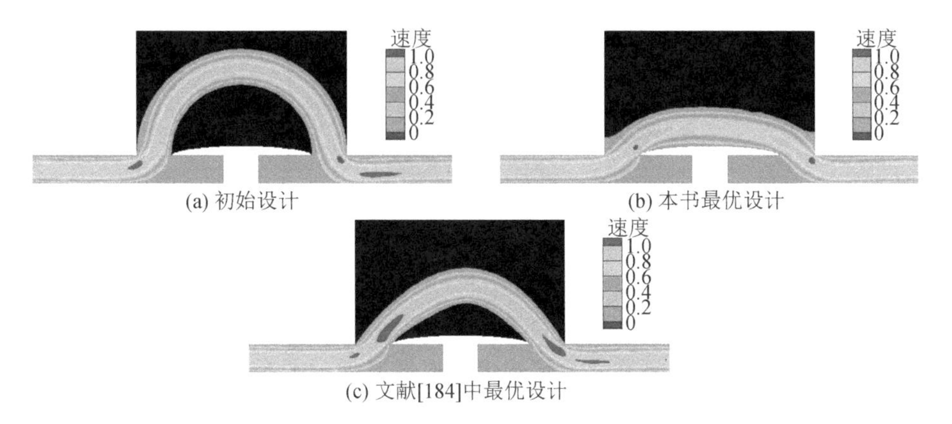

图 4-15　算例 1 情况 2 中典型结构的速度大小分布(无量纲)

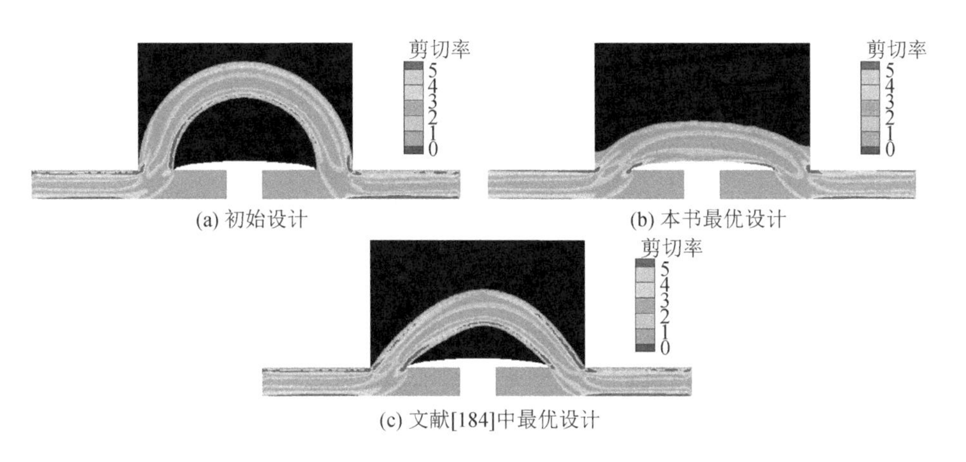

图 4-16　算例 1 情况 2 中典型结构的剪切率分布

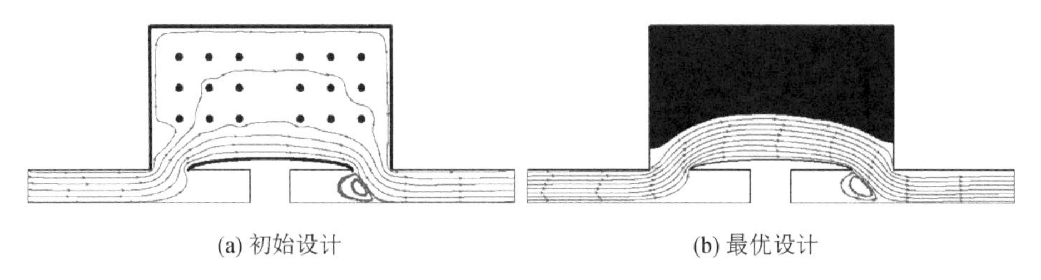

图 4-17　算例 1 情况 2 中一般化初始条件下进行优化得到的设计和流线分布图

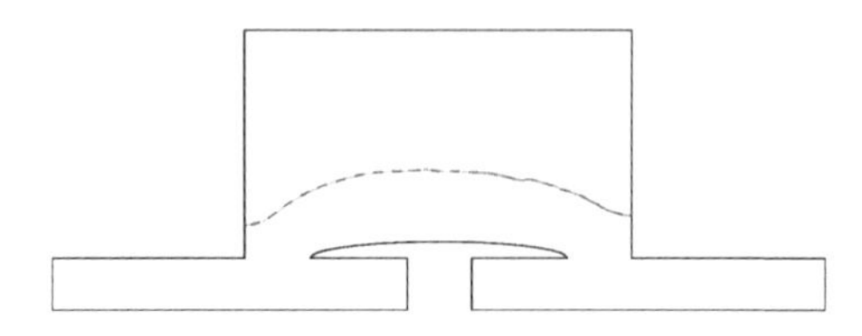

图 4-18 算例 1 情况 2 中图 4-11(f)和图 4-17(b)中最优设计的比较
(绿色实线和红色虚线分别代表着图 4-11(f)和图 4-17(b)中最优设计的流-固界面。)

由图 4-2 和图 4-11 可知，血管架桥结构的优化设计可以得到较光滑的边界。但是，也可以看到，图 4-1 中的几何设置大大地限制了进出口处的优化设计。针对这个问题，算例 2 和算例 3 直接对旁路血管连接处的结构进行优化设计，以充分发挥本书优化设计方法的优越性。

2. 算例 2：狭窄血管的旁路设计

本算例中，采用所提出的方法研究一个狭窄血管的旁路设计问题。为了获得对主血管和旁路血管之间连接处更好的设计，将主血管和旁路血管同时作为设计对象。优化问题的流场分析区域 Ω_f、设计域 D 和边界条件示于图 4-19 中。水平集求解区域满足 $\Omega_L=D$。血管旁路区域包含两个进口，分别是主血管进口和旁路血管进口。主血管和旁路血管进口(见图 4-19)处的抛物型速度分别记为 $\boldsymbol{u}_{01}$ 和 $\boldsymbol{u}_{02}$，并且有

$$\boldsymbol{u}_{01}=-u_{m1}(y-4/6)(5/6-y)\boldsymbol{n} \tag{4-7}$$

$$\boldsymbol{u}_{02}=-u_{m2}(y-1/6)(2/6-y)\boldsymbol{n} \tag{4-8}$$

式中，u_{m1} 和 u_{m2} 是进口处的最大速度值；$\boldsymbol{n}$ 是边界上的单位外法向向量。这里所研究的雷诺数为 $Re=100$，定义为 $Re=U_{max}L_{in}/\mu_\infty$，其中 $U_{max}=(u_{m1}+u_{m2})$，L_{in} 是进口的宽度之和。流场分析区域 Ω_f 和水平集求解区域 Ω_L 分别被离散为 10634 和 12800 个三角网格单元。

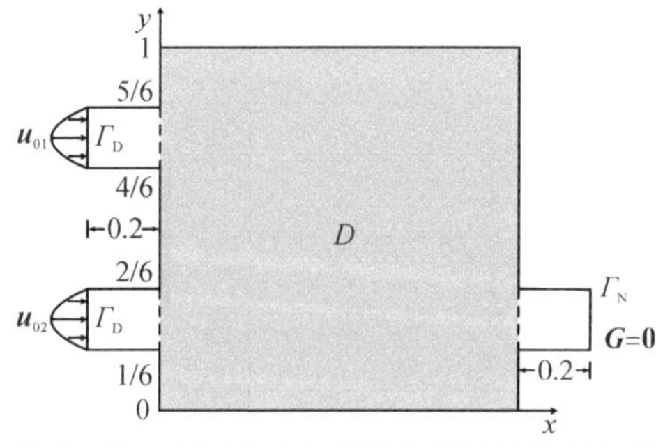

图 4-19 算例 2 中血管架桥问题的计算区域

考虑不同的血管狭窄情况，本书研究了以下三种不同进口边界条件(工况)下的血管构型的优化设计。

$$工况\ 1: u_{m1} = 1.0\ 和\ u_{m2} = 1.0 \tag{4-9}$$

$$工况\ 2: u_{m1} = 0.5\ 和\ u_{m2} = 1.5 \tag{4-10}$$

$$工况\ 3: u_{m1} = 1.5\ 和\ u_{m2} = 0.5 \tag{4-11}$$

三种流动工况下，优化过程的设计结果和相应的流线分布分别在图 4-20、图 4-21和图 4-22 中给出。由图 4-20(d)、图 4-21(d)和图 4-22(d)可知，三个工况下的最优设计具有不同的主血管和旁路血管宽度及不同的血管连接位置。通过比较图 4-21(d)和图 4-22(d)中结构可知，在进口处有较高流率的工况，在最优设计中具有更宽和更直的血管结构。具体说来，由于主血管流率大于旁路血管流率，所以图 4-21(d)中结构的特点是主血管更加宽阔和笔直，旁路血管比较狭窄和弯曲，而对于图 4-22(d)中的结构则恰恰相反。我们知道，当流率相同的时候，宽管具有更缓和的速度梯度分布。因此，为了在所有的管中获得较缓和的速度梯度，具有高流率的管就应该比低流率的管更宽。此结论与图 4-21(d)和图 4-22(d)中的最优结构是相符合的。图 4-23 中给出的速度大小的分布图也可以验证这一点。在这些高流率的管中，最优设计将降低剪切率的大小。图 4-24显示了三个工况最优设计的剪切率分布。可以看到，在大流率管中剪切率的分布与小流率管中是相似的。这样的剪切率可以使得整个设计域内具有较低的剪切率积分。这些结果都说明了本书研究得到的最优血管旁路构造与进口的边界条件息息相关。换句话说，相应于主血管中不同的狭窄和堵塞情况，最优血管构型具有明显的不同。

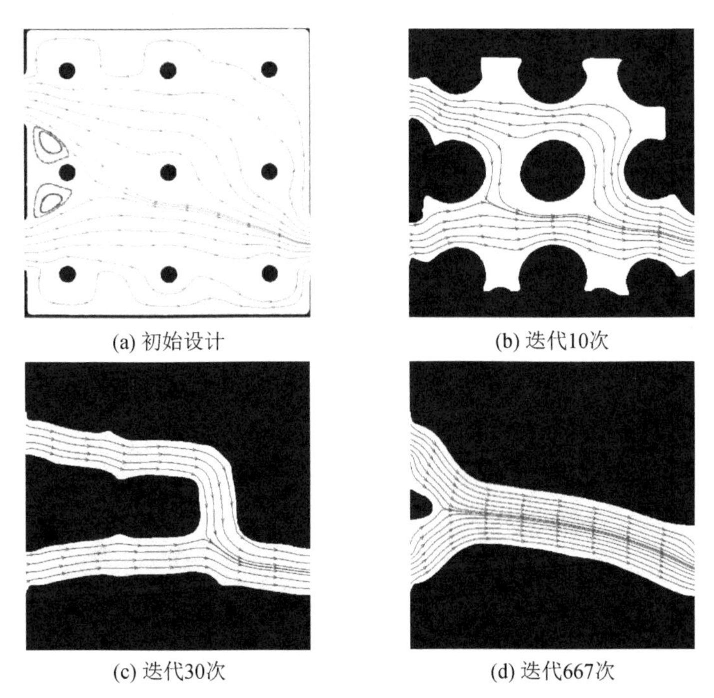

图 4-20　算例 2 工况 1 优化过程的设计结果和流线分布

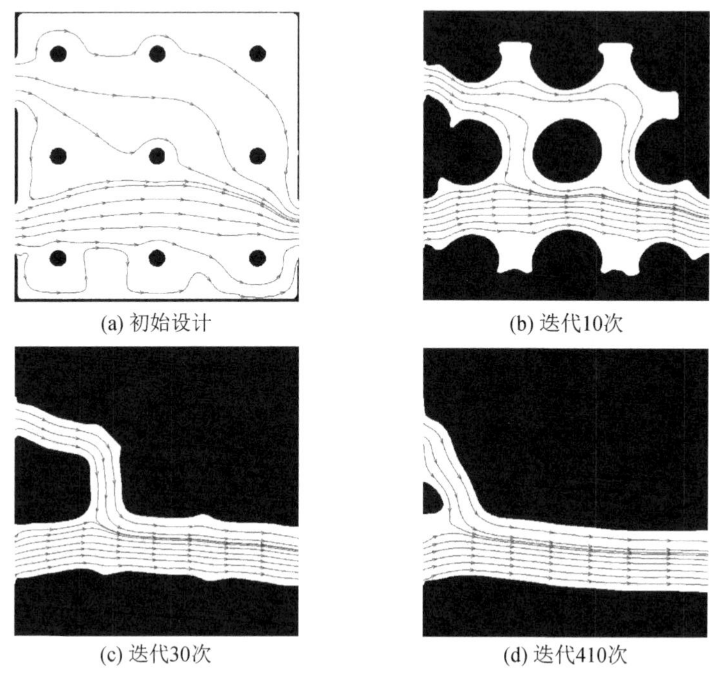

(a) 初始设计　(b) 迭代10次　(c) 迭代30次　(d) 迭代410次

图 4-21　算例 2 工况 2 优化过程的设计结果和流线分布

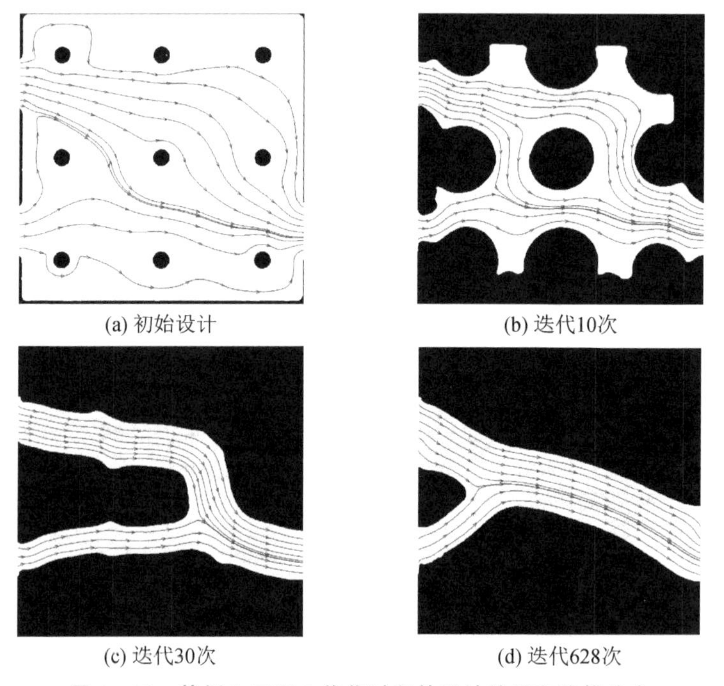

(a) 初始设计　(b) 迭代10次　(c) 迭代30次　(d) 迭代628次

图 4-22　算例 2 工况 3 优化过程的设计结果和流线分布

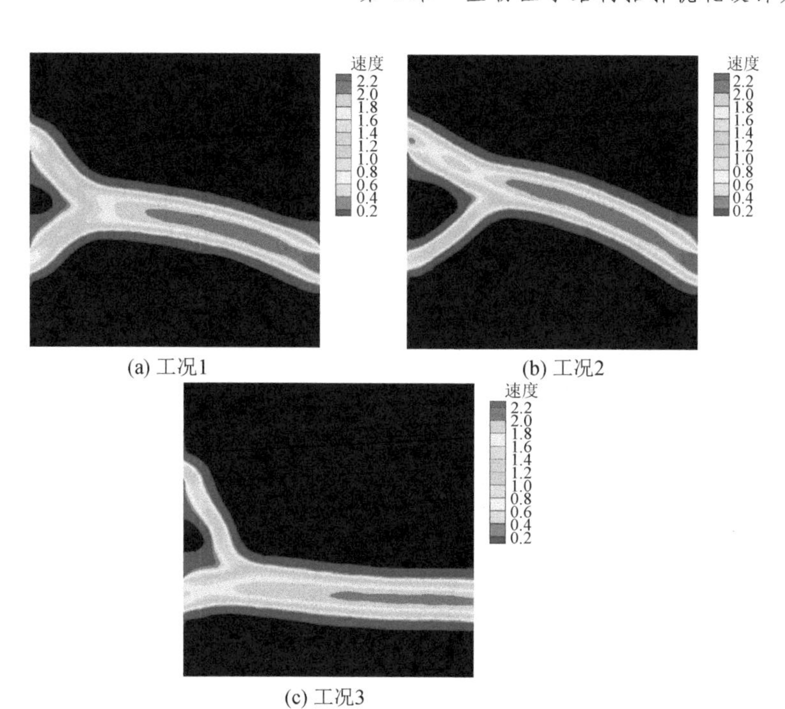

图 4-23　算例 2 中最优设计对应的速度大小分布(无量纲)

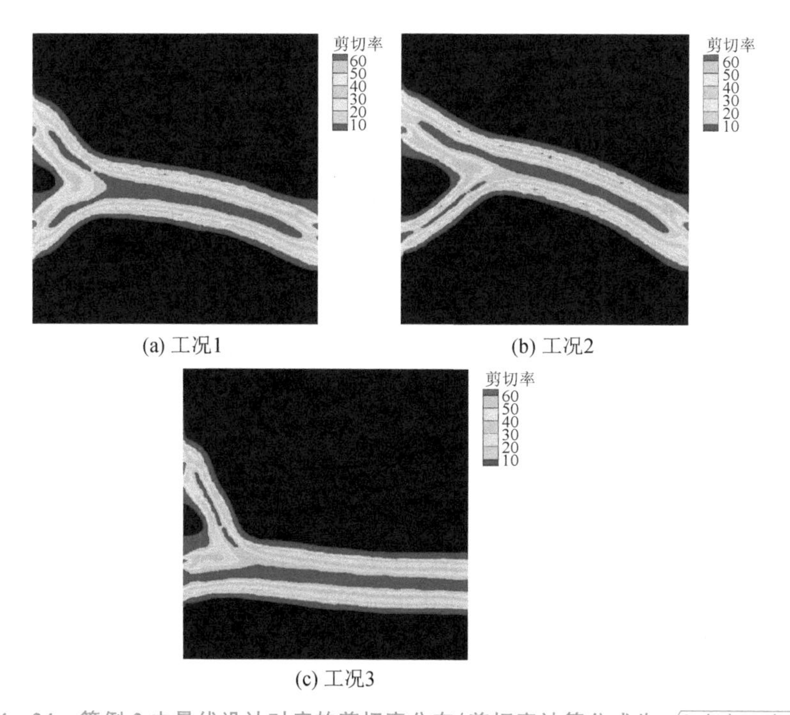

图 4-24　算例 2 中最优设计对应的剪切率分布(剪切率计算公式为 $\sqrt{2\varepsilon(u):\varepsilon(u)}$)

由图 4－20(d)、图 4－21(d)和图 4－22(d)可看出，三种工况的最优设计与流动情况均吻合得很好，在流动区域几乎没有大涡和回流情况出现，这将有效防止由于血流停滞产生的阻塞。

图 4－25 显示了三种流动工况的目标函数值和流体域面积的变化情况。一开始当流体域面积大于面积约束 A 时，目标函数值呈上升趋势；然后，当流体域面积等于面积约束 A 时，目标函数值开始下降；最后目标函数值保持不变直至收敛。从图 4－25 可以看出，本书的优化方法可以获得具有较低剪切率值的最优设计。

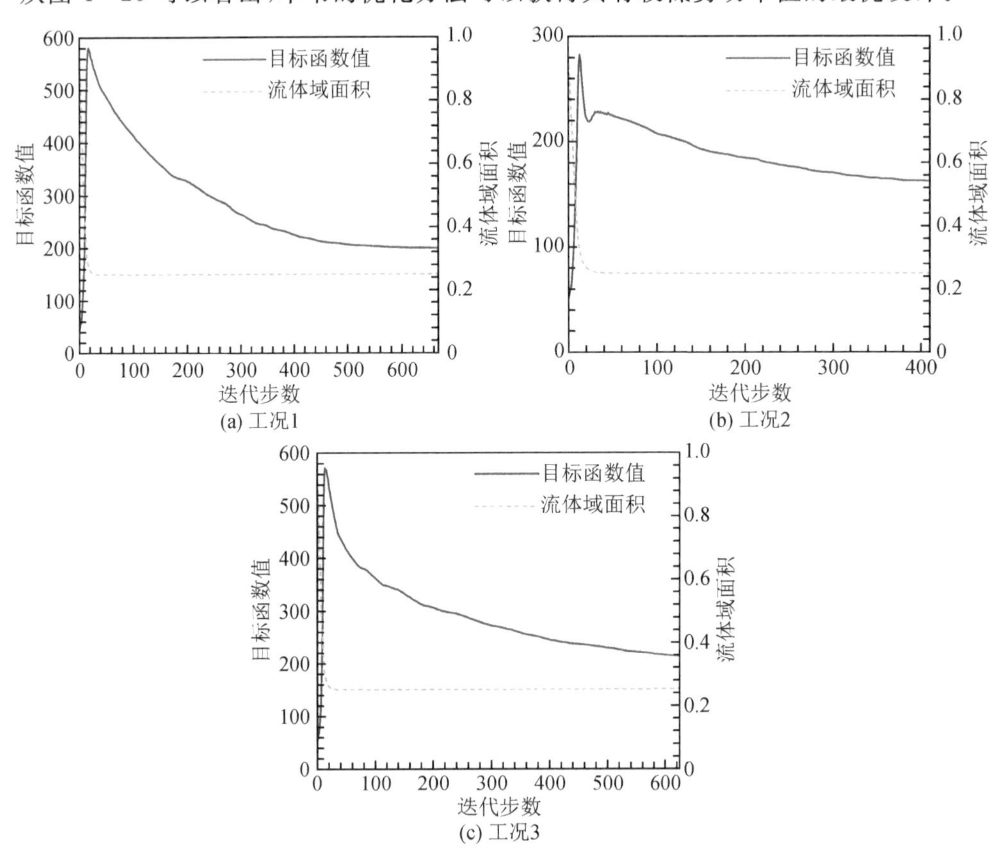

图 4－25　算例 2 中三种工况优化过程中的目标函数值和流体域面积的变化情况

3. 算例 3:主血管固定的旁路设计

在许多血管旁路设计问题中，主血管是固定的，只有旁路血管是需要进行设计的。本算例中，研究了主血管固定的狭窄血管的架桥结构设计问题。

图 4－26 显示了优化问题的流场分析区域 Ω_f、设计域 D 和边界条件。水平集求解区域设定为 $\Omega_L = D$。主血管进口和旁路血管进口都包含在流场分析区域中。在主血管和旁路血管进口处的抛物型速度分布设定为与算例 2 一致。雷诺数为

$Re=100$，其定义为 $Re=U_{max}L_{in}/\mu_{\infty}$，其中，$u_{max}=(u_{m1}+u_{m2})/2$，$L_{in}$ 是所有进口的宽度之和。流场分析区域 Ω_f 和水平集求解区域 Ω_L 分别被离散为 9148 和 10800 个三角网格单元。

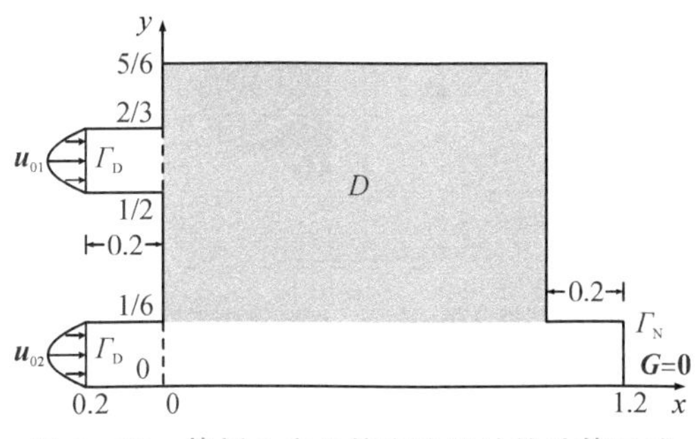

图 4-26　算例 3 中血管旁路设计的计算区域

考虑不同的血管狭窄情况，研究了进口条件分别为方程(4-9)、(4-10)和(4-11)的三种工况的拓扑优化问题。

图 4-27、图 4-28 和图 4-29 显示的是三种流动工况在优化过程中的设计结果和流线分布。通过观察图 4-27(d)、图 4-28(d)和图 4-29(d)可知，相应于主血管中的不同狭窄情况最优血管构型也是明显不同的。然而，这些最优设计都与血液流动情况吻合得较好，可能会获得较小的剪切率。

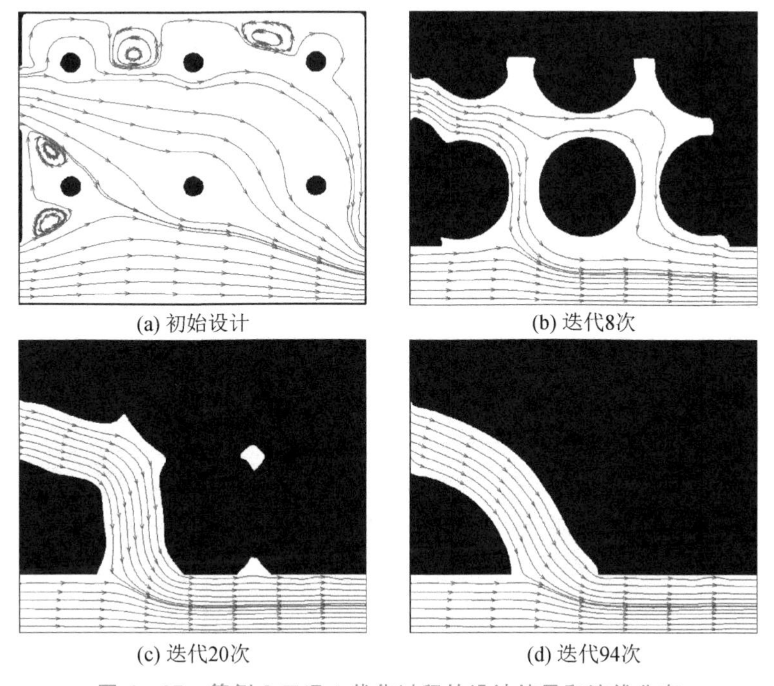

图 4-27　算例 3 工况 1 优化过程的设计结果和流线分布

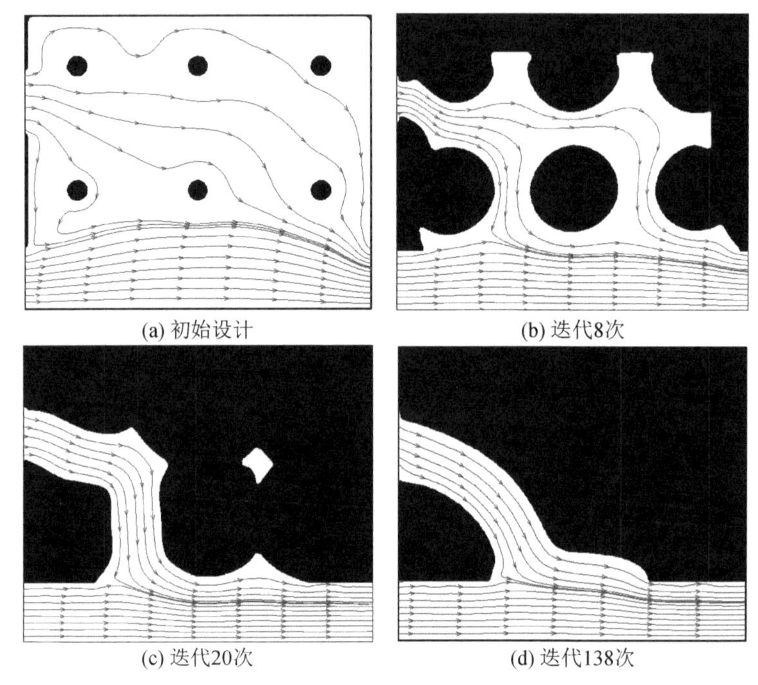

(a) 初始设计　(b) 迭代8次　(c) 迭代20次　(d) 迭代138次

图 4-28　算例 3 工况 2 优化过程的设计结果和流线分布

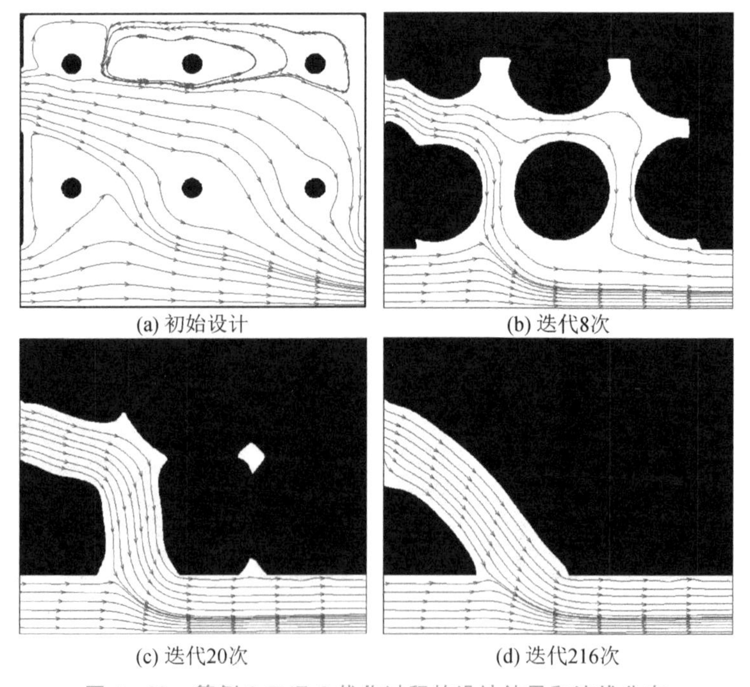

(a) 初始设计　(b) 迭代8次　(c) 迭代20次　(d) 迭代216次

图 4-29　算例 3 工况 3 优化过程的设计结果和流线分布

图 4 - 30 给出了三种工况最优设计对应的速度大小分布，由图中可知，沿着架桥血管方向的速度分布是相似的，这也将使得沿着架桥方向剪切率分布是均匀的。这种推断可以通过图 4 - 31 的剪切率分布得到证实。图 4 - 31 中，高于 70 的剪切率分布区域很小，所以优化设计结果具有较小的目标函数值。

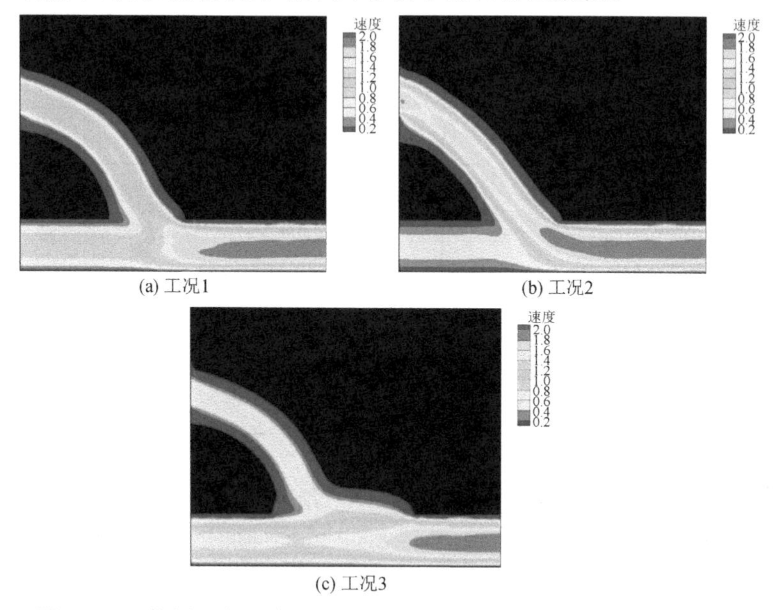

(a) 工况1　(b) 工况2　(c) 工况3

图 4 - 30　算例 3 中三种工况最优设计对应的速度大小分布（无量纲）

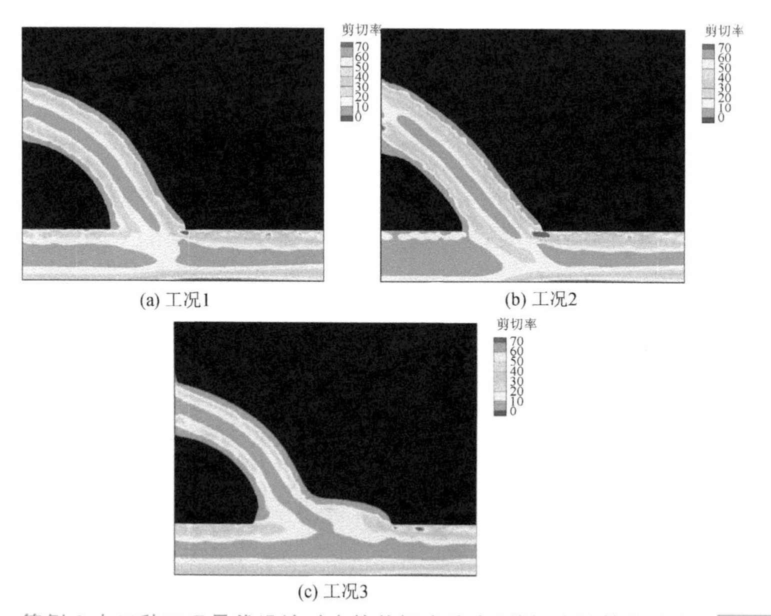

(a) 工况1　(b) 工况2　(c) 工况3

图 4 - 31　算例 3 中三种工况最优设计对应的剪切率分布（剪切率计算公式为 $\sqrt{2\varepsilon(u):\varepsilon(u)}$）

图 4-32 中给出了三种流动工况的目标函数值和流体域面积的变化情况。目标函数值的变化是与流体区域面积密切相关的。当流体区域面积大于约束面积 A 时,目标函数值在上升。当流体域面积等于 A 时,目标函数值先是大幅度下降,之后达到平稳并收敛。结果显示最优设计具有较低的剪切率积分值。

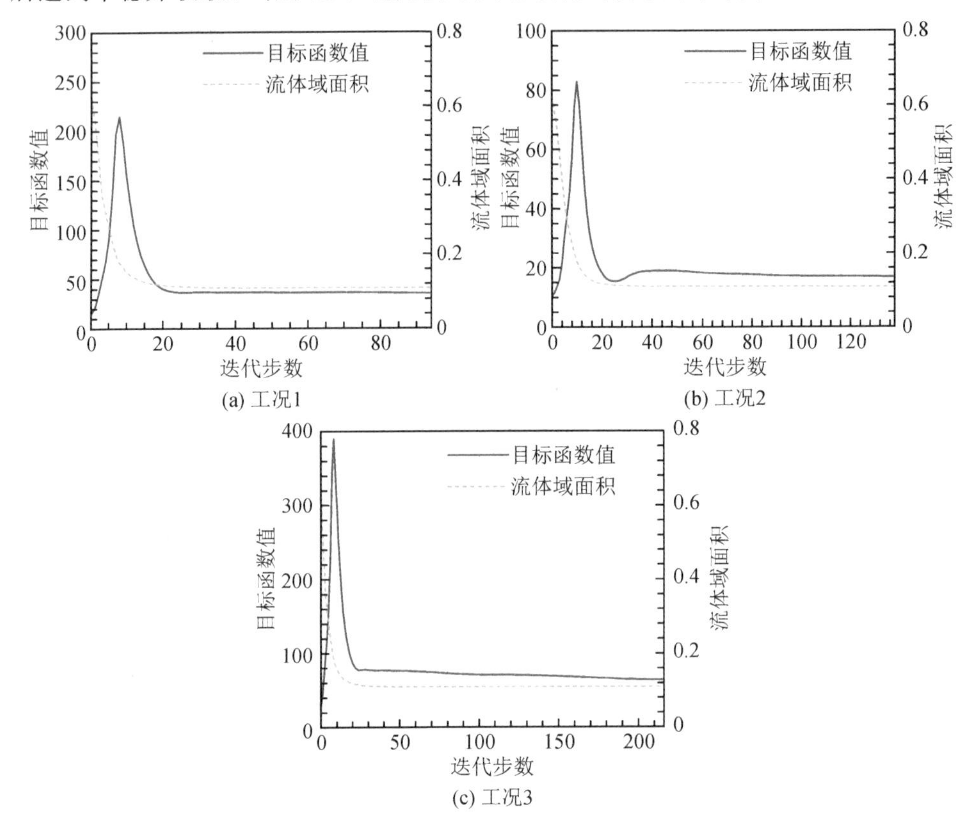

图 4-32 算例 3 中三种工况的目标函数值和流体域面积的变化情况

4.1.3 小结

在本节中,采用水平集优化方法研究了血管架桥结构优化设计问题,优化设计中,血液被近似为具有改进的 Cross 模型的非牛顿流体;采用基于水平集的连续共轭方法进行非牛顿流动约束的优化问题的灵敏度分析;采用虚拟材料方法进行流-固界面的浸没,以实现流动控制方程和共轭方程的求解;以整场剪切率最小为目标,研究了多个血管架桥旁路设计算例。

在第一个算例中,通过研究一个主血管被完全堵塞的血管旁路设计问题,验证了本文所发展方法的有效性。从数值结果可以看出,本文优化得到的架桥结构具有流动性能良好和目标函数值较低的特点。在其他两个算例中,分别研究了不同边界条件下架桥血管连接结构的拓扑优化设计。研究结果表明本文最优设计具有良好的流动性能和较低的剪切率积分值。

在进一步的研究中，我们将重点关注所提出方法在实际生物医学问题中的应用，以期通过该方法提升实际血管架桥结构的整体性能，并结合患者的反馈对拓扑优化设计方法进行积极有效的改进，为治疗相关血管疾病作出贡献。

4.2　黏性微流泵拓扑优化

4.2.1　优化模型

考虑固定流体域上的二维稳态非牛顿流体流动。流动速度和压力分别记为 $\boldsymbol{u}=(u_x, u_y)$ 和 p。施加在进口和出口处的压力分别定义为 P_L 和 P_H。假设所研究的黏性微流泵（以下有时简称“黏性泵”）只有一个圆柱转子。圆柱的直径记为 d。取 d 为特征长度尺度，可以定义无量纲变量和常量[190]为

$$\tilde{\boldsymbol{x}} = \frac{\boldsymbol{x}}{d} \tag{4-12}$$

$$\tilde{\boldsymbol{u}} = (\tilde{u}_x, \tilde{u}_y) = \frac{\boldsymbol{u}}{\omega d/2} = \frac{(u_x, u_y)}{\omega d/2} \tag{4-13}$$

$$\tilde{p} = \frac{p - P_{\mathrm{L}}}{m(\omega d/2d)^n} \tag{4-14}$$

式中，ω 是常量的转子角速度；$\tilde{\boldsymbol{x}}$ 是无量纲坐标向量。因此，无量纲的流动控制方程可以写为

$$\begin{cases} Re \cdot (\tilde{\boldsymbol{u}} \cdot \nabla)\tilde{\boldsymbol{u}} + \nabla \cdot \boldsymbol{\sigma} = \boldsymbol{0}, & \forall \tilde{\boldsymbol{x}} \in \Omega \\ -\nabla \cdot \tilde{\boldsymbol{u}} = 0, & \forall \tilde{\boldsymbol{x}} \in \Omega \\ \boldsymbol{\sigma} \times \boldsymbol{n} = \boldsymbol{g}, & \forall \tilde{\boldsymbol{x}} \in \Gamma_{\mathrm{N}} \\ \tilde{\boldsymbol{u}} = \boldsymbol{u}_0, & \forall \tilde{\boldsymbol{x}} \in \Gamma_{\mathrm{D}} \\ \tilde{\boldsymbol{u}} = \boldsymbol{0}, & \forall \tilde{\boldsymbol{x}} \in \Gamma_{\mathrm{S}} \end{cases} \tag{4-15}$$

式中，Ω 是流体域（见图 4-33）；Re 是流动雷诺数；ρ 是流体密度；区域 Ω 的边界由三个互不相交的部分组成：$\partial\Omega=\Gamma_{\mathrm{N}} \cup \Gamma_{\mathrm{D}} \cup \Gamma_{\mathrm{S}}$，其中 Γ_{S} 是流-固界面，Γ_{D} 是除 Γ_{S} 以外的狄利克雷边界，Γ_{N} 是诺伊曼边界；$\boldsymbol{u}_0$ 是边界 Γ_{D} 上给定的速度函数；$\boldsymbol{g}$ 是 Γ_{N} 上已知的法向应力函数；$\boldsymbol{n}$ 是边界 $\partial\Omega$ 上的单位外法向向量，在进口处和出口处分别有 $P_L=-\boldsymbol{g} \cdot \boldsymbol{n}$ 和 $P_H=\boldsymbol{g} \cdot \boldsymbol{n}$；应力张量 $\boldsymbol{\sigma}$ 表达为

$$\begin{cases} \boldsymbol{\sigma} = -\tilde{p}\boldsymbol{I} + 2\mu\varepsilon(\tilde{\boldsymbol{u}}) \\ \varepsilon(\tilde{\boldsymbol{u}}) = \dfrac{1}{2}(\nabla\tilde{\boldsymbol{u}} + \nabla\tilde{\boldsymbol{u}}^{\mathrm{T}}) \end{cases} \tag{4-16}$$

式中，$\boldsymbol{I}$ 和 μ 分别代表单位张量和流体的动力黏性系数。对于黏性微流泵中的非牛顿流体流动，采用幂率模型来表达动力学黏度：

$$\mu(\gamma) = m\gamma^{n-1} \tag{4-17}$$

式中，m 是一致性系数；n 是幂率指数；γ 是具有如下形式的剪切率：

$$\gamma = \sqrt{2\varepsilon(\boldsymbol{u}):\varepsilon(\boldsymbol{u})} \tag{4-18}$$

式中，算符“:”代表两个张量的标量积。对于所研究的非牛顿流体，流动雷诺数可以用公式 $Re=\rho(\omega d/2)^{2-n}d^n/m$ 计算。

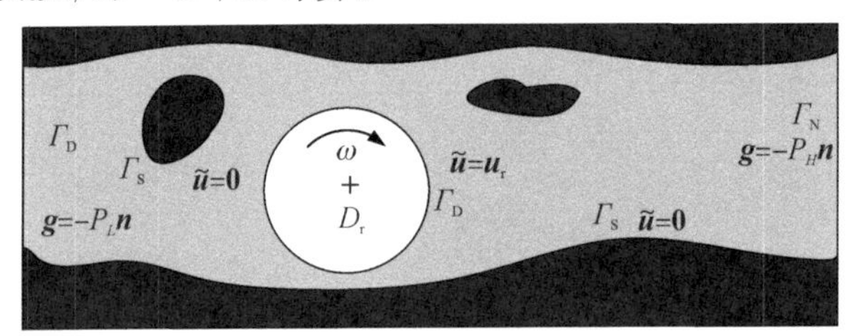

图 4-33 流体域 Ω 及边界条件

（黑色区域是固体域，灰色区域是流体域 Ω，白色区域是泵转子区域 D_r。）

无量纲黏性耗散定义为

$$\widetilde{E}_d = \int_\Omega 2\mu\varepsilon(\tilde{\boldsymbol{u}}):\varepsilon(\tilde{\boldsymbol{u}})\mathrm{d}\tilde{\boldsymbol{x}} = \int_\Omega \mu\gamma^2\mathrm{d}\tilde{\boldsymbol{x}} \tag{4-19}$$

由上式可知，此黏性耗散项与剪切率的二次方直接相关。因为一些被黏性微流泵输送的易损样品如蛋白质和细胞等的破坏都与剪切率有关，所以式(4-19)中 $\widetilde{E}_d$ 的下降也意味着由于高剪切力造成的生物物质破坏程度的降低。

无量纲质量流率的表达式为

$$\widetilde{Q} = \int_{\Gamma_D} \tilde{\boldsymbol{u}}\cdot\boldsymbol{n}\mathrm{d}\Gamma \tag{4-20}$$

本书将目标函数定义为

$$J(\Omega) = \widetilde{E}_d + \gamma(\widetilde{Q}-\widetilde{Q}_o)^2 \tag{4-21}$$

式中，$\widetilde{Q}_o$ 是无量纲目标质量流率；λ 是非负参数。

如果 D 代表着设计域(见图 4-34)，非牛顿黏性微流泵的设计优化问题可以描述为

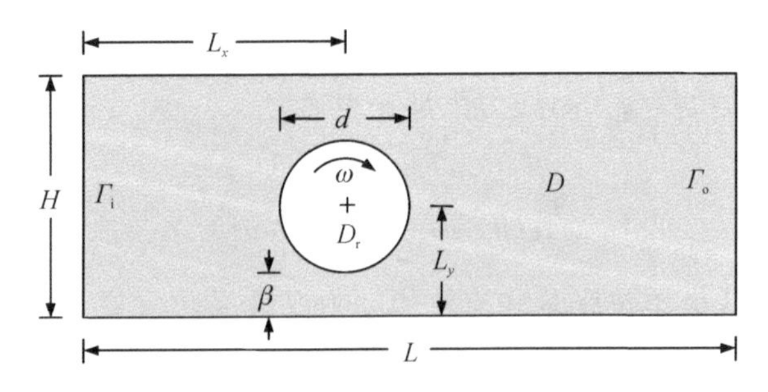

图 4-34 黏性微流泵的设计域

$$
\begin{cases}\min\limits_{\Omega\in D}: J(\Omega) \\ \text{subject to}: \begin{cases}\text{控制方程} \\ G_1(\Omega)=\int_{\Omega}\mathrm{d}\tilde{\boldsymbol{x}}\leqslant\widetilde{A}\end{cases}\end{cases} \tag{4-22}
$$

式中，$\widetilde{A}$ 是无量纲的流体域的面积约束。

4.2.2　数值结果

本部分对几种典型的滚轴式黏性微流泵构型的拓扑优化设计进行了研究。黏性微流泵的几何设置如图 4-34 所示。图中灰色阴影区域是设计域 D，其是一个不包含圆形转子区域 D_r 的四边形区域。水平集求解区域 Ω_L 被设定为 $\Omega_L=D\cup D_r$。矩形的长和高分别记为 L 和 H。转子的位置被设定为 L_x 和 L_y。如图 4-34 所示，转子和下边界的距离记为 β。这些变量的无量纲形式为

$$
(\widetilde{L},\widetilde{H},\widetilde{L}_x,\widetilde{L}_y,\tilde{\beta})=\frac{(L,H,L_x,L_y,\beta)}{d} \tag{4-23}
$$

进口边界和出口边界分别记为 Γ_i 和 Γ_o，并满足 $\Gamma_N=\Gamma_i\cup\Gamma_o$。在下面所有例子中，设定边界条件：在 Γ_i 上有 $\widetilde{P}_L=0$，在 Γ_o 上有 $\widetilde{P}_H=1$，雷诺数 Re 设定为 1。

如果泵转子的坐标是 $\tilde{\boldsymbol{x}}_0=(\tilde{x}_{01},\tilde{x}_{02})$，根据无量纲方法，可以计算出泵转子表面上点 $\tilde{\boldsymbol{x}}_p=(\tilde{x}_{p1},\tilde{x}_{p2})$ 的速度为

$$
\boldsymbol{u}_r=(\omega(x_{p2}-x_{02}),\omega(x_{01}-x_{p1})) \tag{4-24}
$$

因此，设定泵转子表面上的边界条件为 $\tilde{\boldsymbol{u}}=\boldsymbol{u}_r$（见图 4-33）。

1. Ⅰ型黏性微流泵优化设计

1) 长Ⅰ型黏性微流泵

首先，研究一个长Ⅰ型黏性微流泵的拓扑优化问题。通过与文献[197]的最优设计进行质量流率比较来验证本书方法的优越性。为了更好地进行比较，本书根据文献[197]中最优设计的特征，设定这里的优化问题。本章的研究对象是幂率型非牛顿流体流动，在本算例中所选取的幂率指数为 $n=0.785$，这主要是因为此模型比较接近人类血液[197]模型。与文献[197]中最优设计相同，设定黏性微流泵的长度和进口与转子中心的距离分别为 $\widetilde{L}=16$ 和 $\widetilde{L}_x=4$。文献[197]中最优结构的无量纲流体域面积计算为 $\widetilde{A}_1=\widetilde{H}_{\text{opt}}\cdot\widetilde{L}-\pi(\tilde{d}/2)^2$，其中 π 是圆周率，$\widetilde{H}_{\text{opt}}$ 是文献[197]中黏性泵具有最大质量流率时对应的最优泵体高度。因为在所研究的问题中 $\widetilde{A}=\widetilde{A}_1$，因此本书设定流体域的最大面积约束为 $\widetilde{A}$。但是，为了使得拓扑优化具有足够的设计空间，本书选择了一个较大的泵高度即 $\widetilde{H}=4$，设定设计域底部和转子中心的距离为 $\widetilde{L}_y=2$。

无量纲目标质量流率 $\widetilde{Q}_o$、流率参数 λ 和最小距离约束参数 $\tilde{\delta}(\tilde{\delta}=\delta/d)$ 分别给定为 $\widetilde{Q}_o=0.2$、$\lambda=10^5$ 和 $\tilde{\delta}=0.01$，这些参数可以保证最优设计具有一个较合理的

黏性耗散和最大的质量流率。水平集求解区域 Ω_L 被离散为 134302 个三角网格单元。在流体域上生成的三角网格单元数量是随着优化过程的进行不断变化的，只是最优设计对应的流体域网格单元数为 23744 个。

图 4 - 35 给出了优化设计过程的设计结果和相应的流线分布。图 4 - 36 中的流场是在本书的计算框架下进行计算的，其中取 $\tilde{\beta}=0.001$。虽然文献[197]并没有给出其最优设计的 $\tilde{\beta}$ 值，但是 $\tilde{\beta}=0.001$ 是一个很好的近似：因为在此设置下，计算得到的质量流率接近文献[197]中给定的最大质量流率。从图 4 - 36 中可以看出，在转子的顶部出现了大涡，这种大涡或者回流区的存在可能会大大阻碍正常的流动，导致质量流率下降。然而，从图 4 - 35(f)中可以看到，最优设计很符合流动特点，流体域里面没有大涡和回流区，因此，从定性角度判断，图 4 - 35(f)中设计的质量流率将高于图 4 - 36 中设计的对应值。图 4 - 37 显示了优化过程中黏性耗散

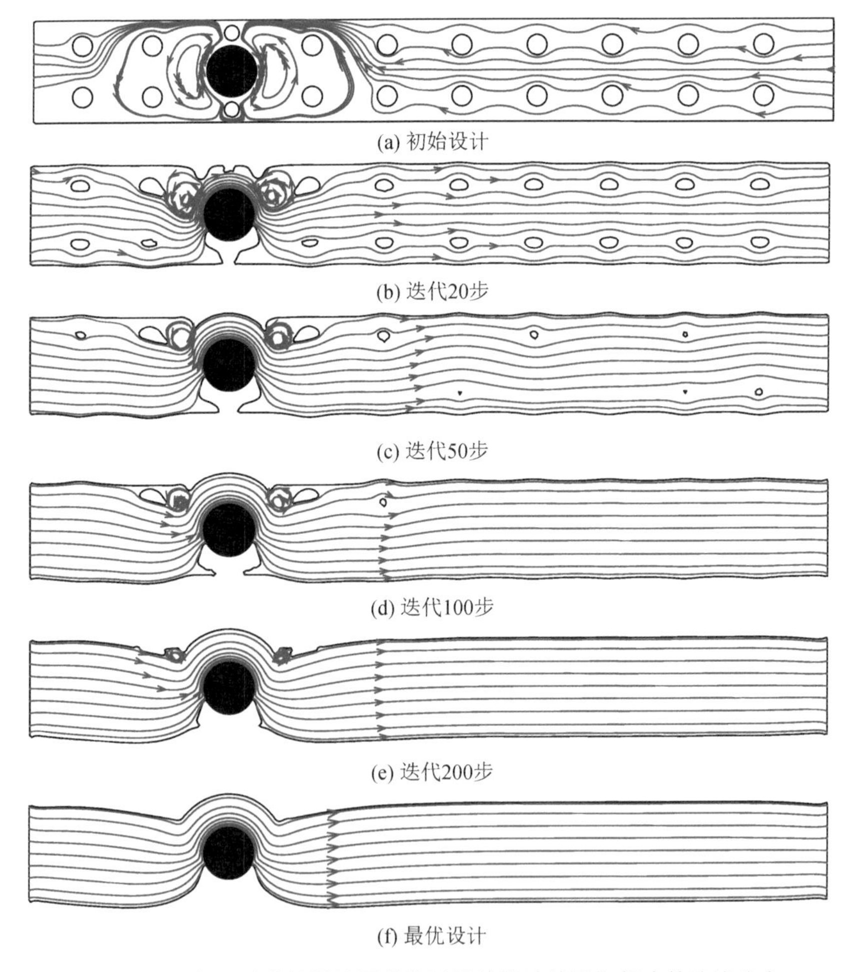

图 4 - 35　长 I 型黏性微流泵优化过程的设计结果和相应的流线分布

和质量流率的变化曲线，从图中可以看出，图 4－35(f)中设计的质量流率大约比文献[197]中最优设计(见图 4－36)的质量流率高 38.5%。不仅如此，图 4－35(f)中设计的黏性耗散是 56.66，这比采用本书计算框架得到的图 4－36 中设计的黏性耗散 67.51 还要低。由此可见，与文献[197]中的最优设计(见图 4－36)相比，本书最优设计[见图 4－35(f)]同时具有高流率和低黏性耗散的优点。

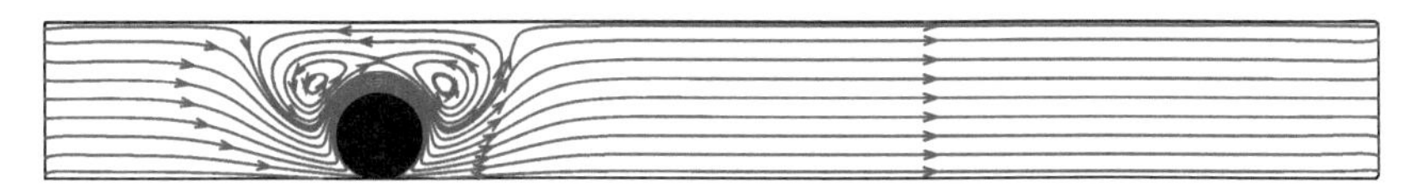

图 4－36　文献[197]中的最优设计及其流线分布

图 4－37 显示的是优化过程中的黏性耗散和质量流率的变化曲线，从图中可以看出，在优化过程开始阶段质量流率基本呈上升趋势，最后逐渐达到平稳获得最优值。而黏性耗散则是先经历了上升和波动过程，然后呈下降趋势最终得到了较低的黏性耗散值。

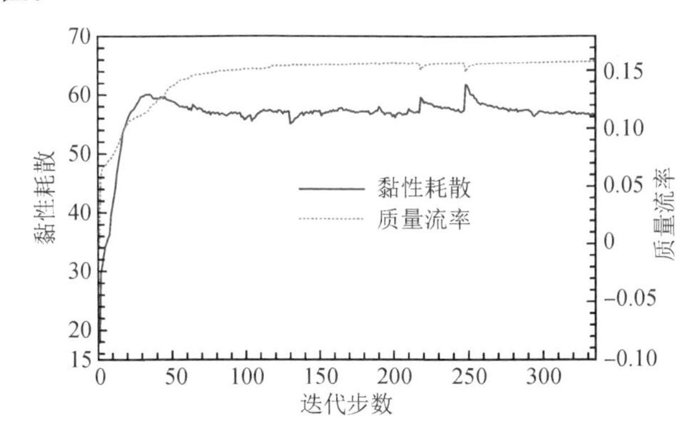

图 4－37　长 Ⅰ 型黏性微流泵优化过程中黏性耗散和质量流率的变化曲线

2)短 Ⅰ 型黏性微流泵

a. 短 Ⅰ 型黏性泵的优化

从图 4－35(f)的最优设计可知，远离转子的流道几乎是直管，也就是没有对泵性能的提升起比较大的作用。因此，在这个算例中，将研究一个短 Ⅰ 型黏性微流泵，目标是改变黏性微流泵的性能，特别是降低其黏性耗散。

本模型的几何设置如图 4－34 所示，但是此处参数取值与前述例子不同。对于短 Ⅰ 型黏性泵，设定 $\widetilde{L}=6$、$\widetilde{H}=4$、$\widetilde{L}_x=3$、$\widetilde{L}_y=2$ 和最大流体域面积约束 $\widetilde{A}=10$，所研究的流体为具有幂率指数 $n=0.785$ 的非牛顿流体。

由于流率参数 λ 选取可能会影响最优泵的无量纲质量流率 $\widetilde{Q}$，因此可以通过改变这个参数的设置来设计具有不同质量流率的黏性微流泵。设定 $\tilde{\delta}=0.01$ 和 $\widetilde{Q}_o=0.25$，分别选取 λ 为 1、5、10、100、10^3 和 10^4。因为水平集方法不能在设计域自动生成固体岛，初始设计选择为如图 4-38(a)所示的含有多个小岛的结构。图 4-39 给出了不同设计参数对应的最优泵的结构设计及流线分布或者最终优化

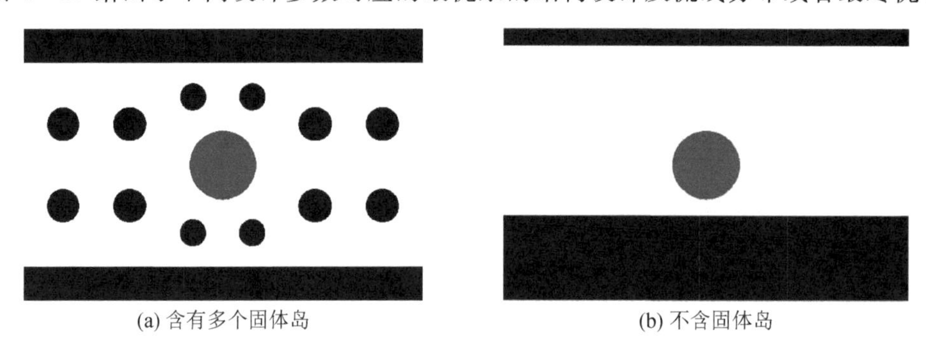

(a) 含有多个固体岛　　(b) 不含固体岛

图 4-38　短Ⅰ型黏性微流泵的初始设计

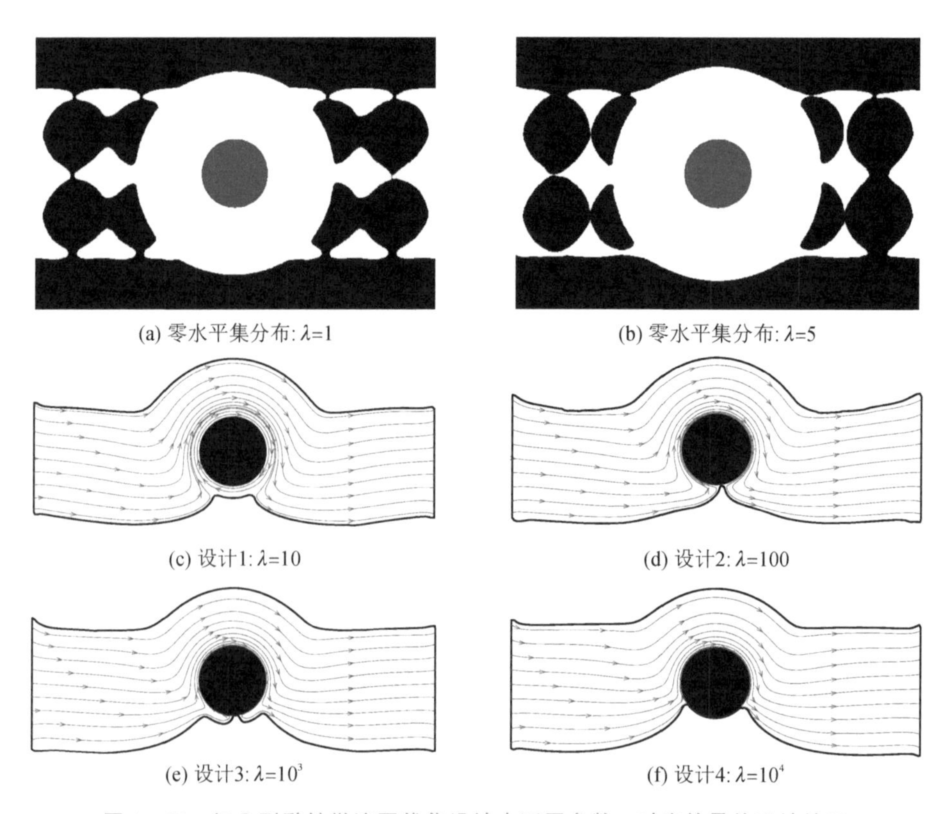

(a) 零水平集分布: $\lambda=1$　　(b) 零水平集分布: $\lambda=5$

(c) 设计1: $\lambda=10$　　(d) 设计2: $\lambda=100$

(e) 设计3: $\lambda=10^3$　　(f) 设计4: $\lambda=10^4$

图 4-39　短Ⅰ型黏性微流泵优化设计中不同参数 λ 对应的最终设计结果（最优设计结果的零水平集分布）

结果的零水平集分布。值得注意的是，当 $\lambda=1$ 和 $\lambda=5$ 时最终设计的进口或者出口被堵塞了[见图 4-39(a)和(b)]，也就是优化失败了，这个问题可能是由过小的流率参数 λ 和初始设计的类型[如图 4-38(a)中的多岛设计]导致的。一个较小的 λ 可能会导致通过进出口的质量流率很低，此时进出口很容易被堵塞，特别是采用多岛初始设计的时候。如果在不改变 $\tilde{\delta}$ 时，需要设计一个具有低质量流率的黏性泵，那么需要采用一个不含小岛的初始设计。为了验证这点，对于 $\lambda=1$ 和 $\lambda=5$ 的优化问题，采用图 4-38(b)所示的初始设计，其他设置保持不变。图 4-40 显示了优化的新结果，$\lambda=5$ 时得到了最优设计，但是 $\lambda=1$ 时优化又失败了。这表明虽然初始设计可能会有一定的影响，但是过小的 λ 很难实现合理的设计。当罚参数 λ 过小的时候，质量流率的作用变得很小，这可能就是此过程中施加质量流率很困难的原因。

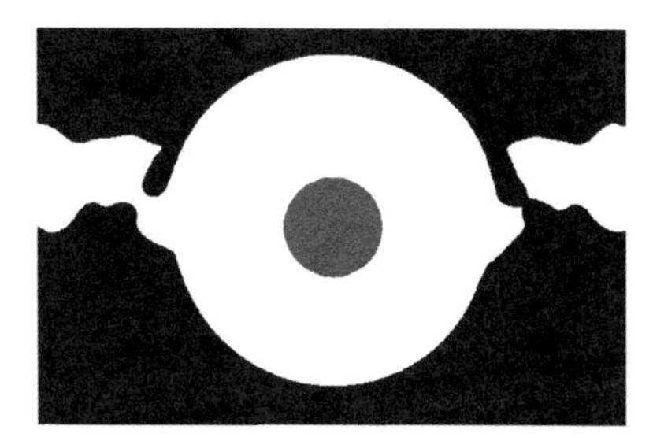

(a) 零水平集分布：$\lambda=1$

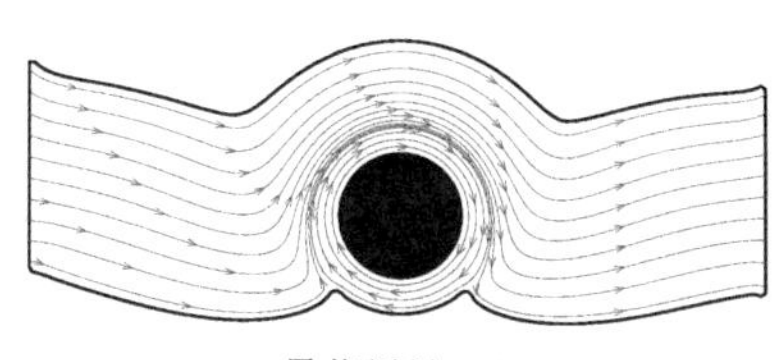

(b) 最优设计：$\lambda=5$

图 4-40 具有图 4-38(b)所示初始设计的短 I 型黏性微流泵优化设计结果(含零水平集分布)

b. 本书最优设计和传统黏性泵比较

表 4-1 列出了图 4-39 和图 4-43 中的最优设计对应的各参数的取值。为了验证本书方法在降低流动黏性耗散方面的优越性，将本书最优设计与具有相同质量流率的传统黏性微流泵进行了黏性耗散比较。

表 4-1 图 4-39 和图 4-43 中最优设计对应的参数 λ、$\tilde{Q}$、$\tilde{E}_d$、$\tilde{E}_{d0}$ 和 I_{mp} 的取值

最优设计	λ	$\tilde{Q}$	$\tilde{E}_d$	$\tilde{E}_{d0}$	$I_{mp}/\%$
设计 1	10	0.1251	14.27	15.30	6.73
设计 2	10^2	0.1912	18.13	27.92	35.06
设计 3	10^3	0.2116	27.13	80.00	66.09
设计 4	10^4	0.2141	48.01	80.00	39.99
设计 5	10^5	0.2087	59.54	80.00	25.58
设计 6	10^6	0.2081	60.00	80.00	25.00

传统黏性泵的几何设计如图 4－34 所示，为了便于比较，将几何参数设定为 $\widetilde{L}=6$ 和 $\widetilde{L}_3$。传统黏性泵的流体域面积为 $\widetilde{A}_c=\widetilde{A}=10$，此结果与本书最优设计相同，所以，传统黏性泵的泵体高度计算为 $\widetilde{H}=(\widetilde{A}_c+\pi(\widetilde{d}/2)^2)/\widetilde{L}$。

至此，传统黏性泵就只剩下一个自由几何参数 $\tilde{\beta}$。通过改变 $\tilde{\beta}$，可以获得不同的传统泵设计。换句话说，传统泵的黏性耗散和质量流率只与 $\tilde{\beta}$ 有关。图 4－41 给出了空隙 $\tilde{\beta}$ 对传统黏性泵黏性耗散和质量流率的影响。如图 4－41 所示，随着空隙的减小，质量流率经历了一个增大的过程。当空隙变化到小于 0.01 时，无量纲质量流率保持不变并达到最大值（大约 0.2004）。而当 $\tilde{\beta}<0.3$，图 4－41 中的黏性耗散会迅速上升，因为当空隙满足 $\tilde{\beta}>\widetilde{H}/2-\widetilde{d}/2$ 时，转子和泵上壁面的空隙变得越来越小，所以才在靠近泵上壁面处出现较大的黏性耗散。

定义图 4－39 和图 4－43 中最优设计的无量纲黏性耗散的改进量为

$$I_{\mathrm{mp}}=\frac{\widetilde{E}_{\mathrm{d0}}-\widetilde{E}_{\mathrm{d}}}{\widetilde{E}_{\mathrm{d0}}}\times 100\% \tag{4-25}$$

式中，$\widetilde{E}_{\mathrm{d}}$［见式（4－19）］和 $\widetilde{E}_{\mathrm{d0}}$ 分别是最优设计和传统设计的无量纲黏性耗散值。式（4－25）的计算是建立在最优设计和传统设计具有同样的质量流率基础上的（除了设计 3 和设计 4）。因为设计 3 和设计 4 的质量流率已经大于传统设计所能达到的最大质量流率，所以在计算中取其对应传统设计的 $\widetilde{E}_{\mathrm{d0}}$ 值为对应于其最大质量流率时的耗散值。由图 4－41 知，传统设计的最大质量流率是 0.2，此时黏性耗散大约为 80.00。所以，对于设计 3 和设计 4，可以不失一般性地设定 $\widetilde{E}_{\mathrm{d0}}=80.00$。

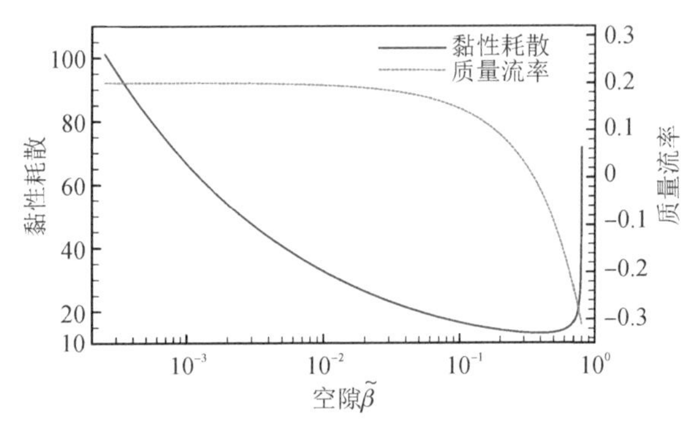

图 4－41　传统黏性泵中无量纲空隙 $\tilde{\beta}$ 对无量纲黏性耗散和质量流率的影响（横轴上的空隙 $\tilde{\beta}$ 以对数值的形式给出。）

从表 4－1 可以看出，当质量流率相等时，每个最优设计的黏性耗散都比相应的传统设计的黏性耗散小。虽然设计 3 和设计 4 具有更高的质量流率，它们的黏性耗散仍然比相应传统设计的低。如果在同样质量流率下进行比较，设计 3 和设计 4 对黏性泵黏性耗散的降低将会更加明显。因此，可以说本书最优设计相比传统设计具有更低的黏性耗散。

下面将解释本书最优设计具有更低黏性耗散的原因。图 4-42 给出了设计 2[见图 4-39(d)]和相应的传统设计的剪切率 γ 分布，从图中可以看到，(b)中的高剪切率(剪切率大于 30)区域的面积要比(a)中的大。这点也可以通过计算得到验证：图 4-42(b)中的高剪切率区域的面积计算值为 0.010905，而图 4-42(a)中的对应值为 0.001257。根据式(4-19)中的 $\widetilde{E}_d$ 和 γ 的关系，可以在一定程度上解释相对于传统设计，本书最优设计具有更低的黏性耗散值的原因。

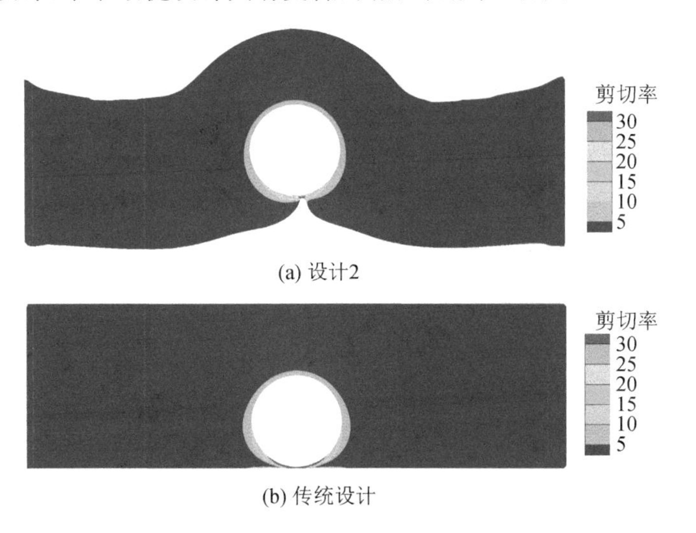

图 4-42　短Ⅰ型黏性微流泵优化算例中设计 2 和相应传统设计对应的剪切率分布

图 4-43 给出了 λ 取更大数值时的最优设计。从表 4-1 可知，对于所研究的微流泵，更高的 λ 并不能继续提高质量流率值，相反，黏性耗散反而会随着 λ 的升高而上升。

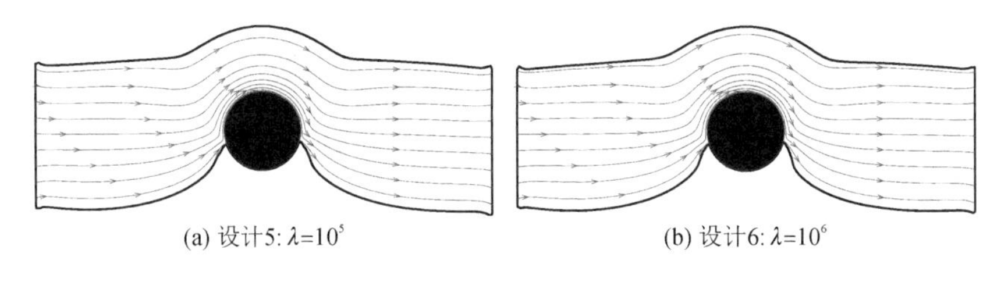

图 4-43　λ 取较高值时短Ⅰ型黏性泵最优设计

有必要说明一点，本书优化算法的一个缺点是：很难直接设计一个黏性泵，使其质量流率等于一个给定值。尽管可以通过反复测试来选取 $\widetilde{Q}_0$、λ 和 $\tilde{\delta}$ 等参数值达到这个目的，但是这种方法过于繁琐且实际意义不大。目前尚未找到一个行之有效的施加质量流率约束的简单方法。

c. 幂率指数的影响

本节研究非牛顿幂率指数 n 不同的取值对最优设计的影响。本书选取了三个不同的幂率指数：$n=0.5$、$n=1.0$ 和 $n=1.5$，它们分别代表着三种不同的非牛顿流体模型：剪切渐薄流体、牛顿流体和剪切渐厚流体。

这里的几何设置选取与上述短Ⅰ型黏性微流泵一样的参数，即 $\widetilde{L}=6$、$\widetilde{H}=4$、$\widetilde{L}_x=3$、$\widetilde{L}_y=2$ 和 $\widetilde{A}=10$。$\tilde{\delta}$ 被设置为 $\tilde{\delta}=0.01$。设定 $\widetilde{Q}_0=0.5$ 和 $\lambda=1.5\times10^6$。选取图 4-38(a)中的结构作为初始设计。

图 4-44 显示了三种不同流体经过拓扑优化后，获得的最优设计和相应的流线分布。表 4-2 列出了图 4-44 中最优设计的黏性耗散和质量流率。从表中可以看出，具有较大幂率指数的最优设计的黏性耗散和质量流率都比较高。从图 4-45 的比较可知，为了适应高流率的特点，具有较大非牛顿流体幂率指数的最优设计在转子顶部具有更宽的流道。

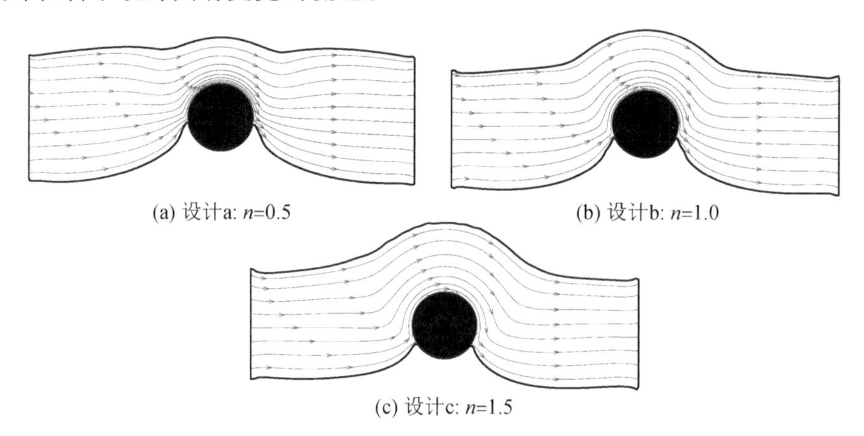

(a) 设计a: n=0.5　(b) 设计b: n=1.0

(c) 设计c: n=1.5

图 4-44　不同幂率指数下得到的最优设计和流线分布

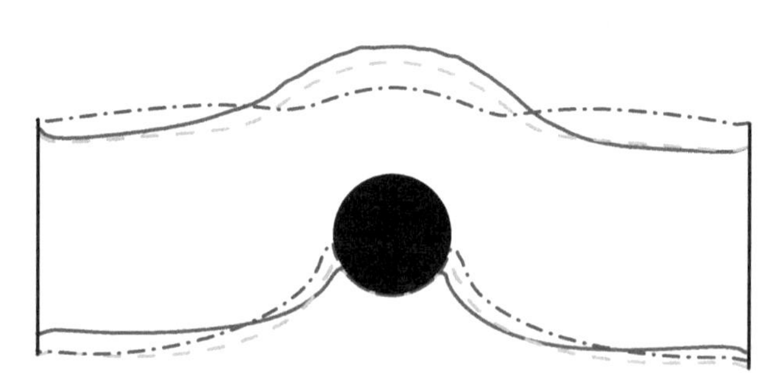

图 4-45　图 4-44 中最优设计的比较

（红色实线：$n=1.5$，绿色虚线：$n=1.0$，蓝色点划线：$n=0.5$。）

表4-2　图4-44中最优设计的 $\widetilde{Q}$ 和 $\widetilde{E}_d$

设计	$\widetilde{Q}$	$\widetilde{E}_d$
设计a	0.1527	20.87
设计b	0.2615	137.26
设计c	0.4570	1068.32

图4-46给出了最优流体域上的剪切率分布。由图4-46可知，具有高幂率指数的高剪切率区域面积更大，这也是幂率指数较大的最优设计具有更大的黏性耗散的原因之一。

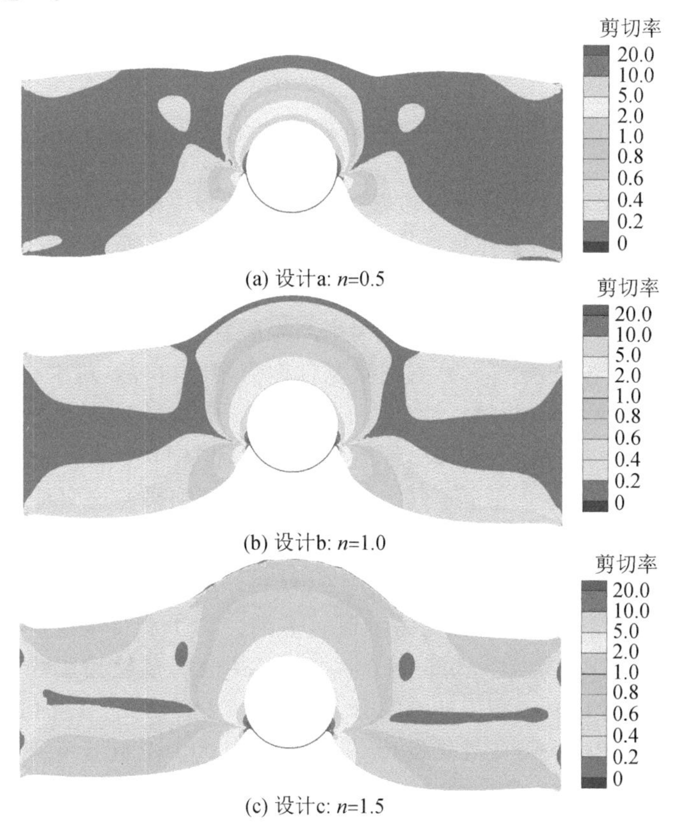

图4-46　图4-44中最优设计的剪切率分布

2. U型黏性微流泵优化设计

Ⅰ型黏性微流泵的一个设计特点是泵的进口和出口位于转子的两侧(见图4-34)。然而，对于U型黏性微流泵而言，泵的进口和出口是布置在泵转子同侧的(见图4-47)。本节将采用所提出的水平集拓扑优化方法研究U型黏性微流泵的拓扑优化,所研究的流体的流动选择为非牛顿血液流动,也就是 $n=0.785$ 的幂率流动模型。

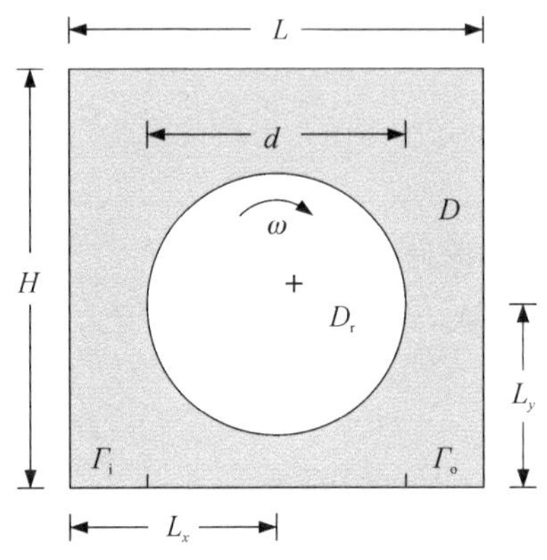

图 4-47 U 型黏性微流泵的设计域

图 4-47 显示了 U 型黏性微流泵的几何设置。根据黏性微流泵的工作原理可以知道,转子的偏心布置使得黏性泵产生了质量流率。换言之,为了生成质量流率,可以设计一个黏性泵使得转子靠近底部壁面而远离顶部壁面;同样,也可以通过使转子靠近顶部壁面而远离底部壁面来产生质量流率。称上述第一种黏性泵为"长通道黏性微流泵",第二种为"短通道黏性微流泵"。虽然,对 I 型黏性微流泵来说,在横坐标方向设计域的对称性(见图 4-34)导致这两种黏性泵最优设计结果是相似的,但是,对于设计域在横坐标方向并不对称的 U 型黏性微流泵来说,这两种黏性泵的最优设计将会完全不同。因此,有必要分别研究这两种不同的 U 型黏性微流泵的优化情况,并比较它们的流动特点。

对于长通道黏性微流泵,设定 $\widetilde{L}=1.6$、$\widetilde{H}=1.6$、$\widetilde{L}_x=0.8$、$\widetilde{L}_y=0.7$、$\widetilde{\delta}=0.01$ 和 $\widetilde{A}=5$。泵转子的转动方向设定为顺时针方向。为了获得最大的质量流率和较小的黏性耗散,分别设定 $\widetilde{Q}_o=0.3$ 和 $\lambda=2000$。图 4-48 给出了优化设计过程中的几个典型的设计结果和相应的流线分布,从图中可以看出,在优化的过程中初始给定的小岛会逐渐消失。在最优设计[见图 4-48(d)]中,转子底部有一个很小的空隙,而转子顶部的空隙是比较大的。由图 4-48(d)中的流线分布可知,最优设计与流动特征吻合得很好,没有大涡和回流区的存在。最优设计的无量纲质量流率和黏性耗散分别为 $\widetilde{Q}=0.0511$ 和 $\widetilde{E}_d=49.00$。

对于短通道黏性微流泵,转子的旋转方向应该设置为逆时针方向。为了给转子底部的设计提供足够的空间,设定 $\widetilde{L}_y=0.9$、$\widetilde{Q}_o=0.3$ 和 $\lambda=10^5$,以达到质量流率最大化和黏性耗散较小的优化目标,其他设置与长通道黏性微流泵中相应部分相同。图 4-49 给出了优化过程中几个典型的设计结果和相应的流线分布。与长通道黏性微流泵的最优设计[见图 4-48(d)]相比,不同的一点是短通道黏性微流泵最优设计[见图 4-49(d)]的最窄的通道位于转子的顶部。短通道黏性微流泵最优设计的无量纲质量流率和黏性耗散分别为 $\tilde{Q}=0.0574$ 和 $\tilde{E}_d=97.16$。

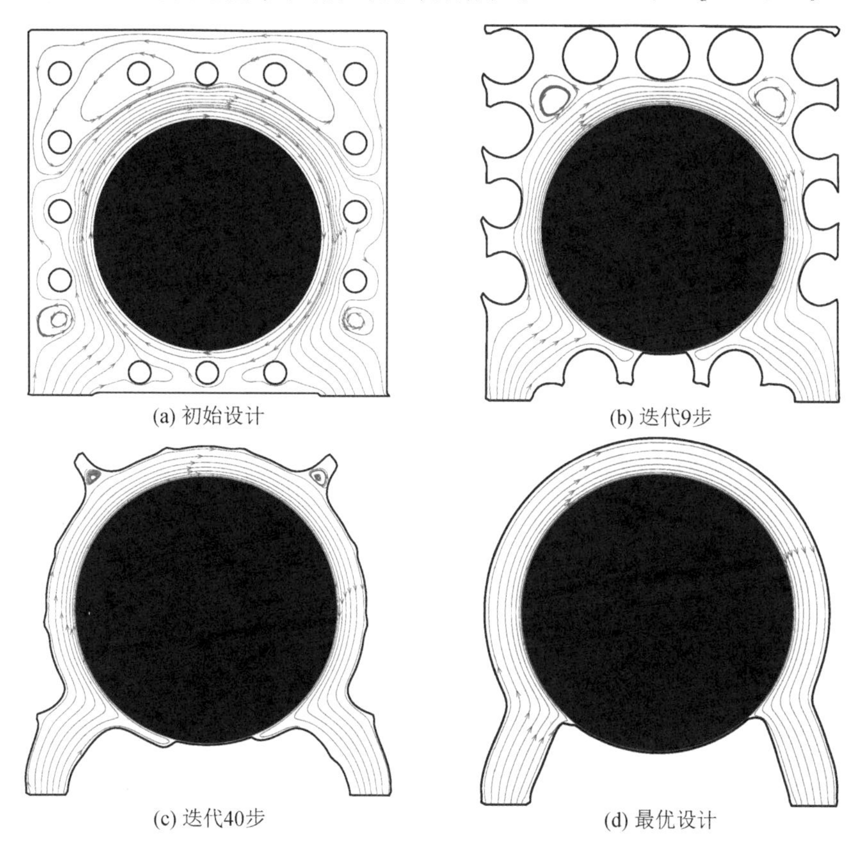

(a) 初始设计　(b) 迭代9步

(c) 迭代40步　(d) 最优设计

图 4-48　U 型长通道黏性微流泵优化设计过程中的几个典型设计结果和相应的流线分布

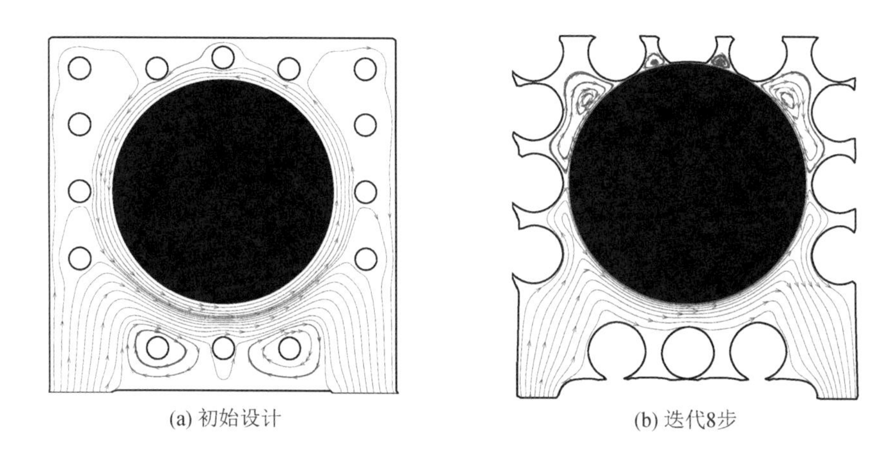

(a) 初始设计　(b) 迭代8步

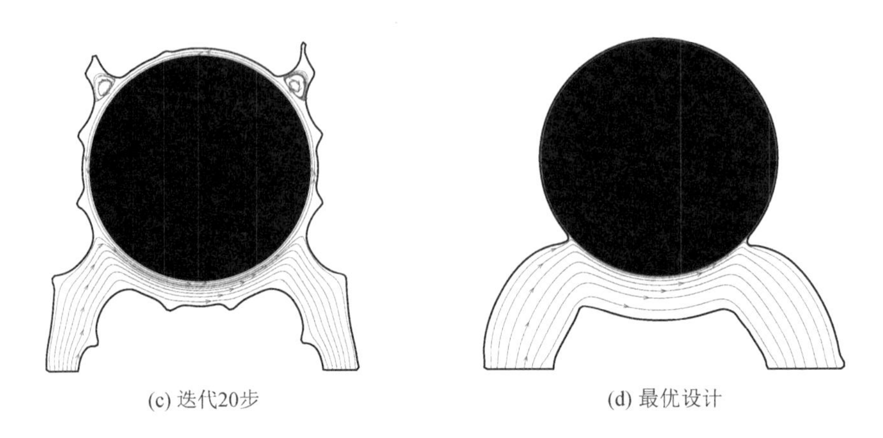

图 4-49 U 型短通道黏性微流泵优化设计过程中的几个典型设计结果和相应的流线分布

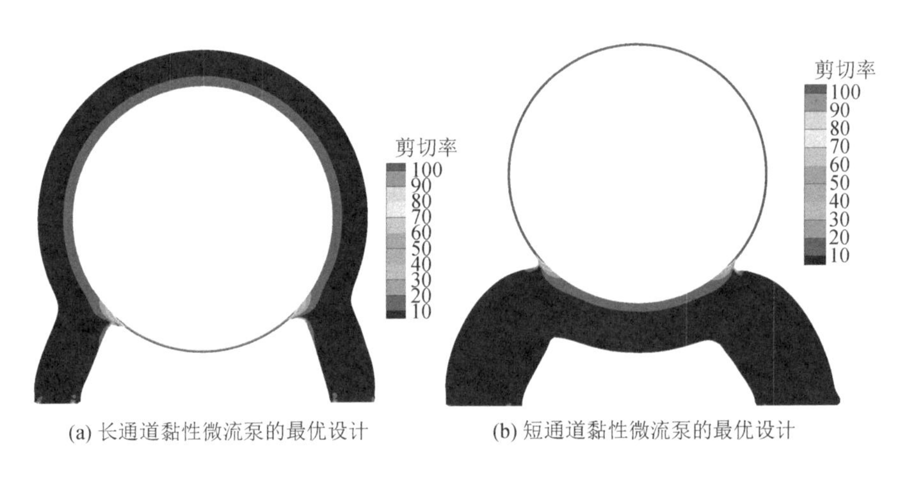

图 4-50 U 型黏性微流泵最优设计对应的剪切率分布

从上述结果可以看出，与长通道黏性微流泵的最优设计[见图 4-48(d)]相比，短通道黏性微流泵的最优设计[见图 4-49(d)]具有更高的质量流率和更大的黏性耗散。可以从两个方面来解释这个现象。一方面，短通道黏性微流泵的最优设计具有更宽的导流通道，具备大质量流率的结构特点。对于长通道黏性微流泵来说，由于具有太长的导流通道且流体域面积一定，所以很难同时再具有宽阔的导流管道。另一方面，从图 4-50 显示的剪切率的分布图可知，长通道黏性微流泵的最优设计具有更长的高剪切率通道和更大的高剪切率面积，这就导致其具有更高的黏性耗散。

通过一系列算例研究，我们发现本书所提出的优化方法展现出显著的优势。首先，该方法能够设计出性能卓越的黏性微流泵，这些泵不仅能够实现高流率，还能有效降低黏性耗散；其次，所设计的黏性微流泵结构遵循流线型原则，内部流动顺畅，避免了大涡流和回流区域的产生；此外，该方法依托于先进的网格重新划分算法，使得在泵轴底部设计出细长的微型通道成为可能；最后，由于在优化过程中集成了基于实体网格的流动数值模拟结果，该方法在数值精度方面表现出色。

第 5 章

芯片微流通道拓扑优化设计方法

微流控芯片是通过各种微流通道网络连接各个功能部件从而实现其整体功能的，因此这些起到连接作用的微流通道的设计对于整个芯片功能的实现有着重要的作用。微流通道主要起着运输工作物质的作用，按照所需求的流量和流向将工作液体送至相应的功能器件中，是整个管道网络的功能基础部件，其设计质量和精度将直接影响到整个芯片功能的实现。

5.1 问题描述

考虑一个固定区域 Ω 上的二维血液流动问题，流速 $\boldsymbol{u}$ 和压强 p 是下列动量方程和连续性方程的解：

$$\begin{cases} \rho(\boldsymbol{u}\cdot\nabla)\boldsymbol{u}-\nabla\cdot\boldsymbol{\sigma}=\boldsymbol{F}, & \forall\,\boldsymbol{x}\in\Omega \\ -\nabla\cdot\boldsymbol{u}=0, & \forall\,\boldsymbol{x}\in\Omega \\ \boldsymbol{u}=\boldsymbol{u}_0, & \forall\,\boldsymbol{x}\in\Gamma_{\mathrm{D}} \\ \boldsymbol{\sigma}\times\boldsymbol{n}=\boldsymbol{g}, & \forall\,\boldsymbol{x}\in\Gamma_{\mathrm{N}} \end{cases} \tag{5-1}$$

式中，$\boldsymbol{F}$ 是体力项；流体域 Ω 的边界为 $\partial\Omega=\Gamma_{\mathrm{D}}\cup\Gamma_{\mathrm{N}}$，$\Gamma_{\mathrm{D}}$ 是狄利克雷边界，Γ_{N} 是诺伊曼边界；$\boldsymbol{u}_0$ 是边界 Γ_{D} 上已知的速度函数；$\boldsymbol{g}$ 是边界 Γ_{N} 上已知的法向应力函数；$\boldsymbol{n}$ 是边界上的单位外法向向量；应力张量 $\boldsymbol{\sigma}$ 为

$$\boldsymbol{\sigma}=-p\boldsymbol{I}+\mu(\nabla\boldsymbol{u}+\nabla\boldsymbol{u}^{\mathrm{T}}) \tag{5-2}$$

式中，μ 是动力黏性系数；$\boldsymbol{I}$ 是单位张量。非牛顿流体是应力和应变率关系不遵循牛顿内摩擦定律的一类流体，在非牛顿流体的拓扑优化中采用血液的经典动力黏性系数模型[198]：

$$\mu(\gamma)=\mu_\infty+\frac{\mu_0-\mu_\infty}{(1+(\lambda\dot{\gamma})^b)^a} \tag{5-3}$$

式中，μ_∞ 和 μ_0 分别为无限剪切黏度和零剪切黏度；$\dot{\gamma}$ 是剪切率。参数取值[198-199]为 $\mu_\infty=0.0035\ \mathrm{Pa\cdot s}$、$\mu_0=0.16\ \mathrm{Pa\cdot s}$、$\lambda=0.82\ \mathrm{s}$、$a=1.23$、$b=0.64$、$\rho=1058\ \mathrm{kg\cdot m^{-3}}$。

雷诺数（Re）是流体力学中一个重要的无量纲参数，其可用来表征系统中的流动情况。雷诺数的定义是惯性力与黏滞力的比值：

$$Re=\frac{\rho UL}{\mu_\infty} \tag{5-4}$$

式中,U 和 L 分别是特征速度和特征长度。在本章节中,U 和 L 分别定义为入口边界上的平均流速和入口的宽度。在基于变密度法的流体流动拓扑优化问题中,体力项 $\boldsymbol{F}$ 插值和材质密度的关系为

$$\boldsymbol{F}=-\alpha(\gamma)\boldsymbol{u} \tag{5-5}$$

式中,α 为材料的材质密度,可表达为设计变量 γ 的插值函数,常用形式如下:

$$\alpha=\alpha_{\min}+(\alpha_{\max}-\alpha_{\min})\frac{q(1-\gamma)}{q+\gamma} \tag{5-6}$$

式中,$\alpha_{\min}$ 和 $\alpha_{\max}$ 分别为 $\alpha(\gamma)$ 的最小值和最大值。$\alpha_{\min}$ 一般取为 0;$\alpha_{\max}$ 取值越大代表固相材料中的黏滞力越大,即固体渗透率越小,显然,固体的渗透越小越好。但由于变密度法拓扑优化依赖于流体的渗透性,如果 $\alpha_{\max}$ 取值过大易发生数值波动的情况,因此 $\alpha_{\max}$ 需要根据经验取值,以保证数值稳定和固相材料的低渗透性[200-204]。设计变量 γ 取值范围为 0 至 1,$\gamma=0$ 对应于固体,$\gamma=1$ 对应于流体。q 为正实数,用以调节函数 $\alpha(\gamma)$ 的凹凸性,一般取值为 1。在非设计域中,纳维-斯托克斯方程的体力项 $\boldsymbol{F}=\boldsymbol{0}$,即体力项只施加于设计域内。

基于以上分析,建立本章的流体流动拓扑优化问题:

$$\begin{cases}\min\ :\ J(\gamma,\boldsymbol{u})\\ \text{subject to}\begin{cases}\int_{\Omega_D}\gamma\,\mathrm{d}\Omega\leqslant\theta\cdot V_0\\ 0\leqslant\gamma\leqslant 1\end{cases}\end{cases} \tag{5-7}$$

式中,$V_0=\int_{\Omega_D}1\ \mathrm{d}\Omega$ 为设计域的体积;$\theta\in(0,1]$ 为流体的体积约束。

5.2　牛顿流体的拓扑优化

5.2.1　算例 1:单通道系统

在微流道中观察样品稀释、溶化的情况时,希望中心样品点处的流动速度最小,以充分与溶剂接触并发生反应。本算例的目标函数设置为微通道中心点处的水平分速度,图 5-1 所示为设计域示意图,其中 $l=1$ mm、$\Delta p=2$ Pa、$p_0=0$。

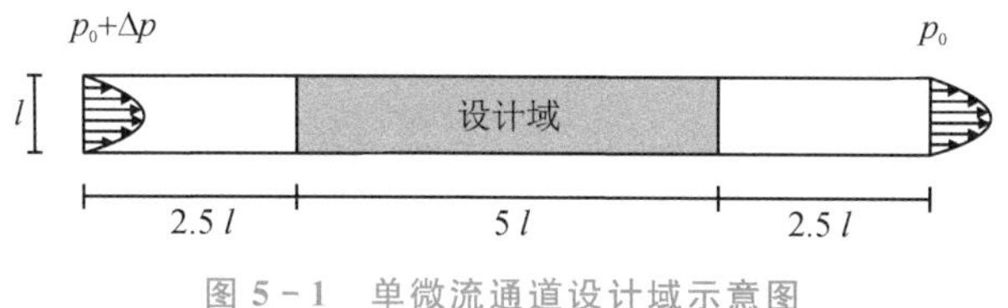

图 5-1　单微流通道设计域示意图

经过优化,该设计域的最佳拓扑结构如图 5-2 所示,中心点处优化前后的水

平分速度大小如表 5-1 所示，其中负号代表速度方向与 x 轴正方向相反，优化后中心点处的水平速度比优化前减少了将近一半。

图 5-2 微流通道的最佳拓扑结构

表 5-1 微通道中心点处的水平分速度

优化前捂	中心点处的水平分速度/($m \cdot s^{-1}$)
优化前	25
优化后	−14

5.2.2 算例 2：弯管系统

以下是针对具有不同雷诺数流动的弯管进行的最佳拓扑设计，优化目标为最小化能量耗散。

$$J=\frac{1}{2}\mu(\nabla \boldsymbol{u}+\nabla \boldsymbol{u}^{\mathrm{T}}):(\nabla \boldsymbol{u}+\nabla \boldsymbol{u}^{\mathrm{T}})+\alpha(\boldsymbol{u} \cdot \boldsymbol{u}) \tag{5-8}$$

弯管系统的设计域如图 5-3 所示，该区域的入口和出口分别连接导管，流体的密度为 1000 $\mathrm{kg/m^3}$，动力黏性系数为 0.001 Pa・s。施加于导管入口上的已知速度为

$$\boldsymbol{u}_{\mathrm{in}}=-4V_{\max}(y-3.5)(4.5-y)\boldsymbol{n} \tag{5-9}$$

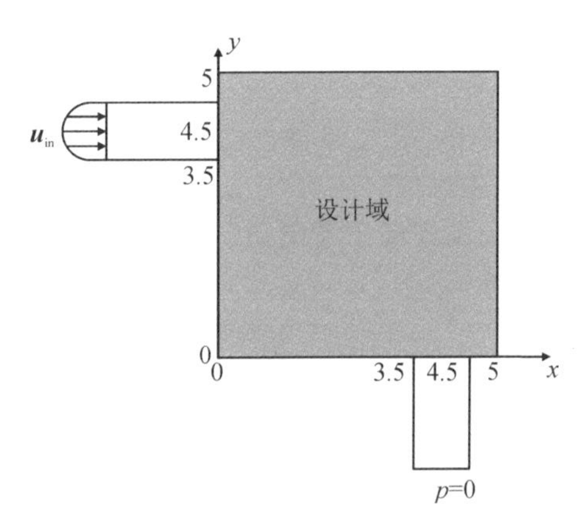

图 5-3 弯管设计域

选取不同的 V_{max} 值，对应雷诺数分别为 1、20、200。优化参数选取如表 5-2 所示。经过优化可得到如图 5-4 所示的弯管最佳拓扑结构及如表 5-3 所示的目标函数值。从图 5-4 中可看出随着雷诺数增大，弯管最佳拓扑会变得弯曲，且与导管的连接处变得更加圆滑，这是由于雷诺数增大使得弯曲流动的消耗也随之增加。

表 5-2　弯管拓扑优化中优化参数选取

参数	θ	α_{min}	α_{max}	q
数值	0.25	0	1×10^8	1

(a) Re=1　(b) Re=20　(c) Re=200

图 5-4　对应于不同雷诺数的弯管最佳拓扑结构

表 5-3　图 5-4 弯管最佳拓扑结构对应的目标函数值

Re	1	20	200
J	1.7×10^{-8}	6.7×10^{-6}	8.0×10^{-4}

5.2.3　算例 3：四端口系统

四端口系统的设计域示意图如图 5-5 所示，该区域连接两个入口导管和两个出口导管。施加于器件入口端的速度分布见公式(5-10)，施加于出口边界上的是诺伊曼边界条件，其中 $g=8$。其余边界为无滑移边界。本例中流体的密度为 1000 kg/m³，动力黏性系数为 0.001 Pa·s，$l=1$ mm，$L=3.5l$。

$$\begin{cases}\boldsymbol{u}_{in}^{1}=-4V_{max}(y-3)(4-y)\boldsymbol{n}\\ \boldsymbol{u}_{in}^{2}=-4V_{max}(y-1)(2-y)\boldsymbol{n}\end{cases}\tag{5-10}$$

本例中，V_{max} 的值为 0.02 m·s⁻¹ 和 0.2 m·s⁻¹，对应的雷诺数按照式(5-11)计算，分别为 20 和 200。

$$Re=\frac{\rho V_{max} l}{\mu}\tag{5-11}$$

在选取如表 5-4 所示的优化参数后，可得到如图 5-6 所示的最佳拓扑结构及如表 5-5 所示的目标函数值。由图 5-6 可见，不同雷诺数下的最佳拓扑结构截然不同，合理的管道结构布置对于节约能量起到了重要作用。

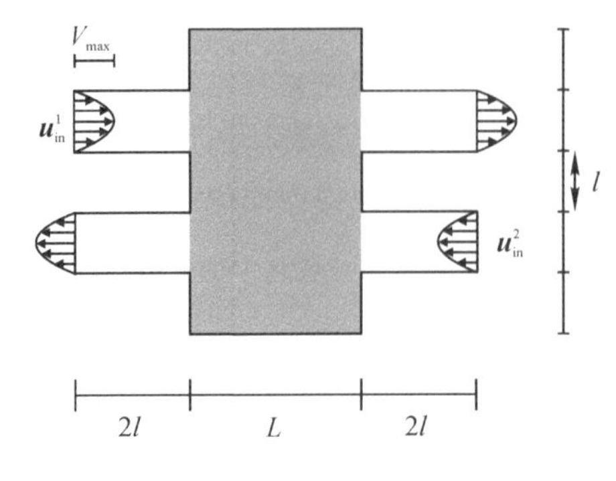

图 5-5　四端器件设计域示意图

表 5-4　四端器件拓扑优化中优化参数选取

参数	θ	α_{min}	α_{max}	q
数值	0.4	0	1×10^8	1

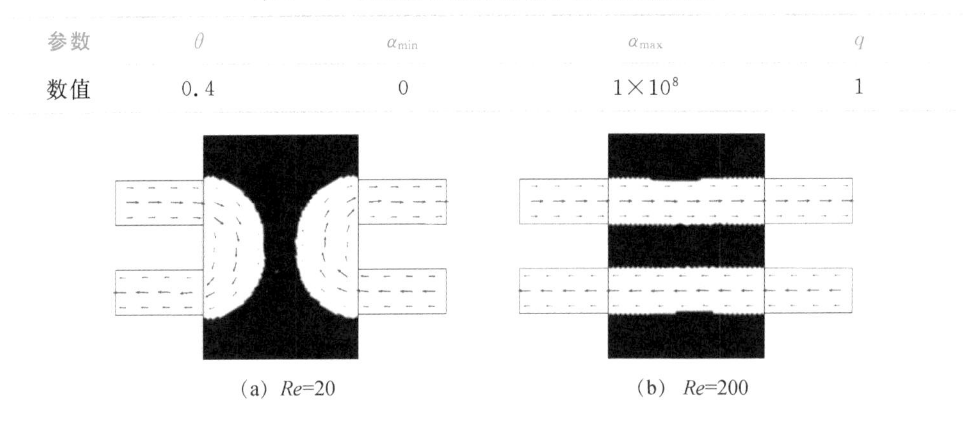

图 5-6　对应不同雷诺数的四端器件最佳拓扑结构

表 5-5　图 5-6 所示四端器件最佳拓扑结构对应的目标函数值

Re	20	200
J	4.5×10^{-6}	1.7×10^{-3}

5.3　非牛顿流体的拓扑优化

5.3.1　算例 1:三端口系统

微流通道结构的计算区域如图 5-7 所示,其中设计域的长度为 L,宽度为 H。选取三种不同长度的设计域,长宽比分别为 0.5(短管)、1(方管)和 2(长管),获得拓扑优化的最优设计并分析设计域长度对最优设计的影响。

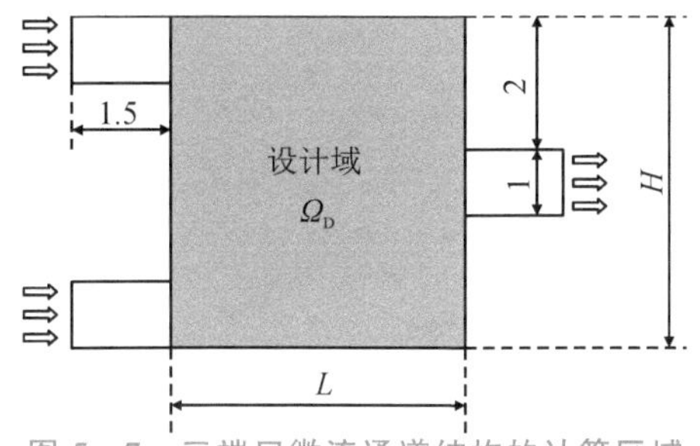

图5-7　三端口微流通道结构的计算区域

分别以代表微流通道压力降的函数 J_1 和能量耗散的函数 J_2 作为优化设计目标，表达式如下：

$$J_1 = \int_{\Gamma_{in}} (p + \frac{\rho}{2} |\boldsymbol{u}|^2) \mathrm{d}\Gamma - \int_{\Gamma_{out}} (p + \frac{\rho}{2} |\boldsymbol{u}|^2) \mathrm{d}\Gamma \tag{5-12}$$

$$J_2 = \frac{1}{2}\mu(\nabla \boldsymbol{u} + \nabla \boldsymbol{u}^{\mathrm{T}}) : (\nabla \boldsymbol{u} + \nabla \boldsymbol{u}^{\mathrm{T}}) + \alpha(\boldsymbol{u} \cdot \boldsymbol{u}) \tag{5-13}$$

1. 最小化压力降

在最优设计中，黑色部分代表固体，白色部分代表流体。如图5-8和图5-9所示，当目标函数为压力降函数时，Re=0.1和 Re=100的非牛顿流体在三种模型（短管、方管、长管）中的最优设计结果。如图5-8所示，当 Re=0.1时，三个模型中流道的汇合点均在设计域的1.5 mm处，非牛顿流体双管汇合点的位置不随设计域长度而改变。在图5-9中，Re=100时，双管流动的汇合点位置分别在设计域的1.9 mm、3 mm、5.1 mm处。较大雷诺数下，随着设计域长度的增加，非牛顿流体最优结构中的汇合点向后移动。

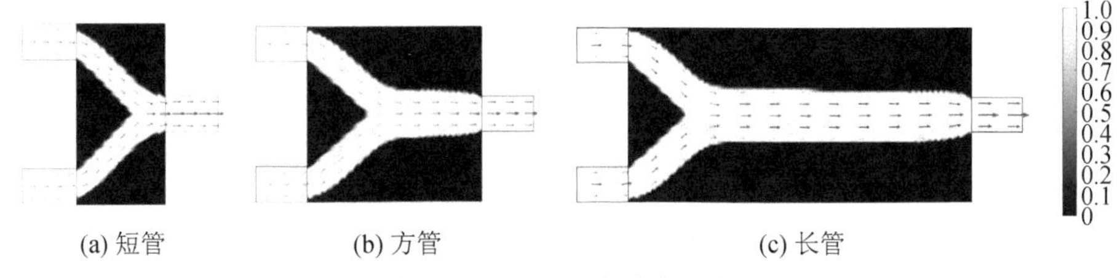

图5-8　Re=0.1时最小化压力降的非牛顿流体微通道最优拓扑结构
（本章图中右侧非特指的无量纲数据代表设计变量）

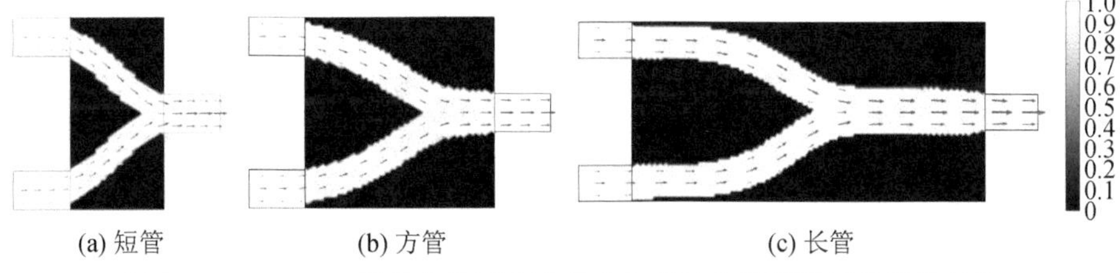

图5-9　Re=100时最小化压力降的非牛顿流体微通道最优拓扑结构

图 5-10 和图 5-11 分别是图 5-8 和图 5-9 对应的动力黏性系数云图，从两图中可以看出，流道中心处的流体黏性最大，$Re=0.1$ 时流体黏度较大，从流道边缘至中心的黏度变化较为均匀；$Re=100$ 时黏度数值较小，且分布不均匀。

(a) 短管　(b) 方管　(c) 长管

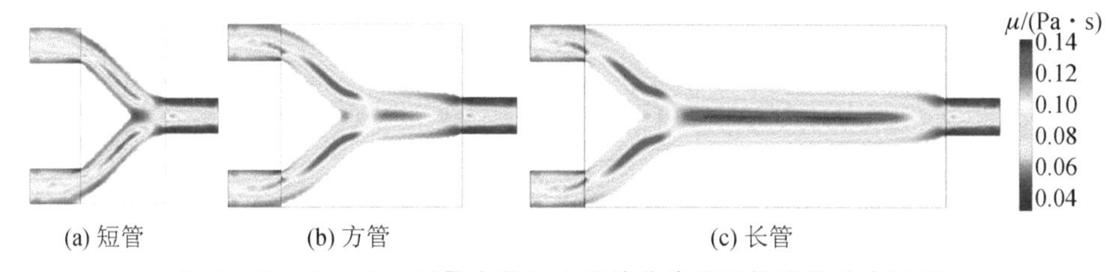

图 5-10　$Re=0.1$ 时最小化压力降的非牛顿流体黏性分布云图

(a) 短管　(b) 方管　(c) 长管

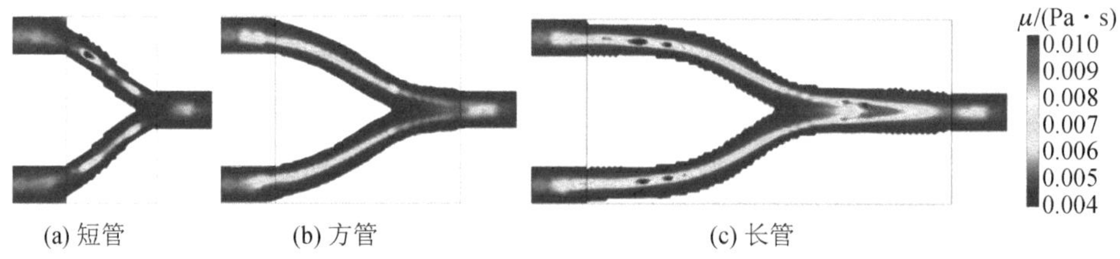

图 5-11　$Re=100$ 时最小化压力降的非牛顿流体黏度分布云图

图 5-12 和图 5-13 为当目标函数为压力降函数时，牛顿流体在 $Re=0.1$ 和 $Re=100$ 时三种模型（短管、方管、长管）的最优设计。经对比分析可知：$Re=0.1$ 和 $Re=100$ 时，两条流道的汇合点随着设计域长度的增加而向后移动，主要是由于大 Re 数下的流动速度较大，因此入口处的速度方向与入口边界接近垂直，需要较长的流道才能够改变流动方向，这使得 $Re=100$ 与 $Re=0.1$ 的模型相比，汇合点的位置更靠后；设计域长度相同时，两种流道结构较为相似。当流动介质为牛顿流体时，最优设计不随雷诺数改变而发生较为明显的变化。

(a) 短管　(b) 方管　(c) 长管

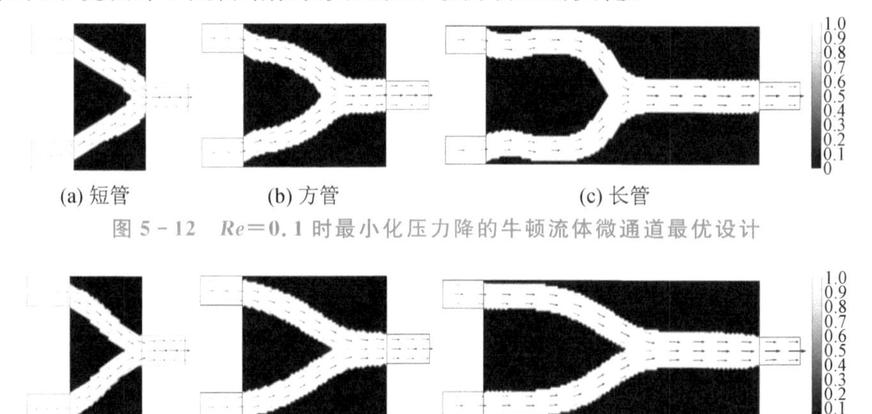

图 5-12　$Re=0.1$ 时最小化压力降的牛顿流体微通道最优设计

(a) 短管　(b) 方管　(c) 长管

图 5-13　$Re=100$ 时最小化压力降的牛顿流体微通道最优设计

图 5－14 和图 5－15 分别为 $Re=0.1$ 和 $Re=100$ 时非牛顿流体和牛顿流体的微通道最优设计比较，其中红色实线与蓝色虚线分别代表非牛顿流体与牛顿流体。在图 5－14 中的 $Re=0.1$ 时，非牛顿流体的双管汇合点位置在牛顿流体汇合点的左侧，随着设计域长度增加，两种流体汇合点距离变大；在图 5－15 中的 $Re=100$ 时，非牛顿流体和牛顿流体的微通道最优设计基本相同。当目标为最小化压力降时，非牛顿效应主要体现在黏性力占优的小雷诺数流动中；对于较大雷诺数、黏性力可被忽略的流动来说，当介质为非牛顿流体时，可将其近似为牛顿流体进行设计。

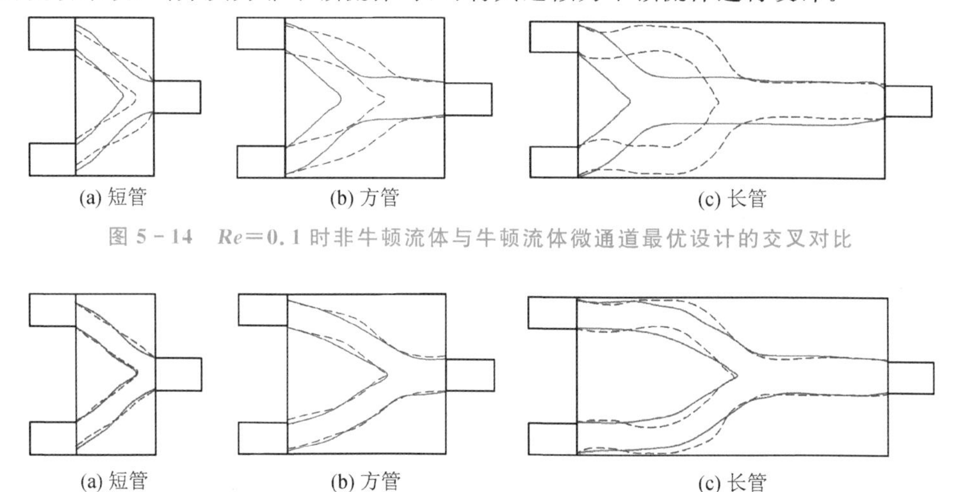

(a) 短管　(b) 方管　(c) 长管

图 5－14　$Re=0.1$ 时非牛顿流体与牛顿流体微通道最优设计的交叉对比

(a) 短管　(b) 方管　(c) 长管

图 5－15　$Re=100$ 时非牛顿流体与牛顿流体微通道最优设计的交叉对比

2. 最小化能量耗散

微流体系统的优点为低能耗，因此本部分将流体流动的能量耗散作为目标函数。由上节中的结论可知，非牛顿效应主要体现在小雷诺数流动中，因此，在下面的算例中，只选择 $Re=0.1$ 为例进行研究。

图 5－16 是目标为能量耗散的非牛顿流体在 $Re=0.1$ 时三种模型的最优设计，流道汇合点位置随着通道长度的增加向右移动，这与图 5－10 中得出的结论不同。图 5－17 为对应的黏度分布云图，可以看出微流通道的中心处流体黏度较大，流道边缘处黏度较小。短管、方管和长管的目标函数值分别为 7.4×10^{-7}、8.2×10^{-7} 和 1.2×10^{-6}，能量耗散数值随着流道长度的增加而增大。

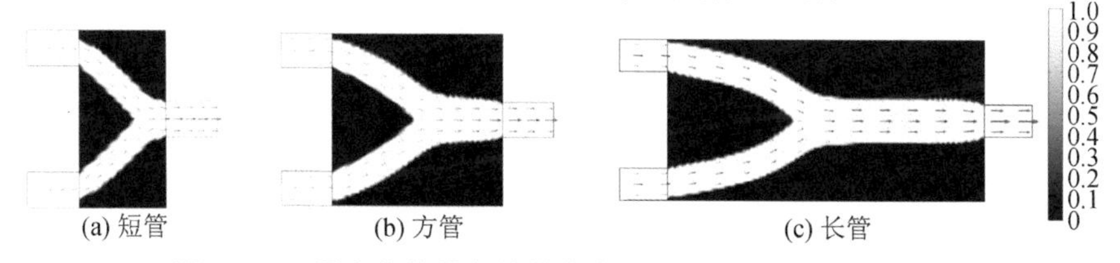

(a) 短管　(b) 方管　(c) 长管

图 5－16　最小化能量耗散的非牛顿流体微流通道最优设计

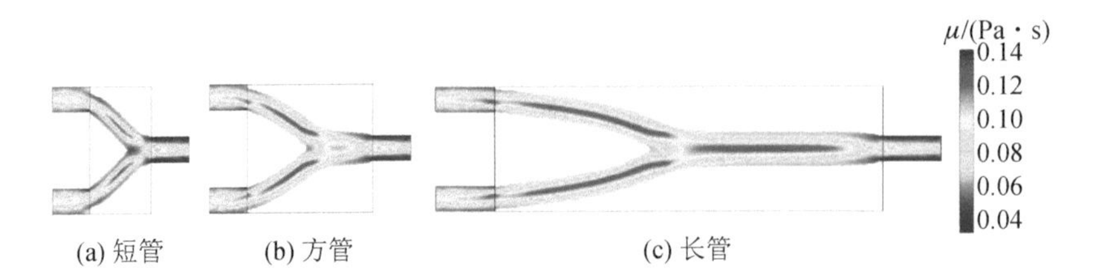

图 5-17 最小化能量耗散的非牛顿流体微流通道黏度分布云图

图 5-18 中给出了目标函数为能量耗散函数时，牛顿流体在 $Re=0.1$ 时三种模型的最优设计。短管和方管最优设计的双管在设计域中没有汇合，而长管的最优设计是在约 1/3 处汇合为单管，随后在约 2/3 处分流为上下对称的两条流道，最后在设计域的出口处经两条流道流出。目标函数值分别为 5.1×10^{-9}、6×10^{-9} 和 1.4×10^{-8}。通过与图 5-16 进行对比可以发现：当目标为最小化能量耗散时，在较小雷诺数下的非牛顿流体最优结构与牛顿流体最优结构呈现较大的差异。

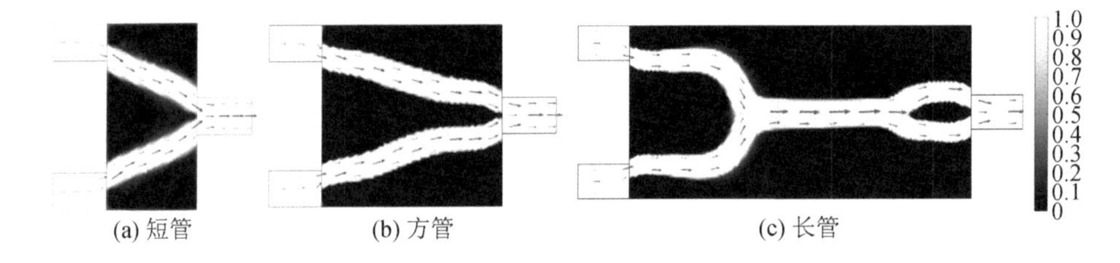

图 5-18 最小化能量耗散函数的牛顿流体微通道最优设计

5.3.2 算例 2：四端口系统

1. 最小化压力降

以下是双管器件的最佳拓扑设计。目标函数为进出口的压力降即压力耗散，公式如下：

$$J=\int_{\text{in}}(p+\frac{\rho}{2}\mid \boldsymbol{u}\mid)^2-\int_{\text{out}}(p+\frac{\rho}{2}\mid \boldsymbol{u}\mid)^2 \tag{5-14}$$

本例中流体密度为 1000 kg/m³，动力黏性系数为 0.001 Pa · s，设计域示意图如图 5-19 所示，长和宽分别为 L 和 l，入口长度 1/6 mm，已知速度分布分别为

$$\begin{cases}\boldsymbol{u}_{\text{in}}^1=-\dfrac{36}{0.25}V_{\max}(y-\dfrac{4}{6})(\dfrac{5}{6}-y)\boldsymbol{n}\\[2ex]\boldsymbol{u}_{\text{in}}^2=-\dfrac{36}{0.25}V_{\max}(y-\dfrac{4}{6})(\dfrac{5}{6}-y)\boldsymbol{n}\end{cases} \tag{5-15}$$

将 $V_{\max}$ 设为 0.006，对应雷诺数为 1。分别选取 $L=1.5$ mm 和 1 mm 进行优

化,优化参数选取如表 5-6 所示,通过图 5-20 所示的最佳拓扑结构可见,当设计域的长宽比为 1.5 时,最佳拓扑为“双 Y”型结构,流动在管道中部汇合,然后分离至两个出口流出;当设计域的长宽比为 1 时,最佳拓扑结构为几乎平行的两条流道结构。由此可见,原始设计域的形态对最终的优化结果的影响巨大,可导致流动的最佳拓扑结构发生改变。

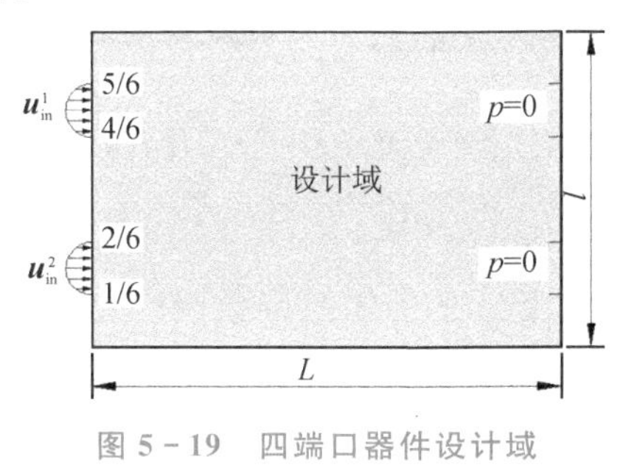

图 5-19　四端口器件设计域

表 5-6　四端口器件拓扑优化中优化参数选取

参数	θ	α_{min}	α_{max}	q
数值	1/3	0	1×10^7	1

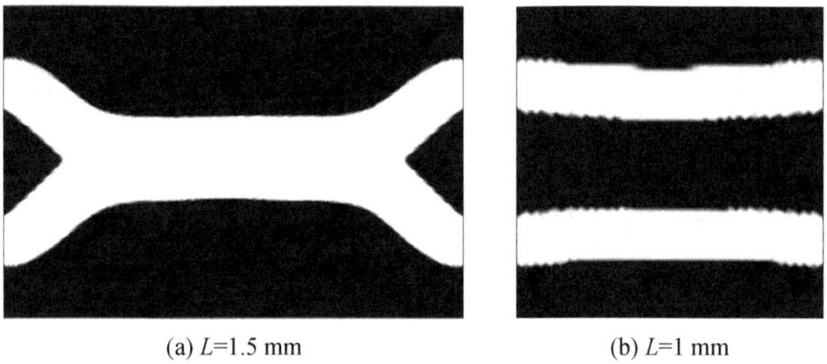

(a) L=1.5 mm　　(b) L=1 mm

图 5-20　压力降函数下长宽比不同的双管最佳拓扑结构

以 $L=1.5$ mm 为例分别研究雷诺数为 0.1、0.01 的情况。当雷诺数小于 1 时,流动可视为斯托克斯流动,控制方程如下:

$$\begin{cases} -\mu\nabla(\nabla\boldsymbol{u}+\nabla\boldsymbol{u}^{\mathrm{T}})+\nabla p=\boldsymbol{f}, \text{ in } \Omega \\ -\nabla\cdot\boldsymbol{u}=0, \text{ in } \Omega \end{cases} \tag{5-16}$$

优化结果如图 5-21 所示,低雷诺数下牛顿流体的双管最佳拓扑结构都为“双 Y”型结构,随着雷诺数的减小,入口流道的角度变小,汇集到中部之前的流道缓而长,中部汇集区域变短,而后分岔成两个流道由出口流出。

但是雷诺数的改变会使非牛顿流体的双管最佳拓扑产生截然不同的拓扑结构,本书将在非牛顿流体的章节中进行详细阐述。

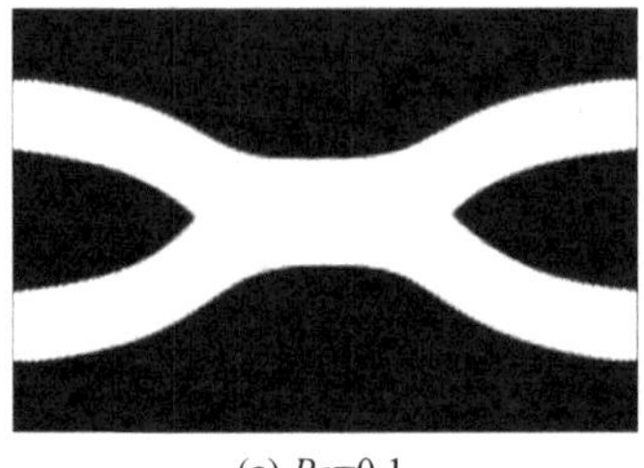

(a) Re=0.1

(b) Re=0.01

图 5-21　雷诺数不同的双管最佳拓扑结构

2. 最小化能量耗散

将上例中的目标函数改为能量耗散函数，针对雷诺数为 1，$L=1.5$ mm 和 1 mm 的设置分别进行优化，最佳拓扑结构如图 5-22 所示。将优化结果与图 5-20 相比，当 $L=1.5$ mm 时，中部汇合区域较短，入口和出口的角度较缓，这与图 5-21 的优化结果较为相似；当 $L=1$ mm 时，目标函数无论是压力降函数还是能量耗散函数，对结果基本不产生影响，这可能是因为流道太短，流道中的损耗本来就小，因此目标函数较相似的改变对于结果无法产生较大影响。

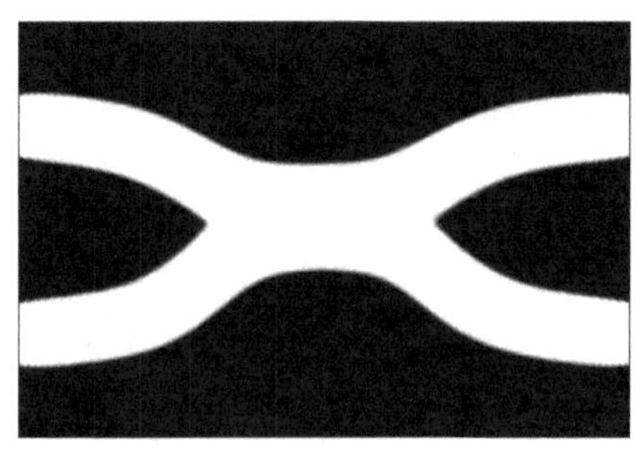

(a) L=1.5 mm

(b) L=1 mm

图 5-22　能量耗散函数下长宽比不同的双管最佳拓扑结构

第 6 章

微混合器拓扑优化设计方法

除了第 5 章中的微流通道，微混合器也是微流体系统中的关键组件之一。微混合器在微流体系统中起到混合试剂和样品的作用[91]，提高混合性能是低雷诺数条件下微流体装置中一个关键且广泛关注的研究课题。目前，对微混合器的数值研究主要集中在牛顿流体上。在有关非牛顿流体的微混合器研究中，有研究[101]表明：血液的混合质量比水差，也就是说，牛顿流体具有优异混合效率的结构，剪切稀化的非牛顿流体（例如血液）会获得较差的混合效率。本章在第 4 章模型的基础上引入浓度分布模型，使用拓扑优化方法研究考虑非牛顿流体效应的 T 型微混合器，并将该微混合器中的混合单元作为设计域。本章模型拓扑优化的目标是在微混合器规定的压降下最大化混合质量。本章还在获得的非牛顿流体微混合器最优设计的基础上，研究结构特点及周期性混合结果。

6.1 问题描述

6.1.1 控制方程

本部分研究中，二维不可压缩流体流动的控制方程为

$$\rho(\boldsymbol{u}\cdot\nabla)\boldsymbol{u}-\mu\nabla\cdot(\nabla\boldsymbol{u}+\nabla\boldsymbol{u}^{\mathrm{T}})+\nabla p=\boldsymbol{F} \tag{6-1}$$

$$\nabla\cdot\boldsymbol{u}=0 \tag{6-2}$$

式中，ρ 是流体密度；$\boldsymbol{u}$ 是流体流速；p 是流体压强；μ 是流体的动力黏性系数；$\boldsymbol{F}$ 是体力项。

对于牛顿流体，黏度值是一个常数。然而，大多数生化流体是非牛顿流体。考虑到剪切稀化效应，本研究选取血液的改进 Cross 模型[203]：

$$\mu(\dot{\gamma})=\mu_{\infty}+\frac{\mu_0-\mu_{\infty}}{(1+(\lambda\dot{\gamma})^{b})^{a}} \tag{6-3}$$

式中：$\dot{\gamma}$、μ_{∞} 和 μ_0 分别为剪切率、无限剪切黏度和零剪切黏度。各参数取值：$\mu_{\infty}=0.0035\ \mathrm{Pa\cdot s}$、$\mu_0=0.16\ \mathrm{Pa\cdot s}$，$\lambda=0.82\ \mathrm{s}$、$a=1.23$、$b=0.64$，血液密度为 $\rho_{\mathrm{blood}}=1060\ \mathrm{kg\cdot m^{-3}}$。

浓度分布控制方程定义如下：

$$(\boldsymbol{u}\cdot\nabla)c=D\,\nabla^2 c \tag{6-3}$$

式中，c 是物质的量浓度，$\mathrm{mol\cdot m^{-3}}$；D 代表扩散系数，本章中取值为 $1\times10^{-10}\ \mathrm{m^2\cdot s^{-1}}$。

微混合器系统的边界条件定义为

$$\begin{cases}\boldsymbol{u}=\boldsymbol{u}_0, & \text{on } \Gamma_{\text{inlet}}\\ \boldsymbol{u}=\boldsymbol{0}, & \text{on } \Gamma_{\text{wall}}\\ p=0, & \text{on } \Gamma_{\text{outlet}}\\ c=c_0, & \text{on } \Gamma_{\text{inlet}}\end{cases} \tag{6-5}$$

式中，Γ_{inlet}、Γ_{outlet} 和 Γ_{wall} 分别为流体域的入口、出口和无滑移壁边界。

雷诺数(Re)是流体力学中一个重要的无量纲参数，常用来表征系统中的流动情况，定义如下：

$$Re=\frac{\rho UL}{\mu_\infty} \tag{6-6}$$

式中，U 和 L 分别是特征速度和特征长度。在本研究中，U 定义为入口边界的平均流速，L 是入口的宽度。

6.1.2 变密度拓扑优化

在流体问题的变密度法拓扑优化中，通过在设计域中引入人工体积力以数值方式实现优化过程。体力项 $\boldsymbol{F}$ 和材质密度插值为

$$\boldsymbol{F}=-\alpha(\gamma)\boldsymbol{u} \tag{6-7}$$

式中，α 为材料的材质密度，可表达为设计变量 γ 的插值函数，常用形式如下：

$$\alpha=\alpha_{\min}+(\alpha_{\max}-\alpha_{\min})\frac{q(1-\gamma)}{q+\gamma} \tag{6-8}$$

式中，$\alpha_{\min}$ 和 $\alpha_{\max}$ 分别为 $\alpha(\gamma)$ 的最小值和最大值。$\alpha_{\min}$ 一般取为 0；$\alpha_{\max}$ 取值越大代表固相材料中的黏滞力越大，即固体渗透率越小，显然，固体的渗透率越小越好。但由于变密度法拓扑优化依赖于流体的渗透性，如果 $\alpha_{\max}$ 取值过大易发生数值波动的情况，因此 $\alpha_{\max}$ 需要根据经验取值，以保证数值稳定和固相材料的低渗透性。设计变量 γ 的取值范围为 0 至 1，$\gamma=0$ 对应于固体、$\gamma=1$ 对应于流体。q 为正实数，用以调节函数 $\alpha(\gamma)$ 的凹凸性，在本章中设置为 $q=0.01$、$\alpha_{\min}=0$、$\alpha_{\max}=1\times10^{10}$。在非设计域中，纳维-斯托克斯方程的体力项 $\boldsymbol{F}=\boldsymbol{0}$，即体力项只施加于设计域内。

6.1.3 过滤和投影

为了确保设计域中 γ 的空间平滑性，利用了亥姆霍兹型偏微分方程滤波器[188]模型：

$$-r_{\text{filter}}^2\nabla^2\tilde{\gamma}+\tilde{\gamma}=\gamma \tag{6-9}$$

式中，r_{filter}是过滤直径；$\tilde{\gamma}$是过滤后的设计变量。

为了减少固体和流体之间的灰色区域（中间密度材料区域），将平滑的赫维赛德投影阈值方法应用于过滤设计场[189]：

$$\bar{\tilde{\gamma}}=\frac{\tanh(\beta\eta)+\tanh(\beta(\tilde{\gamma}-\eta))}{\tanh(\beta\eta)+\tanh(\beta(1-\eta))} \tag{6-10}$$

式中，$\bar{\tilde{\gamma}}$是投影设计变量；η是投影阈值参数，$\eta=0.5$；β是控制投影陡度的参数，本研究中取值为 4。

6.1.4　基于变密度法的问题描述

关于微混合器，研究的目的是获得在低雷诺数条件下用于剪切稀化非牛顿流体的高性能微混合器。在混合过程中，混合质量（MQ）可以表示为[107]

$$\mathrm{MQ}=1-\sqrt{\frac{\sigma^2{}_{\mathrm{mean}}}{\sigma^2{}_{\max}}} \tag{6-11}$$

$$\sigma_{\mathrm{mean}}^2=\int_{\Gamma_{\mathrm{out}}}(c-c_{\mathrm{mean}})^2\,\mathrm{d}\Gamma \tag{6-12}$$

$$\sigma_{\max}^2=\int_{\Gamma_{\mathrm{out}}}(1-c_{\mathrm{mean}})^2\,\mathrm{d}\Gamma \tag{6-13}$$

式中，MQ 是作为出口边界Γ_{out}的积分给出的；c是浓度值；c_{mean}是Γ_{out}上浓度的平均值；σ^2代表方差，σ_{mean}^2和σ_{max}^2分别表示出口处各点浓度和最大浓度（$c=1$）对于平均浓度的离散程度。混合质量范围在 0（0%，未混合）到 1（100%，完全混合）之间。

以 MQ 为目标函数，基于变密度法的拓扑优化问题描述如下：

$$\begin{cases}\max:\ J(f,\gamma)=MQ\\ \text{subject to}\begin{cases}\dfrac{\int_{\Gamma_{\mathrm{in}}}p\,\mathrm{d}\Gamma}{\int_{\Gamma_{\mathrm{in}}}1\,\mathrm{d}\Gamma}\leqslant p_{\max}\\ 0\leqslant\gamma\leqslant1\end{cases}\end{cases} \tag{6-14}$$

本研究使用压降作为约束，这是为了避免压降无限大的情况。当使用固定速度作为入口边界条件时，这种无限压降会导致流体拓扑优化问题中的病态问题。同时，压降也是一个重要的评价因素，代表了微混合器所需的功耗。

6.2　数值求解

控制方程通过商业有限元分析软件 COMSOL Multiphysics（5.5 版本）实现求解。计算流体力学模块和稀物质传递模块分别用于计算流体流动和浓度问题。在本研究中，所有状态变量场 $\boldsymbol{u}$、p 和 c 均使用线性有限元进行离散化。为了保证数值稳定性，我们对 $\boldsymbol{u}$ 和 p 分别使用流线迎风/彼得罗夫-伽辽金(streamline-upwind/Petrov-Galerkin，SUPG)和压力稳定/彼得罗夫-伽辽金(pressure-stabilized/Petrov-Galerkin，PSPG)法进行稳定[205]，SUPG 稳定用于 c。本章采用梯度类方法进行优化问题的求解。首先进行优化模型的灵敏度分析，获取优化问题的下降方向和极值条件。灵敏度分析是优化过程中获得设计灵敏度的一个重要步骤，其精度会影响最优解的质量。本章采用伴随方法进行灵敏度分析。

一个最小化优化问题可被描述为

$$\begin{cases}\min\colon J(\boldsymbol{x},\boldsymbol{u})\\ \text{subject to}\colon E(\boldsymbol{x},\boldsymbol{u})=0\end{cases}\tag{6-15}$$

式中，$\boldsymbol{x}$ 是设计变量；$J(\boldsymbol{x},\boldsymbol{u})$是目标函数；$\boldsymbol{x}\rightarrow\boldsymbol{u}(\boldsymbol{x})$是偏微分控制方程 $E(\boldsymbol{x},\boldsymbol{u})=0$ 的解。

为了计算全导数 $\mathrm{d}J/\mathrm{d}\boldsymbol{x}$，将链导法则用于共轭法，可得到

$$\frac{\mathrm{d}J(\boldsymbol{x},\boldsymbol{u}(\boldsymbol{x}))}{\mathrm{d}\boldsymbol{x}}=\frac{\partial J(\boldsymbol{x},\boldsymbol{u}(\boldsymbol{x}))}{\partial\boldsymbol{x}}+\frac{\partial J(\boldsymbol{x},\boldsymbol{u}(\boldsymbol{x}))}{\partial\boldsymbol{u}}\frac{\partial\boldsymbol{u}(\boldsymbol{x})}{\partial\boldsymbol{x}}\tag{6-16}$$

式中，偏导数$\partial J(\boldsymbol{x},\boldsymbol{u}(\boldsymbol{x}))/\partial\boldsymbol{x}$ 和$\partial J(\boldsymbol{x},\boldsymbol{u}(\boldsymbol{x}))/\partial\boldsymbol{u}$ 可通过目标函数 J 获得；但是$\partial\boldsymbol{u}(\boldsymbol{x})/\partial\boldsymbol{x}$ 必须通过有限差分法等方法计算，因为状态变量 $\boldsymbol{u}$ 通过解决隐式依赖于设计变量 $\boldsymbol{x}$ 的偏微分方程 $E(\boldsymbol{x},\boldsymbol{u})=0$ 获得。由于设计变量数量较多，一般与网格单元数是相同量级的，因此其计算成本巨大。为了避免计算成本问题，引入 E 的梯度：

$$\frac{\mathrm{d}E(\boldsymbol{x},\boldsymbol{u}(\boldsymbol{x}))}{\mathrm{d}\boldsymbol{x}}=\frac{\partial E(\boldsymbol{x},\boldsymbol{u}(\boldsymbol{x}))}{\partial\boldsymbol{x}}+\frac{\partial E(\boldsymbol{x},\boldsymbol{u}(\boldsymbol{x}))}{\partial\boldsymbol{u}}\frac{\partial\boldsymbol{u}(\boldsymbol{x})}{\partial\boldsymbol{x}}\tag{6-17}$$

式(6-17)可以被改写为

$$\frac{\partial\boldsymbol{u}(\boldsymbol{x})}{\partial\boldsymbol{x}}-\left(\frac{\partial E(\boldsymbol{x},\boldsymbol{u}(\boldsymbol{x}))}{\partial\boldsymbol{u}}\right)^{-1}\frac{\partial E(\boldsymbol{x},\boldsymbol{u}(\boldsymbol{x}))}{\partial\boldsymbol{x}}\tag{6-18}$$

将式(6-18)代入式(6-16)可得到

$$\begin{aligned}\frac{\mathrm{d}J(\boldsymbol{x},\boldsymbol{u}(\boldsymbol{x}))}{\mathrm{d}\boldsymbol{x}}&=\frac{\partial J(\boldsymbol{x},\boldsymbol{u}(\boldsymbol{x}))}{\partial\boldsymbol{x}}-\frac{\partial J(\boldsymbol{x},\boldsymbol{u}(\boldsymbol{x}))}{\partial\boldsymbol{u}}\left(\left(\frac{\partial E(\boldsymbol{x},\boldsymbol{u}(\boldsymbol{x}))}{\partial\boldsymbol{u}}\right)^{-1}\frac{\partial E(\boldsymbol{x},\boldsymbol{u}(\boldsymbol{x}))}{\partial\boldsymbol{x}}\right)\\&=\frac{\partial J(\boldsymbol{x},\boldsymbol{u}(\boldsymbol{x}))}{\partial\boldsymbol{x}}-\left(\left(\frac{\partial E(\boldsymbol{x},\boldsymbol{u}(\boldsymbol{x}))}{\partial\boldsymbol{u}}\right)^{-\mathrm{T}}\frac{\partial J(\boldsymbol{x},\boldsymbol{u}(\boldsymbol{x}))}{\partial\boldsymbol{u}}\right)\frac{\partial E(\boldsymbol{x},\boldsymbol{u}(\boldsymbol{x}))}{\partial\boldsymbol{x}}\end{aligned}\tag{6-19}$$

引入共轭变量 $\tilde{\boldsymbol{u}}(\boldsymbol{x})$，使其是以下方程的解：

$$\left(\frac{\partial E(\boldsymbol{x},\boldsymbol{u}(\boldsymbol{x}))}{\partial\boldsymbol{u}}\right)^{\mathrm{T}}\tilde{\boldsymbol{u}}(\boldsymbol{x})=\frac{\partial J(\boldsymbol{x},\boldsymbol{u}(\boldsymbol{x}))}{\partial\boldsymbol{u}}\tag{6-20}$$

这使得计算梯度的成本与设计变量数量无关，将式(6-20)代入式(6-16)可得到

全导数 $\mathrm{d}J(\boldsymbol{x},\boldsymbol{u})/\mathrm{d}\boldsymbol{x}$ 的计算式为

$$\frac{\mathrm{d}J(\boldsymbol{x},\boldsymbol{u}(\boldsymbol{x}))}{\mathrm{d}\boldsymbol{x}}=\frac{\partial J(\boldsymbol{x},\boldsymbol{u}(\boldsymbol{x}))}{\partial \boldsymbol{x}}-\tilde{\boldsymbol{u}}^{\mathrm{T}}(\boldsymbol{x})\frac{\partial E(\boldsymbol{x},\boldsymbol{u}(\boldsymbol{x}))}{\partial \boldsymbol{x}} \tag{6-21}$$

在结构优化过程中，通过求解目标函数和每一个约束方程得到式(6-21)。当约束比设计变量少时，优先考虑使用伴随方法进行灵敏度分析，其是有效解决优化问题的重要工具。

在变密度拓扑优化方法中，需要采用数值方法更新设计变量。在工程界广泛使用的一种方法是优化准则法(optimality criteria, OC)，其最大的优点是迭代次数少，且迭代次数对设计变量的增加不敏感，因而计算效率高，常用于大型结构的优化设计，但其通用性差。移动渐近线方法(method of moving asymptotes, MMA)由于对初值不敏感、稳定性高的优点，被广泛用于拓扑优化设计中。

图 6-1 显示了该优化程序的流程图，优化过程中包含如下主要步骤：

(1)给出固定设计域中设计变量 γ 的初始值；

(2)使用有限元方法求解控制方程；

(3)如果目标函数和不等式约束满足判定条件，则得出最优结构，结束优化过程，否则使用有限元方法求解伴随方程；

(4)使用当前状态和伴随变量计算设计灵敏度；

(5)使用移动渐近线方法更新设计变量，然后返回步骤(2)进行循环。

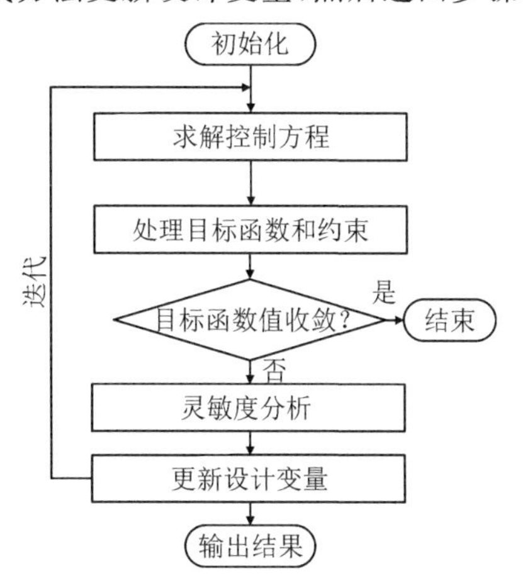

图 6-1 优化过程流程图

以下为目标函数值的收敛标准：

$$\left|\frac{J^{N}-J^{N-1}}{J^{N}}\right|<\varepsilon \tag{6-22}$$

式中，上标 N 表示优化期间执行的迭代次数。在本研究中，$\varepsilon=9\times10^{-5}$。如果满足给定误差，则该优化过程结束，否则继续。使用移动渐近线方法更新设计变量[199]。

6.3 数值算例

6.3.1 验证与优化

验证部分包括与 Fang 等人[105]的结果相同的混合单元模型和控制参数。本研究首先验证了牛顿流体的混合质量，以公平地与之前的工作进行比较。单周期混合单元的 T 型微混合器的示意图如图 6-2 所示。微混合器包含主混合单元，即设计域。两种浓度值为 1 $mol \cdot m^{-3}$ 和 0 $mol \cdot m^{-3}$ 的流体分别从两个入口流入微混合器，最后在出口处得到混合流体。设计的主要目的是通过在设计域中改变流道的形状来提高混合效率。在文献[105]的工作中，混合单元内部有两个倾斜的障碍物，如图 6-2(b)所示。对于牛顿流体，使用的物理常量参数如表 6-1 所示。

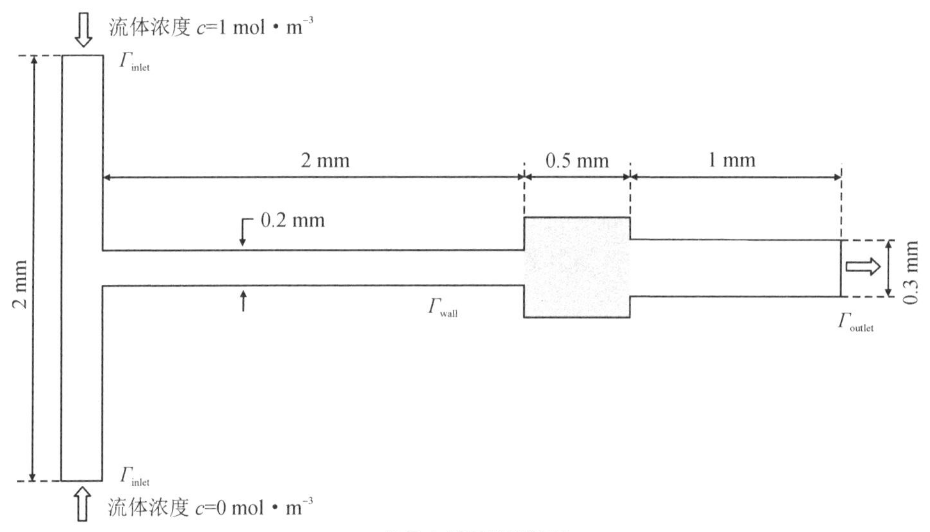

(a) 单混合周期流道模型

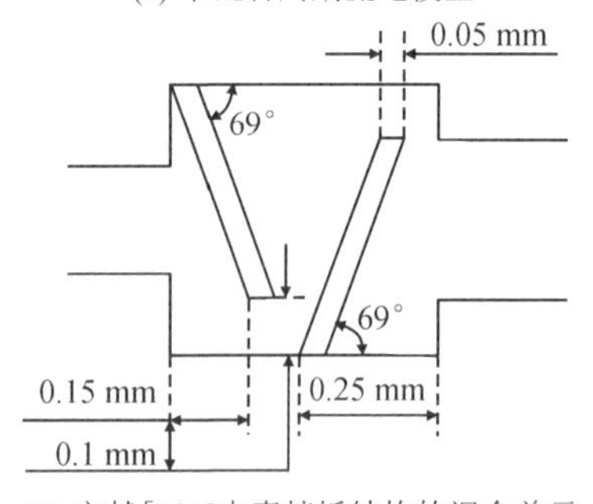

(b) 文献[105]中直挡板结构的混合单元

图 6-2 T 型微混合器结构示意图

表 6-1 牛顿流体验证模型的物性参数

参数	数值
扩散系数 $D/(\mathrm{m}^2\cdot\mathrm{s}^{-1})$	10^{-10}
密度 $\rho/(\mathrm{kg}\cdot\mathrm{m}^{-3})$	1000
入口流速 $U_0/(\mathrm{m}\cdot\mathrm{s}^{-1})$	0.04
黏度 $\mu/(\mathrm{kg}\cdot\mathrm{m}^{-3})$	0.001

在本研究中，分别使用两种网格进行拓扑优化和基于贴体网格的高保真计算。一方面，分析域使用 31054 个四边形有限元离散单元于拓扑优化过程，其数量通过预先考虑混合质量的网格收敛性检查确定。另一方面，高保真分析域使用三角形网格进行离散化。网格单元总数取决于每个流道的结构，并根据初步研究设置为 60000 左右。经计算，本研究获得的单周期混合单元的混合质量为 21.78%，文献[105]中的混合质量为 21.9%。显然，本研究的数值计算结果与参考文献[105]的结果非常吻合。文献[105]中结构的浓度分布和流线分布如图 6-3 所示。

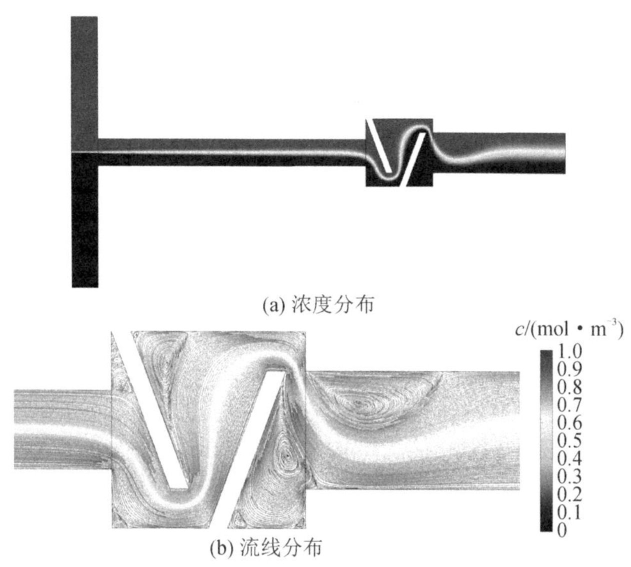

图 6-3 文献[105]中直挡板结构的浓度分布和流线分布

在拓扑优化过程中，使用了不同的压力约束值（(p_{max}=1000 Pa、1100 Pa、1200 Pa、1300 Pa、1400 Pa)，入口速度 $U_0=0.04\ \mathrm{m}\cdot\mathrm{s}^{-1}$。根据雷诺数公式(6-6)，对于 6.3.1 节中的牛顿流体，可计算其 Re 等于 8。最优设计如图 6-4 所示，白色和黑色区域分别代表流体域和固体域。由于灰度的存在，需要对拓扑优化的结果进行高保真计算。高保真计算的目的是针对拓扑优化的结果使用贴体网格而获得的清晰设计。图 6-5 展示了优化设计高保真计算的浓度和流线分布，其中以 $\gamma=0.2$ 时的界面作为本研究中的流-固界面。

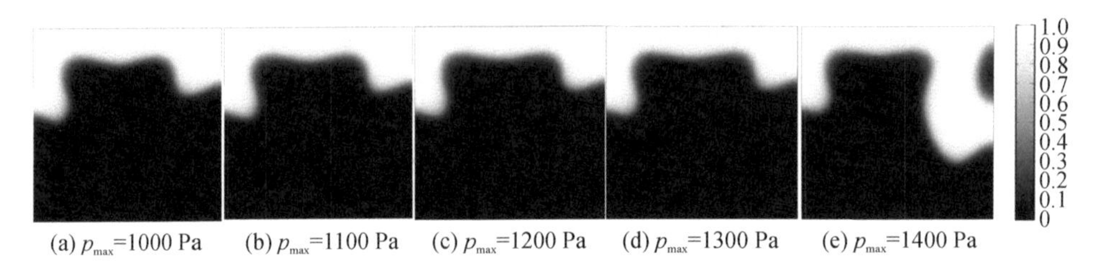

(a) p_{max}=1000 Pa (b) p_{max}=1100 Pa (c) p_{max}=1200 Pa (d) p_{max}=1300 Pa (e) p_{max}=1400 Pa

图 6-4 不同压力约束值的最优设计(Re=8)

(本章图中右侧不特别说明的无量纲数据都代表设计变量)

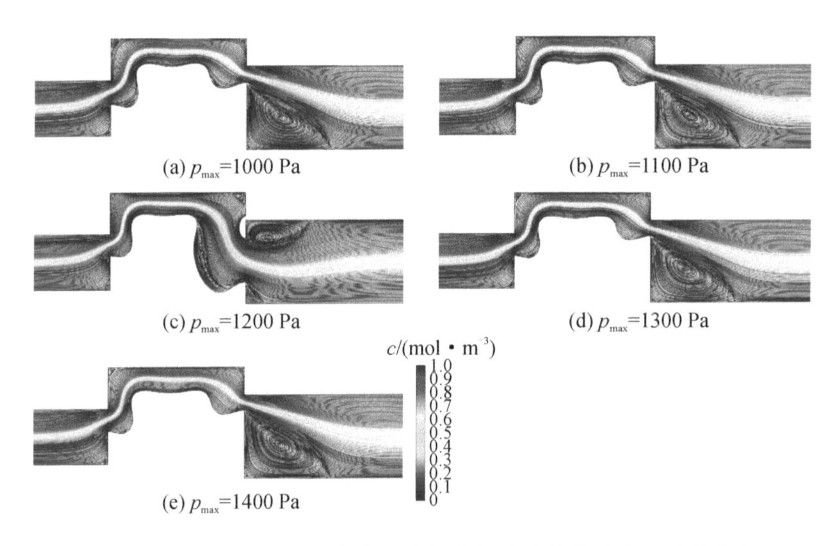

(a) p_{max}=1000 Pa (b) p_{max}=1100 Pa (c) p_{max}=1200 Pa (d) p_{max}=1300 Pa (e) p_{max}=1400 Pa

图 6-5 γ=0.2 时基于最优设计的高保真计算的浓度和流线分布

表 6-2 展示了相同压降下最优结构和参考结构之间的混合质量比较。第一列是优化过程中的压力约束(p^{opt}/Pa),第二列是高保真计算时的压降(Δp^{hf}/Pa)。可以观察到,压降与压力约束之间存在较大差距,并不总是同时增加的,这是因为压降对设计域的入口和出口的宽度非常敏感,因此其取决于如何在高保真计算中使用 γ 的等值线来构建边界。第三列是优化结果的混合质量。此外,第二列中的压降被用作入口压力边界条件,以获得参考结构的混合质量(参见文献[105]中的直挡板结构),第四列是不同压降情况下,参考结构的混合质量。采用几组不同的压降情况,分别得到拓扑优化结构和参考结构的混合质量,从而选择出性能最佳的结构。当将入口流速 $U_0=0.04\ \text{m}\cdot\text{s}^{-1}$ 作为边界条件时,参考结构的压降为 Δp^{ref}=292.96 Pa(MQ^{ref}=21.78%),而表 6-2 的第一行数据为 Δp^{hf}=285.51 Pa(MQ=21.78%),这意味着图 6-4(a)的最优结构在获得相同混合性能时比参考结构具有更小的压降,或者可以说在使用相同压降时的混合性能更好,因此,这里我们选

择这种结构作为 $Re=8$ 的牛顿流体的"最佳结构"。

表 6-2　相同压降下最优结构与参考结构之间的混合质量比较

p^{opt}/Pa	Δp^{hf}/Pa	MQ/%	MQ^{ref}/%
1000	285.51	21.78	21.70
1100	303.23	22.10	21.89
1200	321.02	22.45	22.08
1300	339.15	22.87	22.29
1400	288.58	21.31	21.74

6.3.2　单周期数值结果

本小节研究了非牛顿流体和牛顿流体的单周期微混合器的拓扑优化设计。此外，还研究了最优设计的混合质量，以获得非牛顿流体混合器的最优结构。由于在小雷诺数流动条件下非牛顿效应更明显，因此本小节中入口流速 $U_0=0.004\ \mathrm{m\cdot s^{-1}}$，非牛顿流体和牛顿流体的雷诺数分别约为 0.24 和 0.08。

1. 非牛顿流体的拓扑优化

为了在每个压降约束下获得多种最优结构，p_{max}定义如下：

$$p_{max}=m\cdot p_0 \tag{6-23}$$

式中，p_0 是当设计域中充满纯流体时微混合器的压降；m 是人工选择的参数。

当设计域中充满非牛顿流体时，压降为 $p_0=30$ Pa。然后选择 $m=2$、6、10、14 进行拓扑优化，最优设计如图 6-6 所示。经过高保真计算，各最优设计的流线如图 6-7 所示，其结果如表 6-3 所示。随着压力约束的增加，设计域内的流道变窄并呈现弯曲结构，流线分布平滑，且涡较少。从表 6-3 中可以得出结论，压降随着压力约束的增加而增加，同时可以获得更好的混合质量。然而，只关注混合质量而不考虑压降的增加是没有意义的，因为它们是一种权衡的关系，因此，将在后面"2. 牛顿流体的拓扑优化"中作进一步分析。

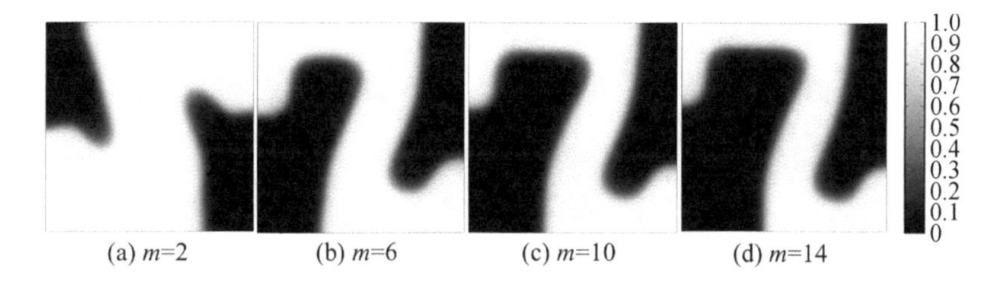

图 6-6　不同压力约束和参数 m 下的非牛顿流体最优设计($Re=0.24$)

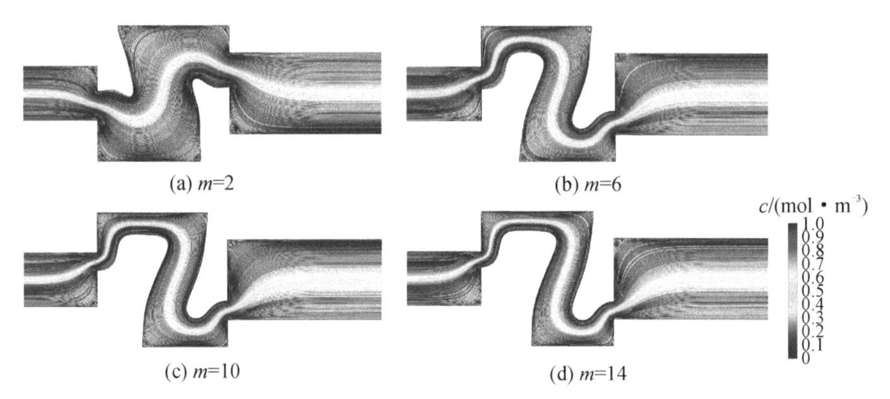

图 6-7 非牛顿微混合器设计的浓度和流线分布

表 6-3 非牛顿流体的高保真计算结果

m	Δp/Pa	MQ/%
2	42.82	18.33
6	85.91	22.40
10	125.19	25.08
14	162.11	27.16%

2. 牛顿流体的拓扑优化

当设计域中充满牛顿流体时压降 p_0 为 7 Pa，为了获得与表 6-3 中同范围的压降以方便比较，经过试算后选择 m＝2、5、10、15、20、30、35，最优设计如图 6-8 所示。随着压力约束值的增加，设计域中的流道呈现出弯曲的形状，并且流道逐渐

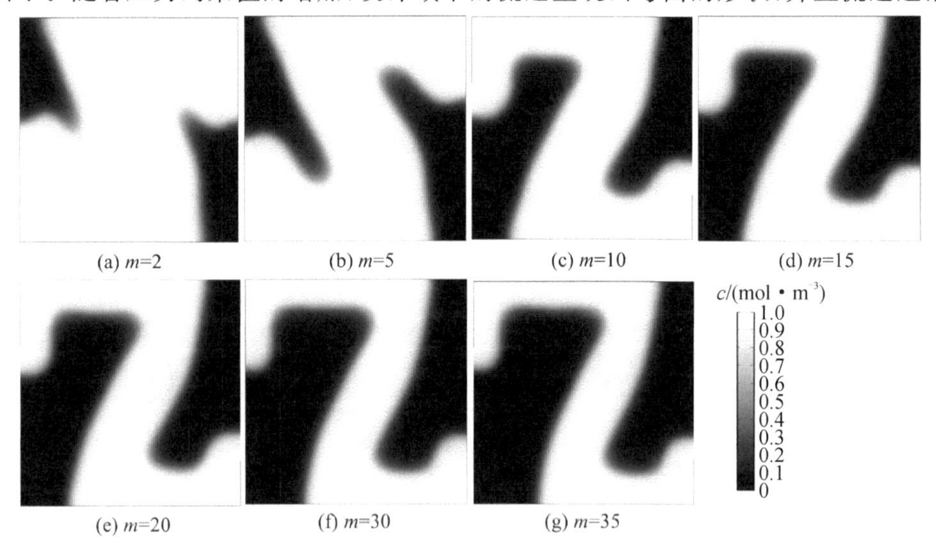

图 6-8 不同压力约束的牛顿流体最优设计（Re＝0.8）

变窄。基于这些最优设计，用非牛顿流体进行高保真计算，以获得非牛顿流体的相关数据。基于牛顿流体的最优设计对非牛顿流体进行高保真计算的压降和混合质量如表6-4所示。混合质量随着压降的增加而增加，不能够只追求高混合质量而不去关注压降。因此从表中无法直接判断哪种结构更好，需要在后面“3.单周期结果分析”中根据帕累托(Pareto)曲线进行压降和混合质量的综合分析，以选择出综合性能较优的设计。

表6-4　基于牛顿流体的最优设计对非牛顿流体进行高保真计算的压降和混合质量

m	Δp/Pa	MQ/%
2	38.83	17.47
5	52.05	18.91
10	75.05	21.47
15	94.83	23.04
20	113.08	24.27
30	146.72	26.31
35	162.91	27.19

3.单周期结果分析

由于在不同压降下无法直接比较两种混合器的混合效果，因此在不同压降工况下获得的一系列结果中，可采用以下两种方式与文献[105]中的混合效果进行比较：①相同压降(Δp=93.62 Pa)下，文献中的混合质量MQ=21.99%，本文优化结果为23%，因此相同压降下本文所获得的混合器的混合性能更好；②相同混合效果(MQ=21.99%)时，文献中的压降为93.62 Pa，本文优化结果为80 Pa，这意味着达到相同混合效果时本文混合器所需的流体驱动能量更小。因此，我们认为，与文献[105]中的混合器相比，本章中所获得混合器的混合效果和性能更优。

在前面的内容中，对于非牛顿流体，获得了两种类型的“最佳结构”，分别是基于非牛顿流体和牛顿流体的拓扑优化过程获得的。接下来进行图6-9(a)中所示的比较以验证拓扑优化的最优性并获得非牛顿流体的最佳微混合器布局，图中黑色实线和红色虚线分别代表非牛顿流体和牛顿流体的拓扑优化设计的非牛顿计算结果，紫色参考点[105]为非牛顿流体在设计域(Δp=93.62 Pa，MQ=21.99%)中采用直挡板结构的计算结果，其浓度分布如图6-9(b)所示。根据图6-9可以得出以下结论：首先，在相同压降下，非牛顿流体和牛顿流体的优化结构在每种情况下的混合质量均优于参考结构；其次，在低压降下，非牛顿最优设计比牛顿最优设计具有更好的混合性能；黑色实线上一定存在某个点对应的结构比参考结构的混合性能更好，因此，我们选择点m=6对应的结构作为Re=0.24的非牛顿流体微混合器设计的“最佳结构”[见图6-6(b)]，这种结构与6.3.1节中的最优布局完全不同，其在设计域中获得了更长的流动路径。

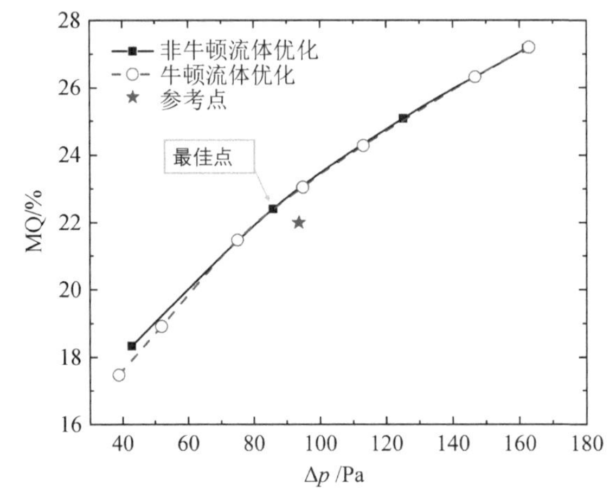

(a) 基于非牛顿流体和牛顿流体最优设计的非牛顿高保真计算的混合质量MQ的比较

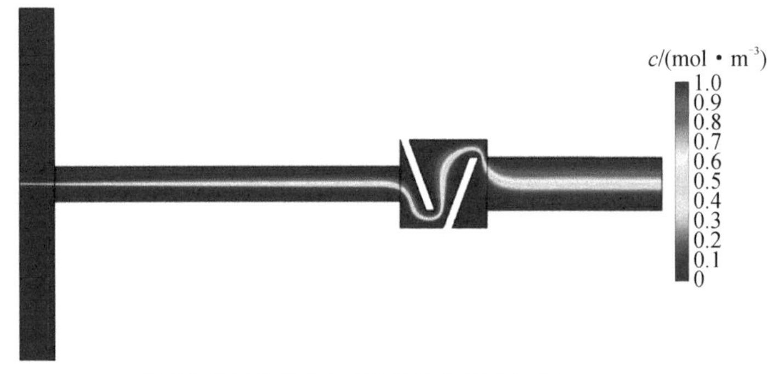

(b) 基于参考结构的非牛顿流体计算的浓度分布

图 6-9 非牛顿流体的计算结果

6.3.3 周期性数值结果

单周期混合单元的混合能力是有限的，因此微混合器中常采用多个混合单元串联，以达到更好的混合效率。在本小节中，会进行基于“最佳结构”的周期性数值计算。

1. 牛顿流体($U_0=0.04$ m・s^{-1})

采用 6.3.1 节中提到的“最佳结构”进行周期计算。图 6-10 为牛顿流体在入口流速 $U_0=0.04$ m・s^{-1}时的一系列周期下的浓度分布。需要说明的是，由于设计域的进出口宽度不同，各混合单元采用梯形结构连接。随着周期数的增加，出口处的浓度颜色逐渐变为绿色，这意味着混合浓度接近 0.5 mol・m^{-3}。为了进行比较，我们在周期计算中使用了参考结构[见图 6-2(b)]。为了公平比较，使用相同的梯形结构连接每个混合单元，同时，以相应的压降作为入口边界条件，以比较相同压降下的混合质量。数值计算结果如表 6-5 所示。可以确认的是，随着周期数的增加,混合质量均相应增加。从多周期的结果来看,在相同的压降下,本章获得的“最佳结构”混合器的混合质量总是优于参考结构的混合质量。

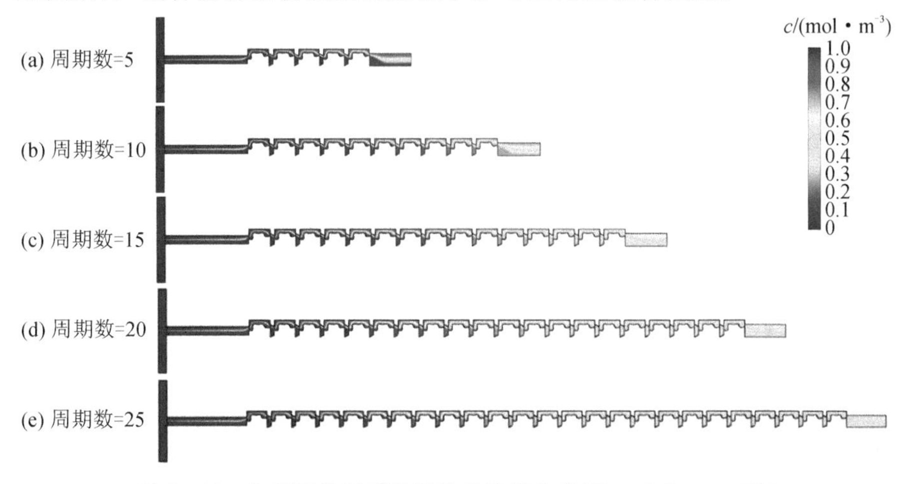

图 6-10　牛顿流体不同周期数的浓度分布($U_0=0.04\ \mathrm{m\cdot s^{-1}}$)

表 6-5　$U_0=0.04\ \mathrm{m\cdot s^{-1}}$时的牛顿流体最佳结构与参考结构的周期性结果对比

周期数	Δp/Pa	MQ(最佳结构)/%	MQ(参考结构)/%
5	1166.6	47.35	45.79
10	2258.6	69.18	67.37
15	3350.7	82.05	80.45
20	4442.7	89.53	88.29
25	5534.9	93.90	92.98

2. 非牛顿流体($U_0=0.004\ \mathrm{m\cdot s^{-1}}$)

使用 6.3.2 节获得的“最佳结构”针对非牛顿流体进行周期计算,然后获得各周期的压降值,使用这些压降值作为参考结构的入口边界条件获得参考结构的混合质量。图 6-11 展示了非牛顿流体在入口速度 $U_0=0.004\ \mathrm{m\cdot s^{-1}}$时最佳结构周期性计算的浓度分布。最佳结构和参考结构周期性计算的压降和混合质量数据如表 6-6 所示。从多周期结果来看,在相同压降下,本章获得的最佳结构混合器的混合质量总是优于文献中的混合器。比较表 6-5 和表 6-6 的结果,非牛顿流体的 5 周期和 10 周期最佳结构的混合质量优于牛顿流体的。图 6-12 是四种结构不同周期的混合质量(MQ)对比图。两种最佳结构的混合质量在同一周期时几乎相同,且都优于参考结构。参考结构的非牛顿流体的混合质量最差,因此如果直接使用现有针对牛顿流体的微混合器进行剪切稀化非牛顿流体的混合,会获得混合质量较差的结果。这至少表明在该研究条件下剪切稀化非牛顿流体微混合器设计的必要性。

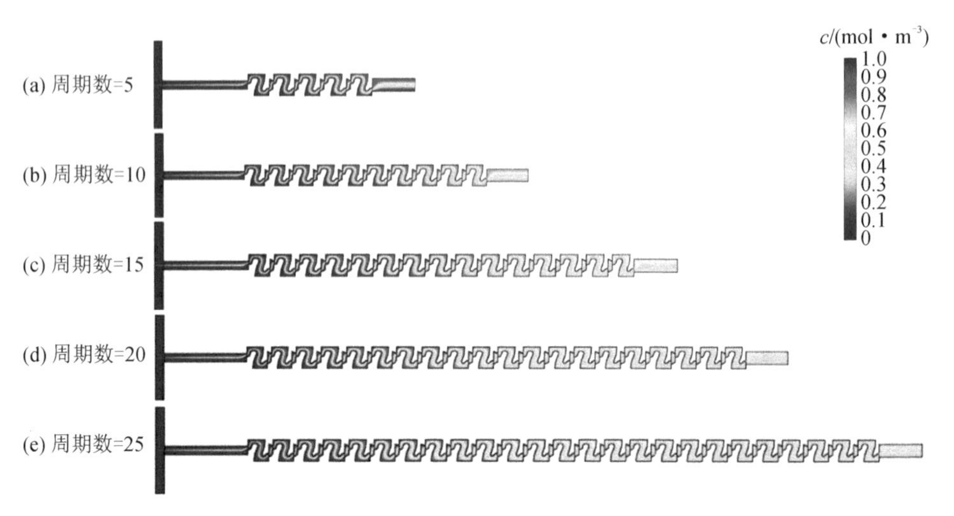

图 6-11　非牛顿流体最佳结构的不同周期数的浓度分布($U_0=0.004\ \mathrm{m\cdot s^{-1}}$)

表 6-6　$U_0=0.004\ \mathrm{m\cdot s^{-1}}$ 时非牛顿流体最佳结构与参考结构的周期性结果对比

周期数	Δp/Pa	MQ(最佳结构)/%	MQ(参考结构)/%
5	358.48	47.54	44.50
10	689.54	69.21	65.20
15	1020.6	81.99	78.28
20	1351.7	89.47	86.45
25	1682.7	93.84	91.55

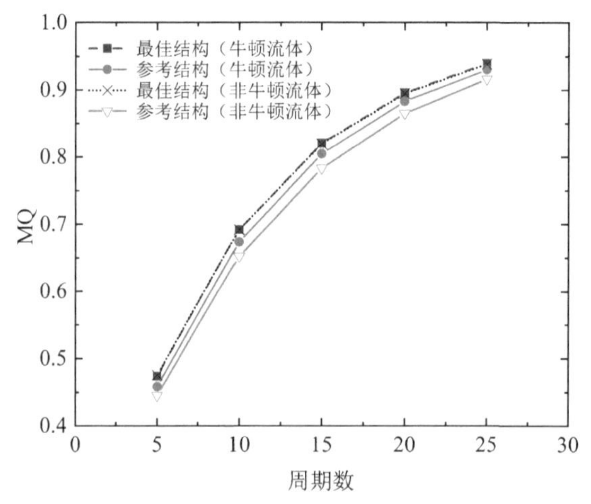

图 6-12　针对四种结构不同周期数的混合质量结果比较

第7章 特斯拉微阀拓扑优化设计方法

在微流体系统中，除了第4章中最基础的微流通道结构和第5章中用于试剂样品混合的微混合器结构，还需要微阀来控制流动。第4章与第5章中只需要考虑某一个方向上的流动；本章的微阀拓扑优化设计则需要同时考虑正向和反向流动。特斯拉(Tesla)微阀是一种没有可移动装置的微型止回阀，其允许流体在一个方向自由通过，同时阻止反向流动，其性能只依赖于流动的惯性力而非机械机制。在几乎所有关于无可移动装置微阀设计的研究中，止回性能(D_i)是衡量微阀性能的唯一参数。然而，较高的 D_i 值并不一定表示更好的阀门性能。正向流动可能需要高于预期的压降，从而导致泵功率需求增加和更多的能量消耗。因此，在追求高综合性能的微阀设计领域，单目标设计已不能满足需求。本章中正向流动的压降和特斯拉微阀的性能将由双目标函数独立处理，以提高微阀性能并降低驱动功率。本章发展了一种基于变密度法的双目标拓扑优化方法，此改进的方法增加了中间密度材料的逆渗透率，从而显著减少了无意义的灰度区域。本章通过数值算例，证明了提出的拓扑优化方法的有效性，获得了特斯拉微阀在不同权重系数、雷诺数、进出口分岔角下的最优设计，并且对比分析了其非牛顿设计与牛顿设计。

7.1 算例1:圆形微阀

特斯拉阀一般为矩形结构，这意味着入口与出口位于同一水平线上，但涉及流道弯曲的弯管结构时，矩形结构的特斯拉微阀就不适用了，因此7.1节的算例提出了圆形结构，研究了入口和出口呈不同夹角时的多种情况。

7.1.1 问题描述

在本节中，所提出的拓扑优化方法应用于特斯拉微阀的设计。图7-1所示为特斯拉微阀的计算区域和边界条件，其中，Ω 为设计域，θ 是入口流道和出口流道之间的分岔角，参数 L 和 R 分别设置为1 mm和3 mm，Ω 的边界 Γ 分为狄利克雷边界和诺伊曼边界。

1. 控制方程

考虑一个内部流动通道问题，其为不可压缩的稳态流体流动。假定流动是在中低雷诺数下的层流。控制流动的纳维-斯托克斯方程和连续性方程见式(6-1)

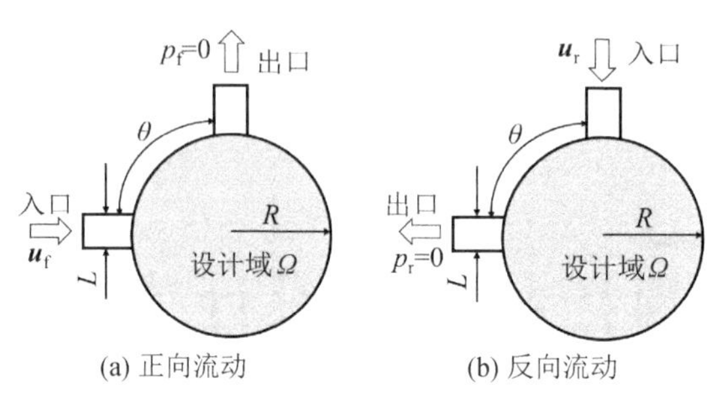

图 7-1 特斯拉微阀的计算区域和边界条件

和式(6-2)。由于微流体系统中的止回阀常用于生化环境,本章中的非牛顿流体为血液,牛顿流体为水。考虑到剪切稀化效应,这里选择经典的 Cross 模型来描述血液黏度:

$$\mu(\dot{\gamma})=\mu_\infty+\frac{\mu_0-\mu_\infty}{(1+(\lambda\dot{\gamma})^b)^a} \tag{7-1}$$

式中,$\dot{\gamma}$、μ_∞ 和 μ_0 分别为剪切率、无限剪切黏度和零剪切黏度;a、b 和 λ 是常数,λ 是特征非牛顿弛豫时间[124]。我们只考虑血液流动并使用 Abraham 等人[198]给出的模型参数:$\mu_\infty=0.0035$ Pa·s、$\mu_0=0.16$ Pa·s、$\lambda=0.82$ s、$a=1.23$、$b=0.64$、$\rho=1000$ kg·m^{-3}。

公式(6-7)中的 $\boldsymbol{F}$ 代表了流体体积力,加入流体体积力的目的是使设计变量 γ 在纳维-斯托克斯方程中起作用。此外,其可以在消除流体材料中额外摩擦力的同时,确保固体材料中的流速为零。基于变密度法的拓扑优化方法的主要思想是控制材料的渗透率,以便通过将材料渗透率设置为零来模拟固体材料的行为。通过在纳维-斯托克斯方程中加入人工达西摩擦力来表达优化问题,体力项 $\boldsymbol{F}$ 插值表达式见公式(5-5)。在拓扑优化模型中,将 α 的插值函数修改为

$$\alpha(\gamma_p(\gamma))=\alpha_{max}\cdot f(\gamma_p) \tag{7-2}$$

式中,$f(\gamma_p)$ 是 γ_p 的多项式函数,而以往传统研究中 $f(\gamma_p)=\gamma_p$,如图 7-2 所示。这样修改是为了提高局部不可渗透性,增加中间介质的达西阻尼力,从而减少灰度区域面积。α_{max} 是 α 的最大值,其代表了固相的抗渗透性。如果 α_{max} 无穷大,则式(7-2)表示的是不可渗透的固体材料,通常其取值根据经验或试算获得,本章中建立其与黏度、网格的函数:

$$\alpha_{max}=M\times\mu/h_m{}^2 \tag{7-3}$$

式中,M 是一个可调系数,取值为 1;h_m 是网格尺寸的最大值。

式(7-2)中 γ_p 是材料体积因子(其多项式函数图见图 7-2),定义为

$$\gamma_p=\frac{q(1-\gamma)}{q+\gamma} \tag{7-4}$$

式中,γ 的值可以在 0 和 1 之间变化,$\gamma=0$ 对应于固体,$\gamma=1$ 对应于流体。q 是一

个正实数，用于调整方程(7-4)中插值函数的凹凸性。q 的值影响优化结果的收敛灰度区域，这里选择 $q=1$。

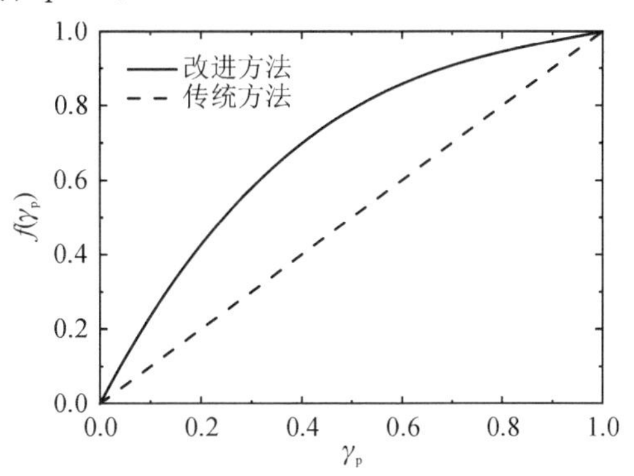

图 7-2　材料体积因子 γ_p 的多项式函数

此外，值得一提的是一个重要的无量纲参数——雷诺数(Re)，其被定义为惯性效应与黏性效应的比值。尽管特斯拉微阀的止回性能通常随着雷诺数的增加而增加，但由于雷诺数很大时纳维-斯托克斯方程的精确解变得具有挑战性且难以计算，因此在本研究中，专注于 $30<Re<100$ 的流动问题。

2. 过滤和投影

传统的优化解决方案存在网格依赖性，无法保证收敛到纯粹的 0-1 分布。在优化过程中，需要进行密度滤波以保证分布的平滑性。设计和控制变量由 PDE 滤波器[188,206]过滤，其定义如下：

$$-r_{\text{filter}}^2\nabla^2\tilde{\gamma}+\tilde{\gamma}=\gamma \tag{7-5}$$

式中，r_{filter}是过滤直径；$\tilde{\gamma}$ 是过滤后的设计变量。

为了减小获得的材料拓扑中固体和流体之间的灰色区域(中间密度材料区域)，将平滑的赫维赛德投影阈值方法[189]应用于过滤设计域：

$$\bar{\tilde{\gamma}}=\frac{\tanh(\beta\eta)+\tanh(\beta(\tilde{\gamma}-\eta))}{\tanh(\beta\eta)+\tanh(\beta(1-\eta))} \tag{7-6}$$

式中，$\bar{\tilde{\gamma}}$ 是投影设计变量；β 是控制投影陡度的参数；η 是投影阈值参数。

3. 双目标优化

能量耗散 E 定义为

$$E(\boldsymbol{u},\gamma)=\int_{\Omega}[\mu\,\nabla\boldsymbol{u}(\nabla\boldsymbol{u}+\nabla\boldsymbol{u}^{\mathrm{T}})/2+\alpha\,\boldsymbol{u}^2]\,\mathrm{d}\Omega \tag{7-7}$$

微阀的止回性能由 D_i 来衡量，D_i 定义为固定流量时反向流动压降与正向流动压降之比，如文献[122]的工作所示：

$$D_i{}'=\frac{E_r}{E_f}\simeq\frac{\Delta p_r}{\Delta p_f}=D_i \tag{7-8}$$

式中，E_f 和 E_r分别为正向流动和反向流动的能量耗散；Δp_f 和 Δp_r 分别为正向流动和反向流动的压降。D_i 值越大，说明反向流动和正向流动压降的差值越大，则特斯拉微阀的性能越好。

然而，较高的 D_i 值并不意味着微阀的整体性能更好，因为该比值并不能反映正向流动能量耗散的程度。较大的 E_f 值意味着需要更多的泵功率，从而导致流体流动效率下降。因此，在本研究中，建立双目标优化函数独立处理 D_i' 和正向流动压降 Δp_f。该优化问题的目标是获得不同权重系数下特斯拉微阀的最优设计。

双目标拓扑优化函数可表达为

$$J(\boldsymbol{u},p,\gamma)=\omega_1(1/D_i')+\omega_2\left(\frac{\Delta p_f}{\rho U^2}\right) \tag{7-9}$$

式中，J 是双目标函数。当最小化方程(7-9)时，等号右侧的第一项代表特斯拉微阀止回性能的最大化，第二项代表正向流动压降的最小化。设定 $\omega_1+\omega_2=1$。在本研究中，特征速度 U 为入口边界处流速的平均值，为 $0.1\ \mathrm{m\cdot s^{-1}}$。

通过定义 $\omega_1=1$，在双目标函数中只考虑特斯拉微阀的性能；而对于 $\omega_2=1$，则只考虑正向流动压降。可以通过调整系数来控制双目标函数以获得所需的优化结构。通过定义 $\omega_1>\omega_2$，微阀的止回性能在双目标函数中被优先考虑。类似地，通过定义 $\omega_1<\omega_2$，在双目标函数中优先考虑正向流动压降。

总结来说，双目标拓扑优化设计问题正式表达如下：

$$\begin{cases}\min:\ J(\boldsymbol{u},p,\gamma)\\ \text{subject to}\begin{cases}\rho(\boldsymbol{u}_f\cdot\nabla)\boldsymbol{u}_f-\mu\nabla\cdot(\nabla\boldsymbol{u}_f+\nabla\boldsymbol{u}_f^{\mathrm{T}})+\nabla p_f=-\alpha\boldsymbol{u}_f\\ -\nabla\cdot\boldsymbol{u}_f=0\\ \rho(\boldsymbol{u}_r\cdot\nabla)\boldsymbol{u}_r-\mu\nabla\cdot(\nabla\boldsymbol{u}_r+\nabla\boldsymbol{u}_r^{\mathrm{T}})+\nabla p_r=-\alpha\boldsymbol{u}_r\\ -\nabla\cdot\boldsymbol{u}_r=0\\ 0\leqslant\gamma\leqslant1\end{cases}\end{cases} \tag{7-10}$$

式中，$\boldsymbol{u}_f$ 和 p_f 分别表示正向流动的流速和压力；$\boldsymbol{u}_r$ 和 p_r 分别表示反向流动的流速和压力。

4. 灵敏度分析

本研究采用基于梯度的优化方法来实现设计变量 γ 的更新。拓扑优化问题的离散敏感性分析通过伴随方法[207-209]在数值上实现。离散化的目标函数可以用拉格朗日乘子来表达：

$$\hat{J}=J-\lambda\cdot\boldsymbol{R}(\boldsymbol{U}(\gamma),\gamma) \tag{7-11}$$

式中，J 是离散目标函数；λ 是拉格朗日乘子；$\boldsymbol{U}$ 是流速 $\boldsymbol{u}$ 和压力 p 的组合向量；$\boldsymbol{R}(\boldsymbol{U}(\gamma),\gamma)$ 是离散纳维-斯托克斯方程的残差形式。上述函数对设计变量 γ 做微分可得

$$\frac{\mathrm{d}\hat{J}}{\mathrm{d}\gamma}=\frac{\partial J}{\partial\boldsymbol{U}}\frac{\partial\boldsymbol{U}}{\partial\gamma}+\frac{\partial J}{\partial\gamma}-\lambda\cdot\left[\frac{\partial\boldsymbol{R}(\boldsymbol{U},\gamma)}{\partial\boldsymbol{U}}\frac{\partial\boldsymbol{U}}{\partial\gamma}+\frac{\partial\boldsymbol{R}(\boldsymbol{U},\gamma)}{\partial\gamma}\right] \tag{7-12}$$

其可以改写为

$$\frac{\mathrm{d}\hat{J}}{\mathrm{d}\gamma}=\frac{\partial J}{\partial \gamma}+\left[\frac{\partial J}{\partial \boldsymbol{U}}-\frac{\partial \boldsymbol{R}(\boldsymbol{U},\gamma)}{\partial \boldsymbol{U}}\right]\frac{\partial \boldsymbol{U}}{\partial \gamma}-\lambda\cdot\frac{\partial \boldsymbol{R}(\boldsymbol{U},\gamma)}{\partial \gamma} \tag{7-13}$$

和$\partial \boldsymbol{U}/\partial \gamma$相关的项可以通过求解伴随方程来消除：

$$\frac{\partial J}{\partial \boldsymbol{U}}-\lambda\cdot\frac{\partial \boldsymbol{R}(\boldsymbol{U},\gamma)}{\partial \boldsymbol{U}}=\boldsymbol{0} \tag{7-14}$$

得到拉格朗日乘子，优化的伴随灵敏度表达式简化为

$$\frac{\mathrm{d}\hat{J}}{\mathrm{d}\gamma}=\frac{\partial J}{\partial \gamma}-\lambda\cdot\frac{\partial \boldsymbol{R}(\boldsymbol{U},\gamma)}{\partial \gamma} \tag{7-15}$$

7.1.2 数值求解

在本章中，如图7-1所示，初始设计域的入口和出口之间的分岔角θ的范围为60°~180°。流体的入口特征速度U为0.1 m·s^{-1}，由于非牛顿流体和牛顿流体的黏度不同，使计算得出的雷诺数分别约为30和100。采用商业有限元软件COMSOL与MATLAB的接口进行优化及计算。将优化过程的收敛标准定义为目标函数的相对变化为1×10^{-9}，小于该值则达到收敛或达到最大迭代步数时迭代终止。图7-3给出了拓扑优化的数值实现流程。优化过程中包含如下主要步骤：

(1)给出固定设计域中设计变量γ的初始值；

(2)在当前的设计变量值下求解控制方程，处理目标函数和约束；

(3)将该解代入伴随方程，求解伴随灵敏度；

(4)获得其他约束的伴随灵敏度；

(5)用移动渐近线方法演化设计变量γ；

(6)循环进行上述(2)~(5)步直至满足截止条件。

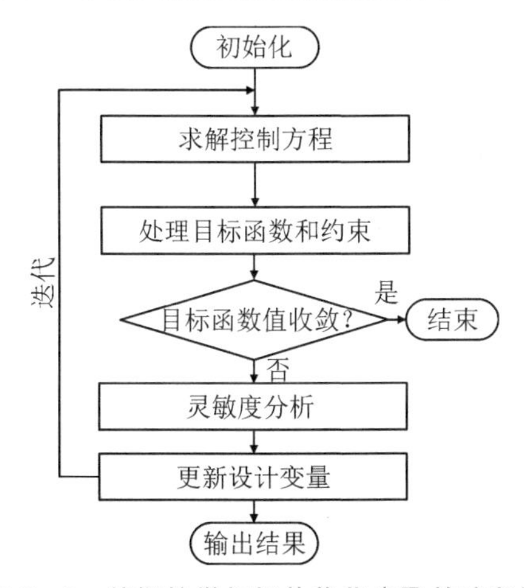

图7-3 特斯拉微阀拓扑优化步骤的流程图

7.1.3 数值算例

1. 对比和验证

首先需要通过数值算例验证所提出方法的有效性，这包括改进方法与传统方法的最优结构对比，以及双目标函数的有效性验证。双目标函数的权重系数 ω_1 分别取值为 0、0.2、0.5、0.8 和 1，随着 ω_1 的增加，特斯拉微阀止回性能项的比例增加，从而获得具有更好反向阻碍性能的特斯拉微阀。相应地，权重系数 ω_2 分别取值为 1、0.8、0.5、0.2 和 0，随着 ω_2 的减小，正向流动中压降函数项的比例随之减小。

以 $\theta=60°$为例，使用传统方法获得的非牛顿流体最优设计如图 7-4 所示，图 7-5和图 7-6 分别为图 7-4 对应的正向流动和反向流动的速度分布。在最优设计中，红色区域为 1，蓝色区域为 0，分别代表流体和固体。0 到 1 之间的区域代表中间介质，在最优结构中应该尽量被消除。随着 ω_1 的增加，优化结构中固体的"孤岛"结构增加。在正向流动中，流体沿着单一的主通道流向出口，从而最大限度地减少能量耗散。另一方面，反向流动的惯性力被月牙状的"孤岛"结构阻碍，导致反向流动的高耗散。

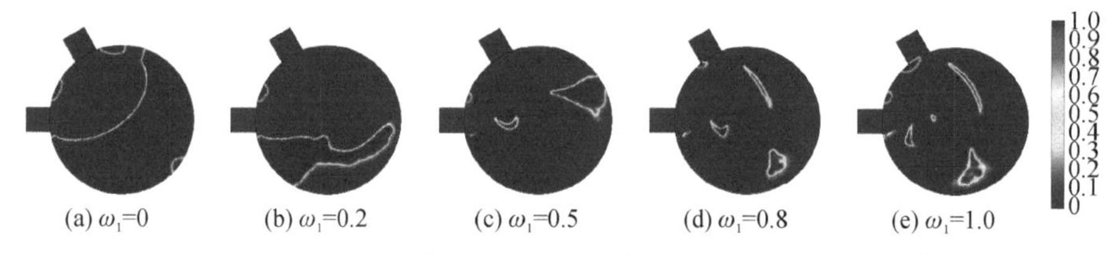

图 7-4 使用传统方法获得的非牛顿流体最优设计($\theta=60°$)
(本章图中右侧非特指的无量纲数据代表设计变量)

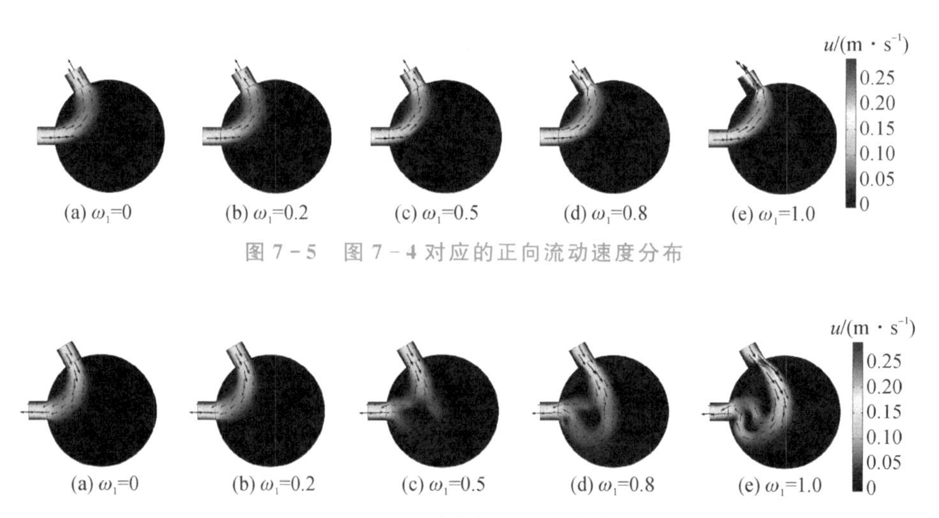

图 7-5 图 7-4 对应的正向流动速度分布

图 7-6 图 7-4 对应的反向流动速度分布

如图7-4中传统方法的优化结果所示，在图7-4(a)的右下角出现了一个独立的流体域。虽然这不影响特斯拉微阀的性能，但其存在没有意义，在优化时应尽量消除。虽然图7-4(b)中的流体域是连续的，但右侧只有一个狭窄的通道连接，没有流体通过。在图7-4(c)、(d)和(e)中，出现了非流体和非固体的中间密度材料，说明优化过程不充分。图7-7为使用改进方法的非牛顿流体特斯拉微阀最优设计，无意义的中间密度材料问题被很好地解决了，图7-8和图7-9为其对应的正向流动速度分布和反向流动速度分布。尽管改进方法消除了如图7-4(a)右下角无意义的独立流体域和非流体及非固体的中间密度材料，但同时也存在着一个问题，即这些最优结构中没有清晰的流道。原因可能是进出口夹角太小，雷诺数的限制导致实际可用优化域变小，因此，很难得到合理的优化结构。在设计微阀时，还应尽量避免使用进出口之间小角度的结构。

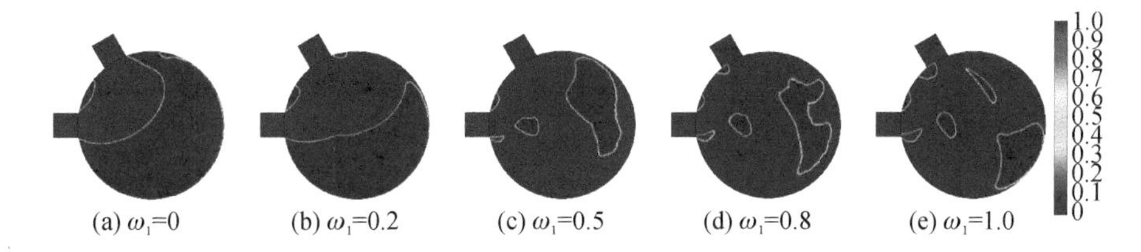

图7-7　使用改进方法的非牛顿流体最优设计($\theta=60°$)

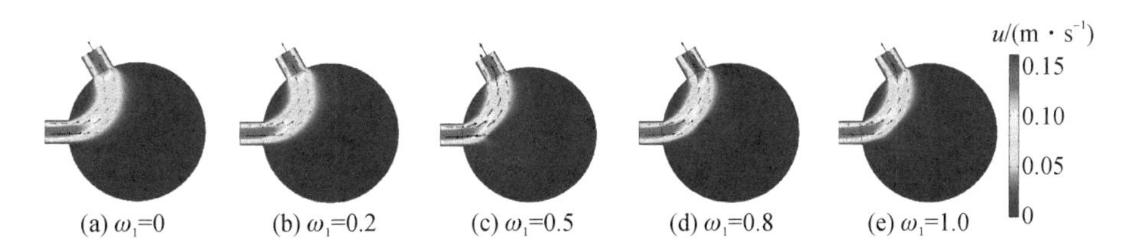

图7-8　图7-7对应的正向流动速度分布

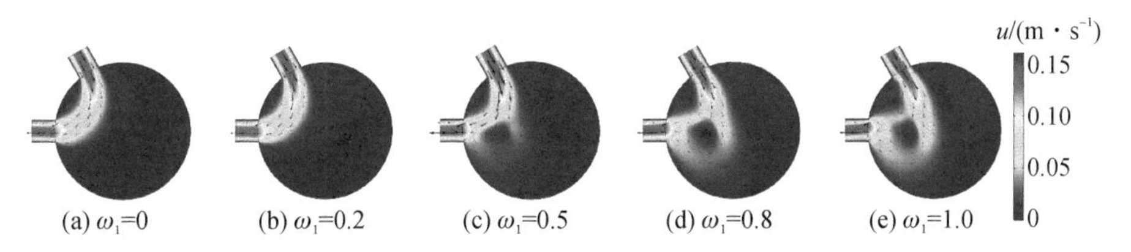

图7-9　图7-7对应的反向流动速度分布

图7-10展示了使用改进的方法时，正向流动中的止回性能和压降随权重系数ω_1的变化。显然，随着系数ω_1的增加，D_i增大则代表微阀的止回性能越好。这说明双目标函数的设置是有效的。同时，付出的代价是驱动流体流动的泵功率

增加，这对应于正向流动的压降增加。必须指出，我们没有研究使用传统方法获得的最优设计的目标函数值。这是因为这些结构中存在中间密度材料，即存在固体材料渗透的问题。这个问题会导致得到的数据不准确，因为中间密度材料本身就是无实际物理意义的虚假材料。所以只能将传统方法与改进方法获得的最优设计进行定性比较而无法进行定量数据比较。

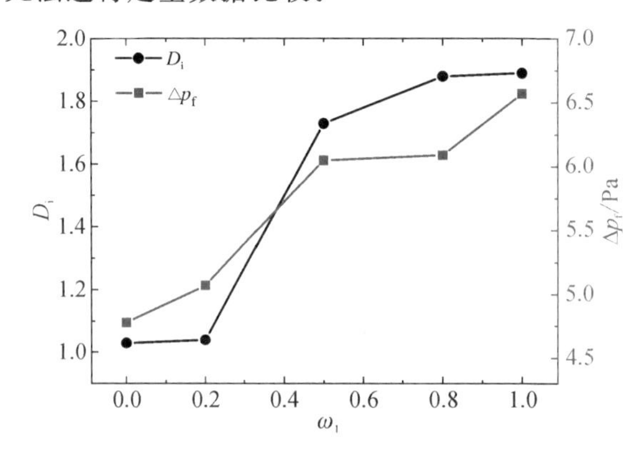

图 7－10　使用改进方法的最优设计的参数变化($\theta=60°$)

结果表明，本章提出的方法减少了灰度区域的存在，并通过止回性能和正向流动压降数值随权重系统的变化关系证明了双目标函数的有效性。

2. 牛顿流体双目标优化设计

图 7－11 展示了 $\theta=90°$、$120°$、$150°$和 $180°$时牛顿流体的特斯拉微阀最优设计。当 $\omega_1<0.5$ 时，正向流动压降的目标占优；当 $\omega_1>0.5$ 时，代表微阀止回性能的 D_i 项在双目标函数中占主导地位。不同参数情况下正向和反向流动时相应的速度场分别如图 7－12 和图 7－13 所示。正向流动路径是单通道，使正向流动中的能量损失较少。反向流动路径不再单一，当 $\omega_1\geqslant0.5$ 时沿着多个弯曲的通道流动，在反向流动中会消耗更多的能量。为了讨论特斯拉微阀优化结果的性能，图 7－14 提供了在不同分岔角下、不同权重系数中的 D_i 值和正向流动压降值。ω_1 取值由 0 至 0.2 时，最优设计的变化较小，D_i 值和正向流动压降的线条是平缓的；当 ω_1 取值由 0.2 至 0.5 时，最优设计中出现了月牙状的固体域，反向流动的流道由单一流道变为多流道，使得特斯拉微阀的止回性能增加，从而使 D_i 值显著增加。此外，虽然当 $\theta=180°$ 时初始设计域是对称结构，但 $\omega_1>0.2$ 时最优设计是非对称结构。在以往的研究中，如果初始分析域为对称结构，通常只选取对称结构的一半作为设计域以节省计算时间和资源。然而，在本章的多目标优化中，获得的优化结果不一定是对称的。考虑到当 $\omega_1=1$ 时，多目标函数等价于单目标函数，如果只选取对称结构的一半作为设计域进行优化，得到的特斯拉微阀性能可能会比图 7－11(t)所示的更好。

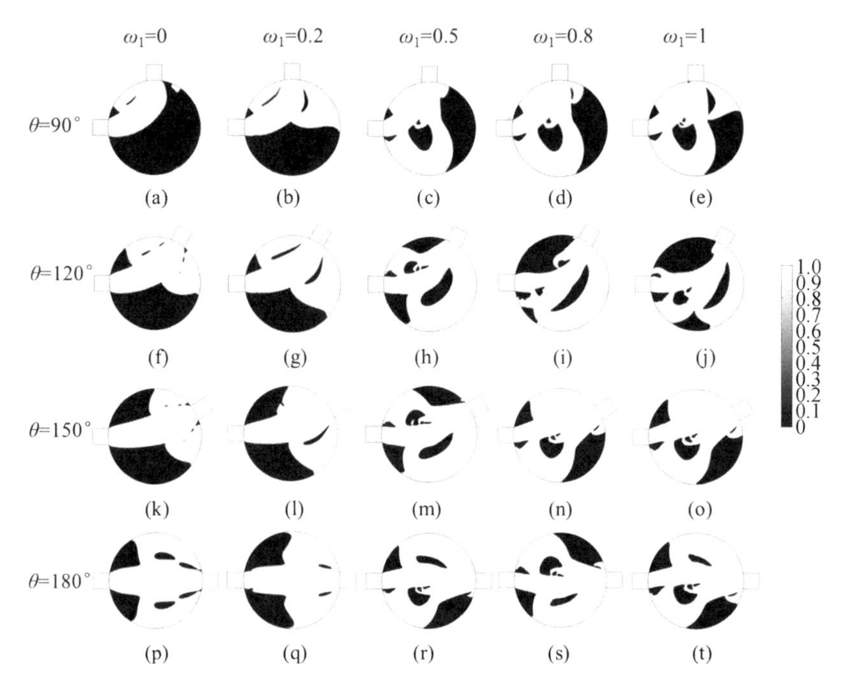

图 7-11　牛顿流体的特斯拉微阀最优设计

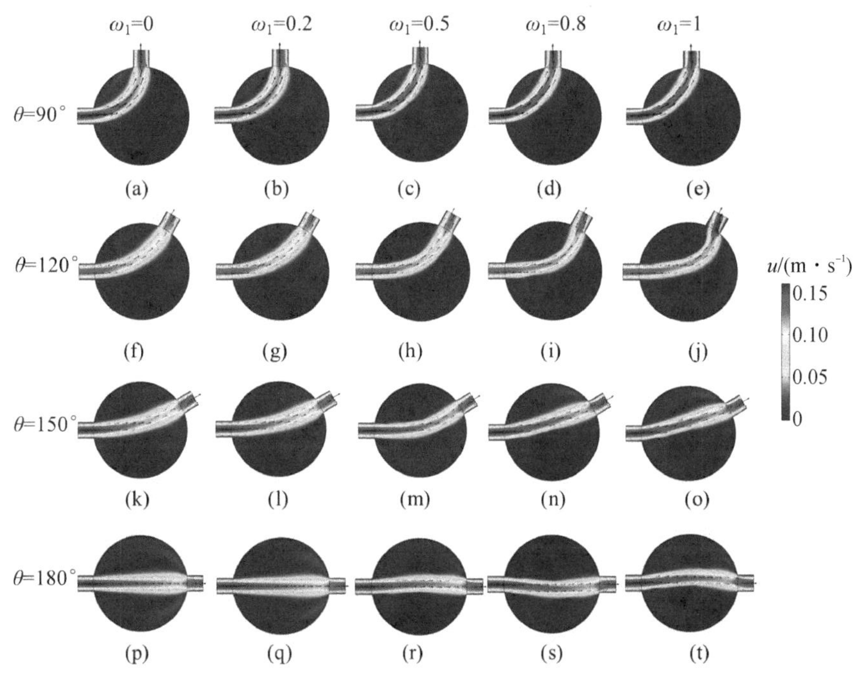

图 7-12　牛顿流体特斯拉微阀最优设计的正向流动速度分布

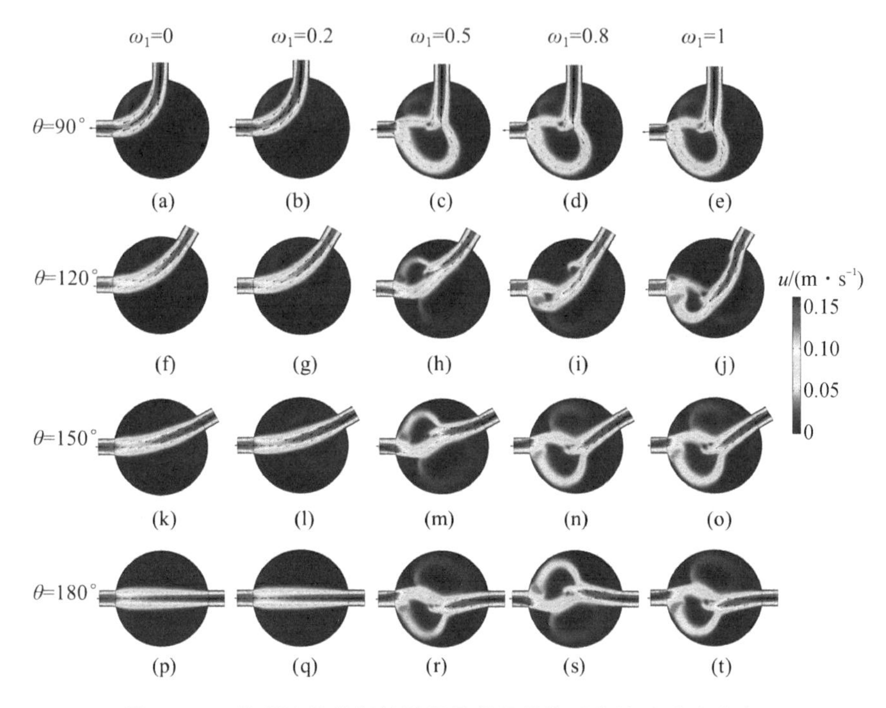

图 7-13 牛顿流体特斯拉微阀最优设计的反向流动速度分布

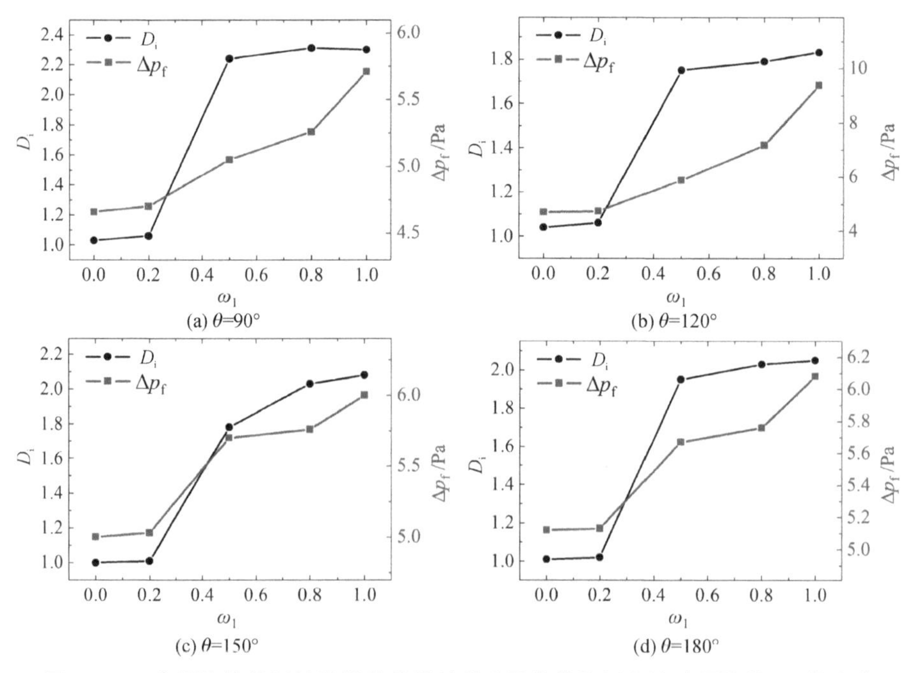

图 7-14 牛顿流体特斯拉微阀最优设计的止回性能和正向流动压降随 ω_1 的变化

在这些所获得的最优设计中，最好的止回性能为 $D_i=2.3$，对应于图 7－11(d)中的结构。综合性能最好的设计对应图 7－11(c)的结构，此时 $\theta=90°$、$\omega_1=0.5$，D_i 和正向流动压降的值分别为 2.24 和 5.05 Pa。在牛顿流体特斯拉微阀的最优设计中，入口与出口夹角为 90°时最优设计的止回性能较好，且正向流动压降较小；尤其当 $\omega_1=0.5$ 时，由于双目标函数中 2 个目标函数的权重系数相等，使得特斯拉微阀最优设计的综合性能较好。但是 $\theta=120°$时最优设计的性能较差，从图 7－12(i)和(j)中可以看出，流道在出口处的过渡不平滑，增加了流动中的能量损耗，这导致了 120°时特斯拉微阀的正向流动压降较大；从图 7－13 中可以看出，当 $\omega_1 \geqslant 0.5$ 时，图 7－13(h)、(i)和(j)反向流动中的辅通道较少，且辅通道中的流速较低，导致反向流动的能量耗散较小，从而使止回性能较差。

3. 非牛顿流体双目标优化设计

本部分中非牛顿流体优化采用与"2. 牛顿流体双目标优化设计"相同的速度入口边界条件，由于这两种流体的黏度不同，导致雷诺数不同。牛顿流体优化设计中雷诺数为 100，本部分中的非牛顿流体优化设计雷诺数约为 30。

图 7－15 为不同参数情况下非牛顿流体的特斯拉微阀最优设计，图 7－16 和图 7－17 分别为对应的正向流动和反向流动的速度分布。与牛顿流体最优设计的研究相同：权重系数 ω_1 由 0 至 1；入口与出口的分岔角由 90°至 180°。从这几个图

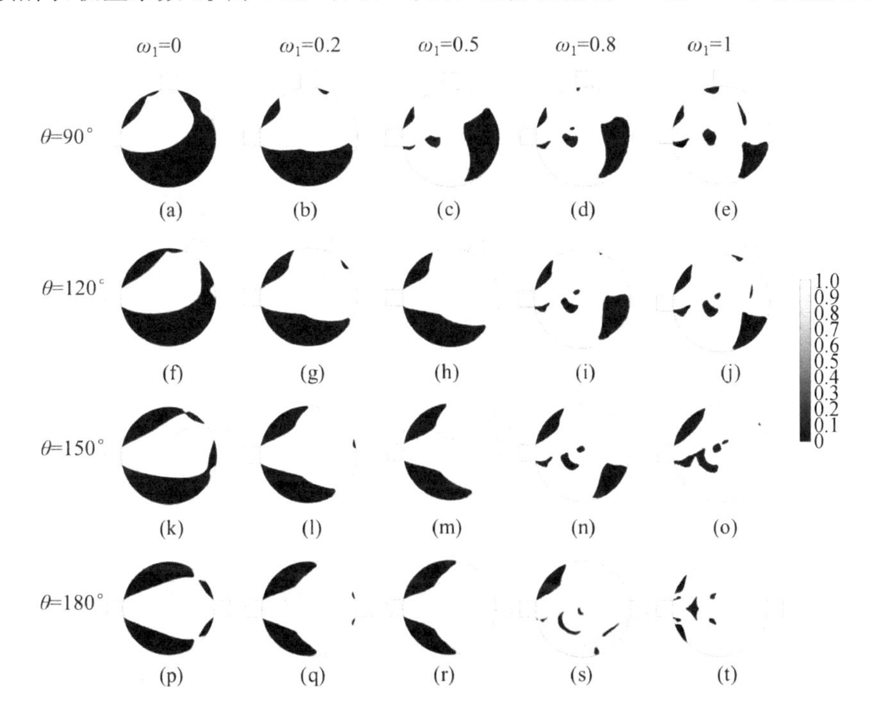

图 7－15　不同参数情况下非牛顿流体的特斯拉微阀最优设计

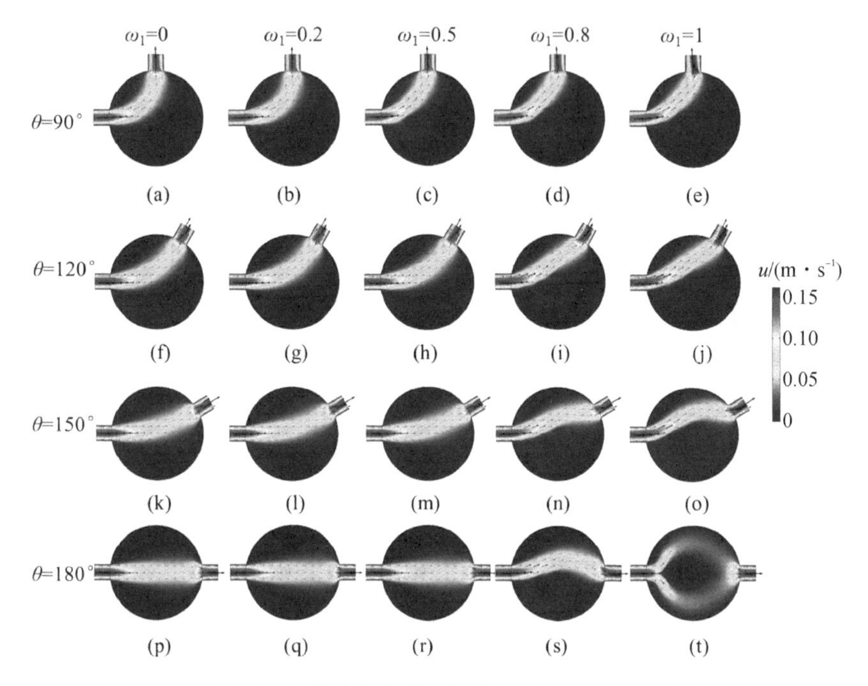

图 7-16 非牛顿流体特斯拉微阀最优设计的正向流动速度分布

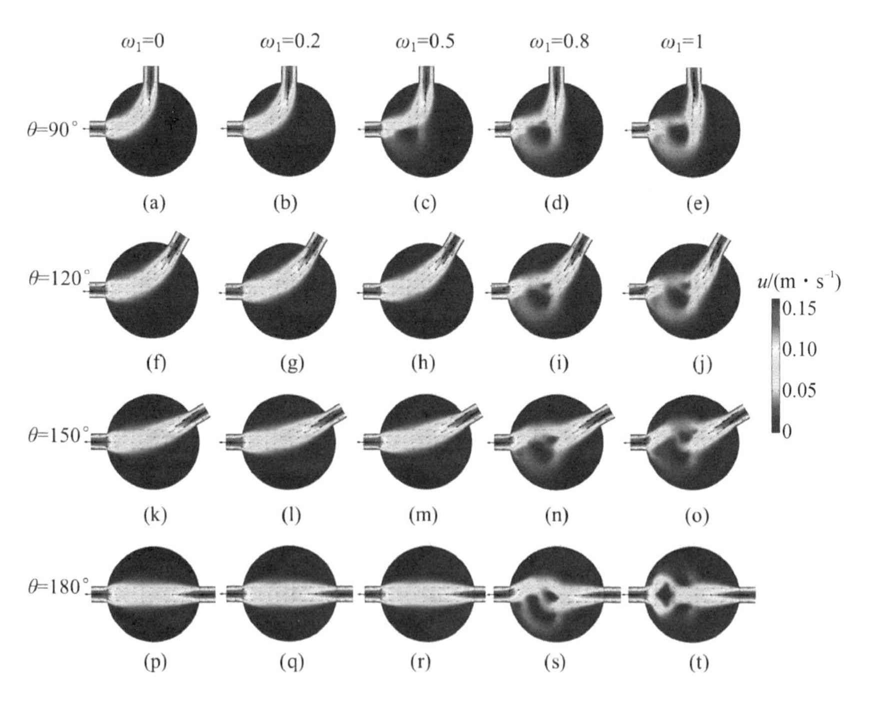

图 7-17 非牛顿流体特斯拉微阀最优设计的反向流动速度分布

中可以看出，当 $\omega_1 \leqslant 0.5$ 时，最优设计看起来像扩张管，流道中几乎没有固体障碍物，这与牛顿流体最优设计不同。这对特斯拉微阀的止回性能几乎没有贡献，但有利于减小正向流动中的压降，从全局系统的角度来看，微系统中的泵功率降低了。随着 ω_1 的增加，优化设计中小的固体域增加，其中流道中间的月牙状固体域是反向流动中能量耗散的主要原因。图 7-16(t)中的流道被菱形结构分成两个对称的流道，除图 7-16(t)外，图 7-16 中的正向流动流道均为单流道。从图 7-17 的反向流动速度分布中可以看出，流体绕过流道中的固体域，从而消耗能量。在分岔角 $\theta=180°$时，流道中的固体域数量增多且体积较小。最后，对称的最优设计出现在图 7-17(t)中。出现在对称轴上的固体域呈现出“仿鱼状”结构，使流体从右向左流动时消耗的能量远大于正向流动时消耗的能量。图 7-18 展示了当 ω_1 取值为 1 时，止回性能和正向流动的压降随分岔角 θ 的变化。显然，止回性能值大多不如牛顿流体特斯拉微阀的对应数值。这主要是因为特斯拉微阀的止回性能与雷诺数大小有关，所以无法获得性能较好的特斯拉微阀。

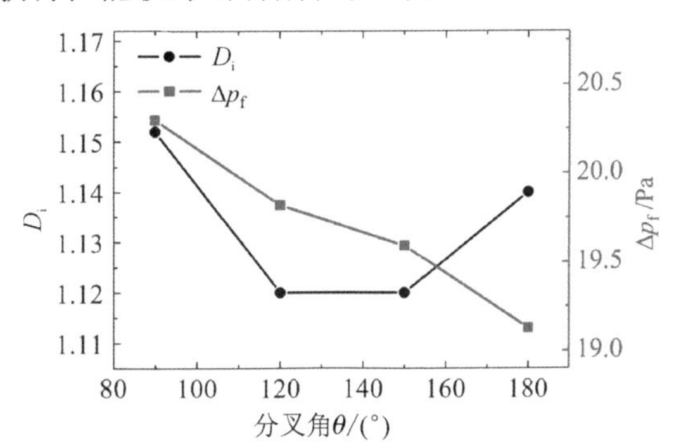

图 7-18　非牛顿流体特斯拉微阀设计中不同分岔角时的参数变化（$Re=30$、$\omega_1=1$）

最后，研究了雷诺数 $Re=100$ 和 $\omega_1=0.5$ 时的非牛顿流体特斯拉微阀的最优设计。图 7-19 展示了非牛顿流体的最优设计，图 7-20 为相应的参数变化图。与图 7-15 中 $\omega_1=0.5$ 的最优设计结构相比，流道中存在更多的固体障碍物。图 7-20 表明，当分岔角 θ 为 90°时，特斯拉微阀的综合性能最好。与其他角度的设计相比，图 7-19(a)的结构具有更好的止回性能和更小的泵驱动功率。值得注意的是，在相同雷诺数时，与牛顿流体最优设计相比，非牛顿流体的微阀设计实现了更

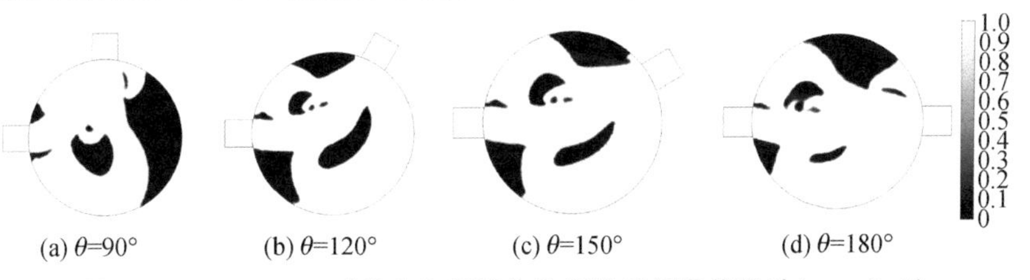

图 7-19　$Re=100$ 时的非牛顿流体特斯拉微阀最优设计（$\omega_1=0.5$）

好的止回性能,但非牛顿流体的正向流动压降是牛顿流体的 10 倍。因此,相关的工程设计人员应注意:当流动介质从牛顿流体(水)变为非牛顿流体(血液)时,需要选择功率更大的微泵来驱动流动。

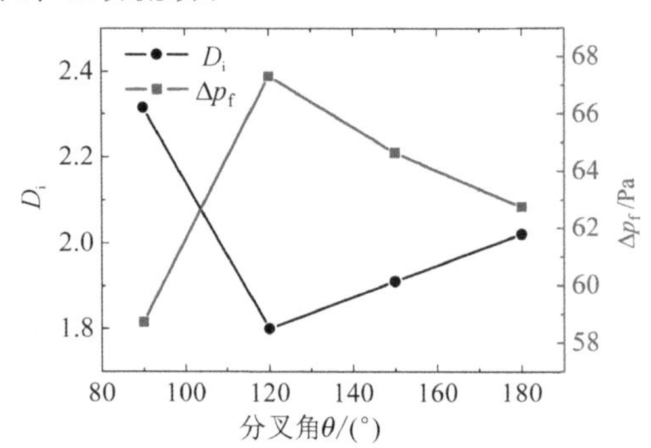

图 7-20 非牛顿流体特斯拉微阀设计中不同分岔角时的参数变化($Re=100$、$\omega_1=0.5$)

4. 网格独立性测试

最后,以 $\omega_1=1$ 和 $\theta=180°$ 牛顿流体的最优设计为例,3 种不同疏密网格的比较如图 7-21 所示。微阀的止回性能、正向流动压降及详细的网格信息见表 7-1。网格细化研究表明,得到的最优设计与网格无关,主要区别在于细化网格的多孔边界效应降低了。

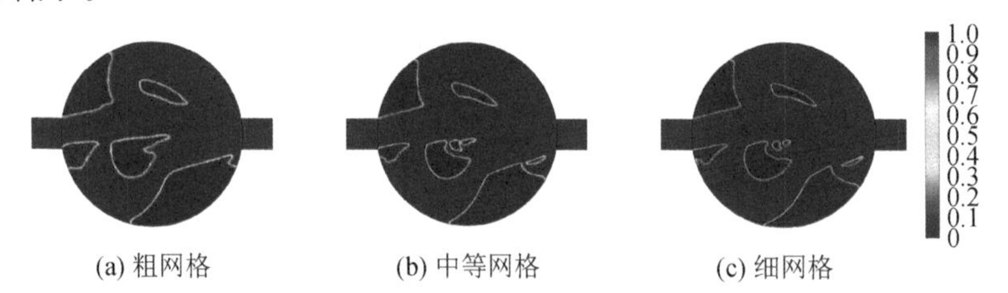

图 7-21 $\omega_1=1$ 和 $\theta=180°$的牛顿流体特斯拉微阀优化设计的网格独立性测试

表 7-1 特斯拉微阀优化设计的网格独立性测试数据

网格密度	单元数量/个	D_i	Δp_f/Pa
粗网格	26582	1.80	6.79
中等网格	52202	2.05	6.08
细网格	81288	2.11	5.98

综上,在圆形特斯拉微阀中,分岔角为 90°时性能最优,即入口与出口形成直角弯管时,拓扑优化所获得特斯拉微阀的止回性能更好,而传统特斯拉阀结构在分岔角为 10°时性能更优[210]。当雷诺数为 100 时,微阀中非牛顿流体(血液)的压降是牛顿流体(水)的 10 倍。因此,需要一个功率更大的微泵来驱动用于生化流体的微系统中非牛顿流体的流动。

7.2　算例 2:矩形微阀

在传统特斯拉阀的基础上,衍生了用于医学领域的微流控芯片中的特斯拉微阀,例如:基于特斯拉微阀的微流控芯片[211],包括具有进样孔和出样孔的进样腔室、若干个相互独立的反应腔室,以及微流控流道。微流控流道包括进样主流道和进样分流道,进样主流道的一端与出样孔连通,另一端设置有数目与反应腔室数目一致的样本分流出口,各个样本分流出口均通过一条进样分流道与相应的反应腔室的进样口一一连通;每个进样分流道上具有特斯拉阀,使得进样分流道的液体进入反应腔室,而反应腔室的液体无法进入进样分流道,以实现单向流通,可避免在进样过程中造成液体之间的相互污染,提高检测的准确性和效率。且特斯拉微阀的使用寿命长,无须可移动部件的移动来限制液体的流通或阻隔,提高了微流控芯片的使用寿命。常用于微流控芯片的特斯拉微阀结构还包括 Y 型流道结构[212],一般包括两个进样口、Y 型流道、特斯拉流道和一个出样口。该结构中,Y 型流道的分支端分别与两个进样口连通,主支端与特斯拉流道连通,特斯拉流道连通所述出样口;特斯拉流道包括多个相互连通的直线通道,直线通道的一侧设有弯曲通道,弯曲通道与相应的直线通道连通,还包括用于盖住微流控混合结构的芯片盖板,芯片盖板与芯片基板连接形成封闭流道,弯曲通道中的溶液将以一定的角度回流到直线通道,在汇合区域与直线通道中流动的溶液进行碰撞混合。

7.2.1　问题描述

如公式(7-8),正向和反向流动的压降定义为

$$\begin{aligned}\Delta p_{\text{正向}} &= \frac{1}{L}\left(\int_{\Gamma_1} p\mathrm{d}\Gamma - \int_{\Gamma_2} p\mathrm{d}\Gamma\right)\\ \Delta p_{\text{反向}} &= \frac{1}{L}\left(\int_{\Gamma_2} p\mathrm{d}\Gamma - \int_{\Gamma_1} p\mathrm{d}\Gamma\right)\end{aligned} \tag{7-16}$$

式中,L 是入口和出口的长度;正向流动时,入口和出口边界分别为 Γ_1 和 Γ_2;反向流动时,入口和出口边界分别为 Γ_2 和 Γ_1。

基于以上描述,可以建立特斯拉微阀的拓扑优化设计问题的目标函数 J 并将其作为最大化反向流动的能量耗散,同时最小化正向流动的能量耗散。

$$J = \left(\frac{E_{\mathrm{f}}}{E_{\mathrm{r}}}\right)^2 \tag{7-17}$$

本小节的算例的设计域示意图如图 7-22 所示,其中长度单位为 mm。

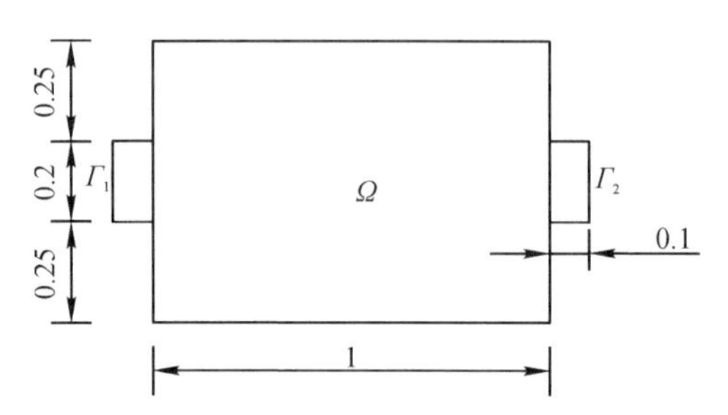

图 7-22 特斯拉微阀拓扑优化设计示意图

7.2.2 不同介质下特斯拉微阀拓扑优化结果

1. 介质一：水

假设水的密度和动力黏性系数分别为 1000 kg/m^3 和 0.001 Pa·s。流动雷诺数根据公式 $Re=\rho UL/\mu$ 进行计算，所取入口流动的特征速度为 0.5 m/s，出口应力 $|\boldsymbol{g}|=0$ 即开口边界条件，对应雷诺数为 100。优化前正向流动与反向流动速度场分布如图 7-23 所示，由于优化结构对反向流动没有截止能力，因此止回性能 D_i 为 1。优化参数 α_{max} 和 q 分别取值为 1×10^7 和 1。优化前的初始速度场分布如图 7-23 所示，经过优化，可得到如图 7-24 所示的优化结果。

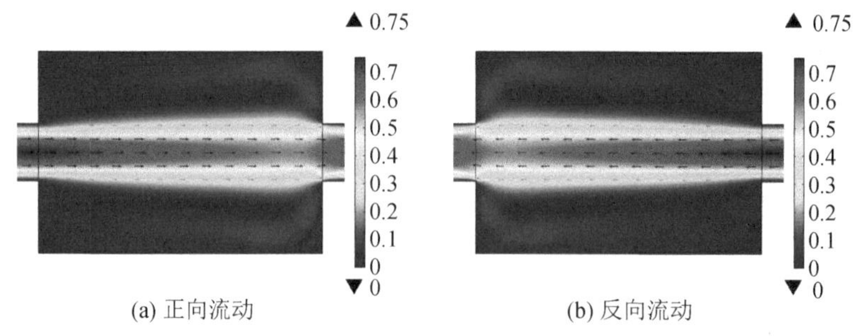

图 7-23 介质一：优化前的初始速度场分布(无量纲)

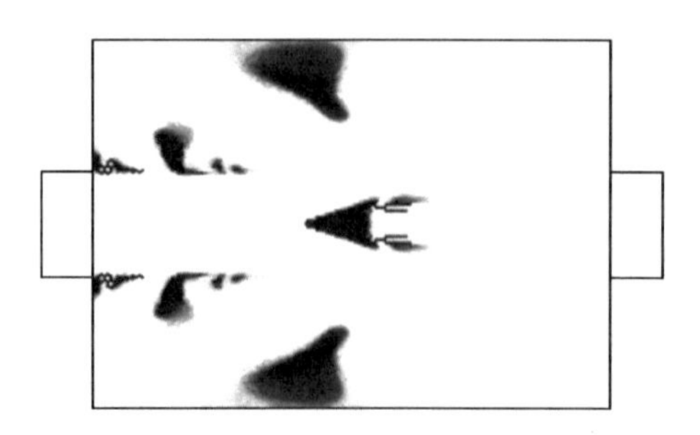

图 7-24 介质一：速度入口特斯拉微阀最佳拓扑优化设计

(注：速度入口指用于定义入口边界的流速及相关标量特性的边界条件)

优化后，正向流动与反向流动的速度场分布分别如图 7－25(a)、(b)所示，正向流动时流体经过主通道，而反向流动时流体沿着曲折的辅通道流过，并与主通道流体相互干涉形成阻碍，从而反向流动消耗更多的能量。

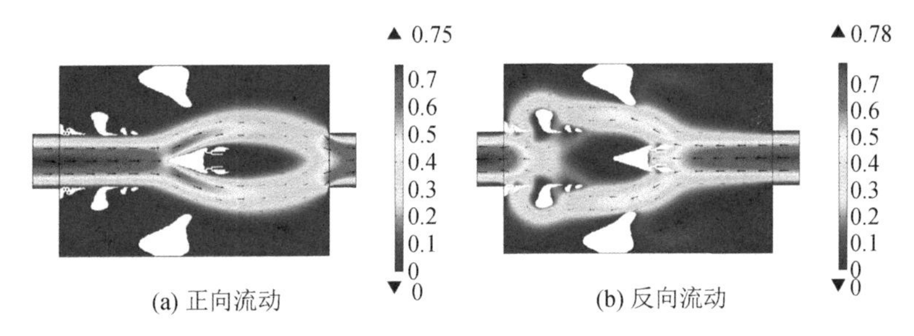

图 7－25　介质一速度入口特斯拉微阀最佳拓扑速度场分布(无量纲)

经过优化，正反向流动能量耗散与止回性能 D_i 的数值如表 7－2 中所示，其中 D_i 随迭代次数的变化关系如图 7－26 所示。

表 7－2　介质一：特斯拉阀拓扑优化数值

正向流动能量耗散/(W·m^{-1})	反向流动能量耗散/(W·m^{-1})	D_i
0.008	0.017	2.06

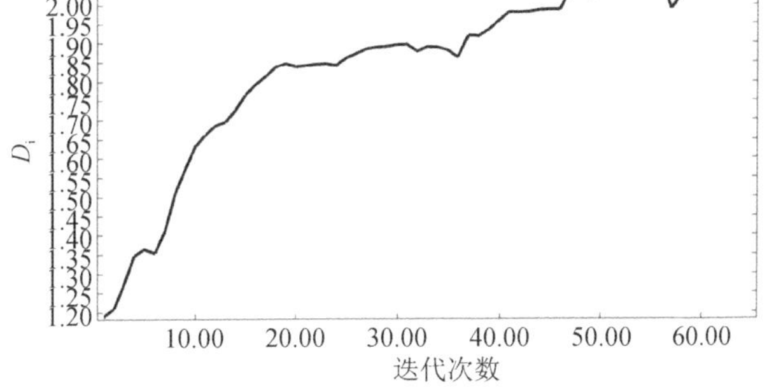

图 7－26　介质一速度入口特斯拉微阀 D_i 随迭代次数的变化关系

2. 介质二：标准大气压下 20 ℃时的空气

基于特斯拉微阀的气体流控微型单向阀在涉及小型变压吸附制氧机系统技术领域有所应用，传统的结构包括入口管道和出口管道，入口管道和出口管道之间设有若干个相互串联的倾斜支路管道，可以在只有一个固定几何单元的装置上实现正向无损导通，反向节流控压、控速的所有功能，无任何可动部件，可增加长期使用的稳定性及寿命。

假设标准大气压下 20 ℃时空气的密度和动力黏性系数分别为 1.205 kg/m³ 和 1.81×10^{-5} Pa·s。所取入口流动的特征速度为 10 m/s，出口应力 $|\boldsymbol{g}|=0$ 即开口边界条件。优化参数 $\alpha_{\max}$ 和 q 分别取值为 1×10^{7} 和 1。经过优化，可得到如图 7－27所示的优化结果。

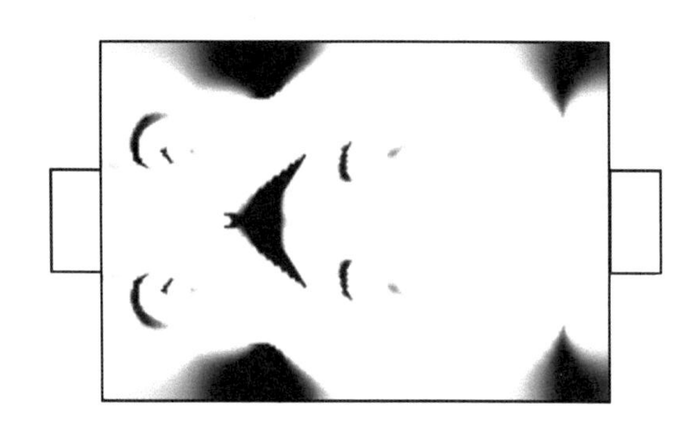

图 7－27　介质二：速度入口特斯拉微阀最佳拓扑设计

优化后，正向流动与反向流动的速度场分布分别如图 7－28(a)、(b)所示，正向流动时流体经过主通道，而反向流动时流体沿着曲折的辅通道流过，并与主通道流体相互干涉形成阻碍，从而反向流动消耗更多的能量。

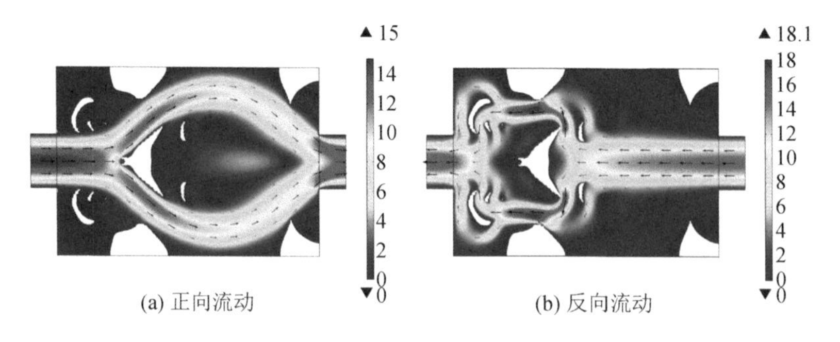

图 7－28　介质二：速度入口特斯拉微阀最佳拓扑速度场分布(无量纲)

经过优化，正反向流动能量耗散与 D_i 的数值如表 7－3 中所示，其中 D_i 随迭代次数的变化关系如图 7－29 所示。

表 7－3　介质二：特斯拉微阀拓扑优化数值

正向流动能量耗散/($\mathrm{W\cdot m^{-1}}$)	反向流动能量耗散/($\mathrm{W\cdot m^{-1}}$)	D_i
0.008	0.294	3.4

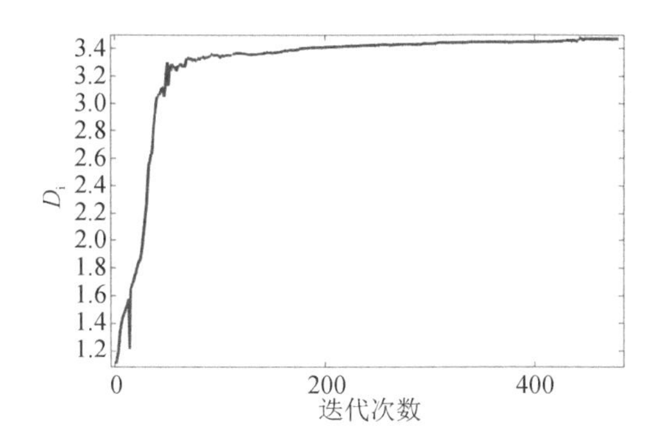

图7-29　介质二:速度入口压降比随迭代次数的变化关系

7.2.3　不同边界条件下特斯拉微阀拓扑优化结果

上一节中,入口的边界条件为已知的速度边界,本节将改为压力边界条件进行计算。优化目标改为反向流动与正向流动出口流量比值的最小化,从而在最大化正向出口流量的同时使反向流动的出口流量最小,以达到反向截止的目的,优化目标如下:

$$J=\left(\frac{Q_{\Gamma_1反向}}{Q_{\Gamma_2反向}}\right)^2 \tag{7-18}$$

式中,$Q_{\Gamma_1反向}$为反向流动时Γ_1上的流量值;$Q_{\Gamma_2正向}$为正向流动时Γ_2上的流量值。

1. 介质一:水

假设水的密度和动力黏性系数分别为1000 kg/m^{3}和0.001 Pa·s。所取入口的压力为100 Pa,出口应力$|\mathbf{g}|=0$即开口边界条件。优化参数α_{max}和q分别取值为1×10^7和1。经过优化,可得到如图7-30所示的优化结果。

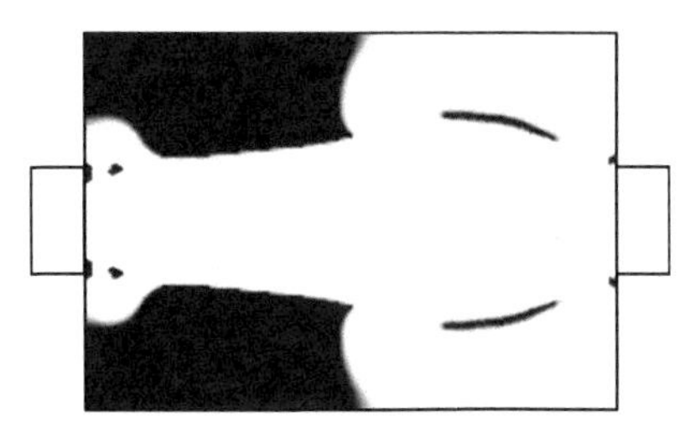

图7-30　介质一:压力入口特斯拉微阀最佳拓扑优化设计

(注:压力入口指用于定义流体入口的流体压力,以及其他与流动相关的标量数据的边界条件)

优化后,正向流动与反向流动的速度场分布分别如图7-31(a)、(b)所示。

经过优化后的特斯拉微阀正向和反向流动出口质量流量分别为4.78×10^{22} kg/s和3.26×10^{22} kg/s,后者为前者的68.2%,如图7-32所示。

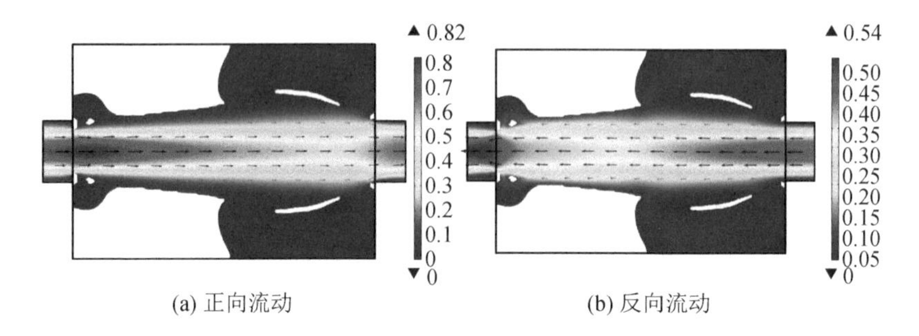

图 7-31 介质一:压力入口特斯拉微阀最佳拓扑速度场分布(无量纲)

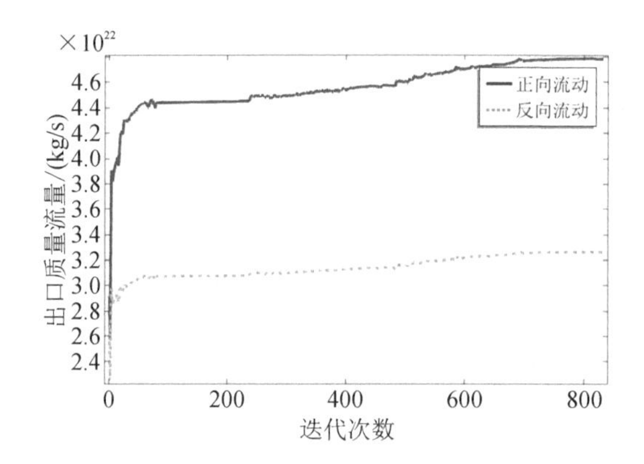

图 7-32 介质一:压力入口条件出口质量流量随迭代次数的变化关系

2. 介质二:标准大气压下 20 ℃时的空气

假设流体密度和动力黏性系数分别为 1.205 kg/m^3 和 1.81×10^{-5} Pa·s。优化计算所取参数与上例相同。经过优化,可得到如图 7-33 所示的优化结果。

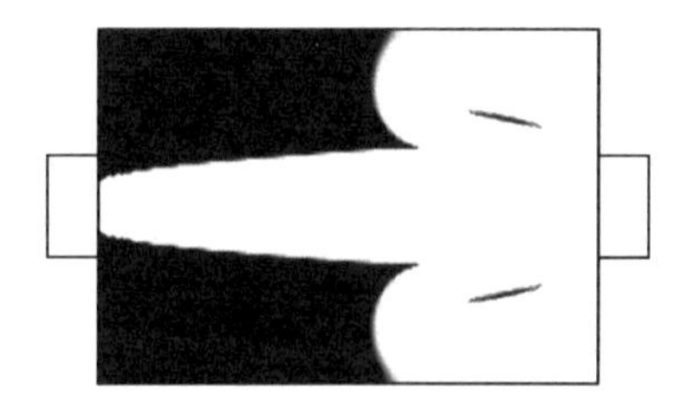

图 7-33 介质二:压力入口特斯拉微阀最佳拓扑优化设计

优化后,正向流动与反向流动的速度场分布分别如图 7-34(a)、(b)所示。

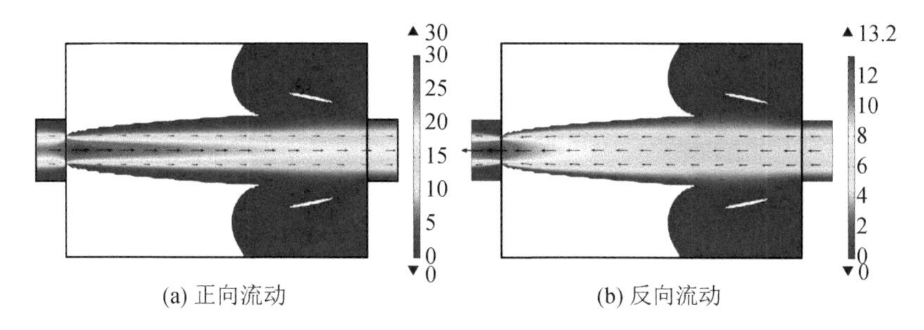

图 7-34　介质二:压力入口特斯拉微阀最佳拓扑速度场分布(无量纲)

经过优化后的特斯拉微阀正向和反向流动出口质量流量分别为 1.36×10^{21} kg/s和 5.96×10^{20} kg/s,后者为前者的 43.8%,如图 7-35 所示。

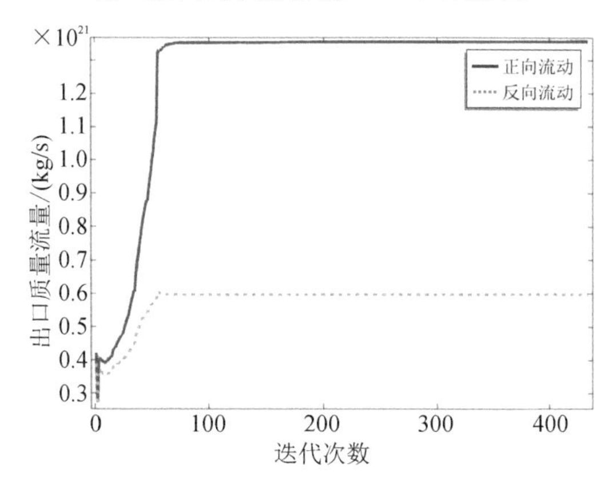

图 7-35　介质二:压力入口条件出口质量流量随迭代次数的变化关系

第 8 章

热流耦合拓扑优化设计方法

8.1 固定热源微通道散热器的拓扑优化

高热流密度散热器广泛应用于电子芯片和航天航空等领域,液冷板(单相流体强制对流)由于制造成本低、散热效率高,是应用最为广泛的散热手段之一。液冷板中的液冷通道布置形态是决定液冷板性能的重要因素,为了得到散热性能良好的散热通道布置形态,自由度大、灵活性高的结构拓扑优化技术已成为主要的设计手段[213]。除了微流通道、微混合器和微阀在微流体系统具有流体输送、试剂混合和流动控制的作用外,基于微流体系统发热元件的散热需求,本章研究将流体拓扑优化问题拓展至热流耦合拓扑优化问题,发展一种热流耦合拓扑优化方法。由于微流体系统中器件的紧密排列,使得发热器件通常无法改变位置和形状,因此本节中采用两种模型和不同的优化目标函数,研究具有固定固体热源的二维微通道散热器拓扑优化问题,以获得多种具有不同性能的微通道散热器结构。

8.1.1 四端口固定热源微通道散热器

本研究发展了基于变密度法的拓扑优化方法,将流体流动方程和对流传热方程进行耦合,建立了具有固定固体热源的二维微通道散热器模型。通过本研究提出的优化方法获得了高性能和功能多样化的冷却装置。该优化设计问题可以表述为一个多目标(包括热阻、能量耗散和压降)优化问题。本小节通过算例验证设计方法的有效性,并研究加权系数变化对优化设计结果的影响。

1. 问题描述

图 8-1 是本研究设计问题的无量纲分析域示意图,该分析域是一个 1×0.7 的矩形,包含有三个固体热源,较小和较大固体的边长分别为 0.1 和 0.2。三个入口和一个出口分别位于设计域的左侧和右侧,宽度均为 0.1。

在这项研究中,考虑了一个内流通道问题,假定为不可压缩的稳态热流体流动,流动介质为空气。控制方程的公式包括质量守恒、动量守恒和能量守恒方程。梯度算子、流体速度、压力和温度分别表示为∇、$\boldsymbol{u}$、p 和 T。ρ、μ、C_p 和 k 的参数分别表示密度、动力黏性系数、恒压比热容和热导率。雷诺数 $Re=100$、普朗特数 Pr

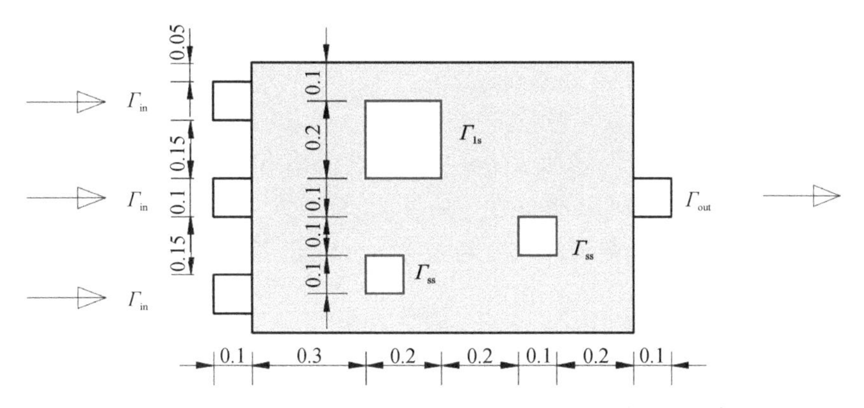

图 8-1　四端口固定热源微通道散热器的无量纲分析域示意图

=0.7(空气的标准值)，无量纲梯度算子$\bar{\nabla}$、无量纲变量 $\bar{\boldsymbol{u}}$、$\bar{p}$ 和 $\overline{T}$ 定义如下：

$$\begin{cases} Re=\dfrac{\rho UL}{\mu}, Pr=\dfrac{\mu C_p}{k}, \bar{\nabla}=L\nabla \\ \bar{\boldsymbol{u}}=\dfrac{\boldsymbol{u}}{L}, \bar{p}=\dfrac{p}{\rho U^2}, \overline{T}=\dfrac{T-T_r}{T_s-T_r} \end{cases} \tag{8-1}$$

式中，U、L 和 T_s 分别为特征速度、特征长度和特征温度；T_r 为参考温度。控制热流体流动行为的无量纲连续性方程、纳维-斯托克斯方程和传热方程如下：

$$\begin{cases} -\nabla\cdot\bar{\boldsymbol{u}}=0, & \text{in } \Omega \\ (\bar{\boldsymbol{u}}\cdot\nabla)\bar{\boldsymbol{u}}-\dfrac{1}{Re}\nabla\cdot(\nabla\bar{\boldsymbol{u}}+\nabla\bar{\boldsymbol{u}}^{\mathrm{T}})+\nabla\bar{p}=\boldsymbol{F}, & \text{in } \Omega \\ -\bar{\nabla}^2\overline{T}+RePr(\bar{\boldsymbol{u}}\cdot\bar{\nabla})\overline{T}=0, & \text{in } \Omega \\ -\bar{\nabla}^2\overline{T}=Q_s, & \text{in } \Omega_s \end{cases} \tag{8-2}$$

式中，Ω 是设计域；Ω_s是固定热源域；$\boldsymbol{F}$ 是流体的体积力；Q_s是固体热源的热耗率。

然后定义狄利克雷和诺伊曼边界条件：

$$\begin{cases} \bar{\boldsymbol{u}}=\bar{\boldsymbol{u}}_{in}, \overline{T}=\overline{T}_{in} & \text{on } \Gamma_{in} \\ \boldsymbol{n}\left(-\bar{p}\boldsymbol{I}+\dfrac{1}{Re}(\nabla\bar{\boldsymbol{u}}+\nabla\bar{\boldsymbol{u}}^{\mathrm{T}})\right)=0, & \text{on } \Gamma_{out} \\ \boldsymbol{n}\cdot\bar{\nabla}T=0, & \text{on } \Gamma_{out} \\ \boldsymbol{u}=\boldsymbol{0},\ \boldsymbol{n}\cdot\nabla\overline{T}=0, & \text{on } \Gamma_{ls}\cup\Gamma_{ss}\cup\Gamma_{rem} \end{cases} \tag{8-3}$$

式中，$\boldsymbol{u}_{in}$和 T_{in}分别是入口处的流速和温度；$\boldsymbol{n}$ 是边界的单位外法向量；$\boldsymbol{I}$ 是单位张量；Γ_{in}和 Γ_{out}分别是入口和出口边界；Γ_{ls}和 Γ_{ss}分别是较大和较小的固体热源边界；Γ_{rem}表示域边界的其余部分。

2. 基于变密度法的问题描述

在变密度法拓扑优化中，通过将人工达西摩擦力添加到纳维-斯托克斯方程中来控制优化问题,体力项 $\boldsymbol{F}$ 插值见式(5-5)。在拓扑优化模型中,将 α 的插值函数修改为

$$\alpha(\gamma_{p}(\gamma))=\alpha_{\max}\cdot f(\gamma_{p})=\alpha_{\max}\cdot[a\gamma_{p}^{3}+b\gamma_{p}^{2}+c\gamma_{p}+d] \tag{8-4}$$

式中,$f(\gamma_{p})$ 是 γ_{p} 的多项式函数,在传统研究中 $f(\gamma_{p})=\gamma_{p}$,如图 8-2 所示,改进的方法可提高局部不渗透性,增加中间介质的达西阻尼力,从而减少灰度区域。$\alpha_{\max}$ 为 α 的最大值,代表固相的不渗透性。如果 $\alpha_{\max}$ 无穷大,则方程(8-4)表示的是不可渗透的固体材料,但是数值过大会引起计算不稳定,通常由经验确定,本章中将其定义为

$$\alpha_{\max}=M\times\mu/h_{m}^{2} \tag{8-5}$$

式中,M 是一个可调系数,本研究中设置为 4;h_{m} 是网格尺寸的最大值;γ_{p} 是材料体积因子,定义为

$$\gamma_{p}=\frac{q(1-\gamma)}{q+\gamma} \tag{8-6}$$

式中,γ 的取值范围为 0 和 1 之间,$\gamma=0$ 和 $\gamma=1$ 分别对应于固体和流体。q 是一个正实数,用于调整方程中插值函数的凹凸性。q 的值影响优化结果的收敛灰度、速度和稳定性,我们在研究中选择 $q=1$ 以保证收敛的稳定性和平滑性。

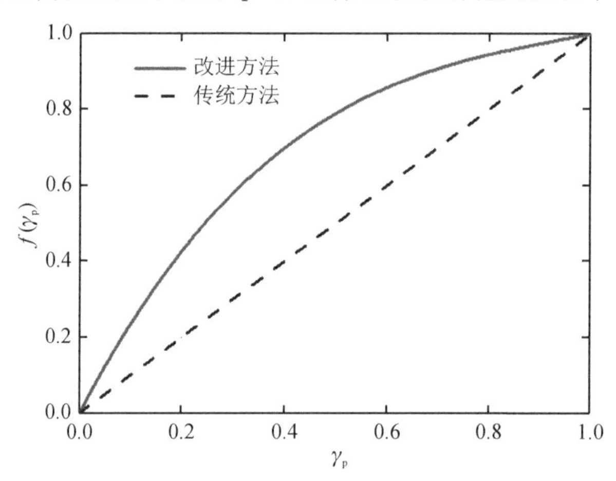

图 8-2 两种方法的插值函数比较

在优化过程中,使用密度滤波以保证分布的平滑性,设计和控制变量由 PDE 滤波器[188,206]过滤,其定义如下:

$$-r_{\text{filter}}^{2}\nabla^{2}\tilde{\gamma}+\tilde{\gamma}=\gamma \tag{8-7}$$

式中,r_{filter} 是过滤直径;$\tilde{\gamma}$ 是过滤后的设计变量。

为了减少固体域和流体域之间的灰色区域(中间密度材料区域),使用平滑的赫维赛德投影阈值方法[189]过滤设计域:

$$\bar{\tilde{\gamma}}=\frac{\tanh(\beta\eta)+\tanh(\beta(\tilde{\gamma}-\eta))}{\tanh(\beta\eta)+\tanh(\beta(1-\eta))} \tag{8-8}$$

式中，$\overline{\tilde{\gamma}}$ 是投影设计变量；β 是控制投影陡度的参数；η 是投影阈值参数。

本研究中考虑的第一个优化目标是在规定雷诺数和产热速率下，微流体系统中固定热源温度的最小化。散热器的热阻 J_1 定义为

$$J_1 = \frac{T_{\mathrm{s,av}} - T_{\mathrm{in}}}{Q_{\mathrm{s}}} \tag{8-9}$$

式中，$T_{\mathrm{s,av}}$ 是固体热板温度的加权平均值。

第二个优化目标是能量耗散函数 J_2，定义为

$$J_2 = \int_{\Omega}\left[\mu\,\frac{\nabla\boldsymbol{u}(\nabla\boldsymbol{u}+\nabla\boldsymbol{u}^{\mathrm{T}})}{2} + \alpha\boldsymbol{u}^2\right]\mathrm{d}\Omega \tag{8-10}$$

第三个优化目标是压降函数 J_3，定义为

$$J_3 = \int_{\Gamma_{\mathrm{in}}}\left(p + \frac{\rho}{2}\,|\boldsymbol{u}|^2\right)\mathrm{d}\Gamma - \int_{\Gamma_{\mathrm{out}}}\left(p + \frac{\rho}{2}\,|\boldsymbol{u}|^2\right)\mathrm{d}\Gamma \tag{8-11}$$

无量纲的多目标函数公式表达如下：

$$J(\bar{\boldsymbol{u}},\bar{p},\overline{T},\gamma) = \omega_1\log(\overline{J}_1) + \omega_2\log(\overline{J}_2) + \omega_3\log(\overline{J}_3) \tag{8-12}$$

式中：J 是多目标函数；ω_1、ω_2 和 ω_3 分别是与固体热板温度、能量耗散和压降相关的加权系数。我们可以通过调整这三个系数来控制多目标函数以获得所需的优化结构，并设定 $\omega_1+\omega_2+\omega_3=1$。定义 $\omega_1=1$，固定热板热源的温度目标函数优先；对于 $\omega_2=1$ 或 $\omega_3=1$，分别优先考虑能量耗散或压降的目标函数。对数函数用来平滑所涉及的目标函数的大小差异。

综上所述，多目标拓扑优化设计问题正式表达如下：

$$\begin{cases}\min:\ J(\bar{\boldsymbol{u}},\bar{p},\overline{T},\gamma) \\ \text{subject to}\begin{cases} k(\gamma) = k_{\mathrm{a}}\cdot\gamma \\ \dfrac{\int_{\Omega}(1-\gamma)\,\mathrm{d}\Omega}{\int_{\Omega}1\,\mathrm{d}\Omega} - V_{\max} \leqslant 0 \\ 0 \leqslant \gamma \leqslant 1 \end{cases}\end{cases} \tag{8-13}$$

式中，k_a 是设计域中空气的热导率；$V_{\max}$ 是规定的固体域的最大体积分数，设置为 0.3，即体积约束是流体域面积不应超过设计域面积的 70%。

3. 数值算例

1）问题设置

在本研究中，空气和热板的一些无量纲恒定热物理特性参数分别在表 8-1 和表 8-2 中给出。C_p 和 C_{h} 分别是空气和热板的定压比热容；k_{a} 和 k_{h} 分别是空气和热板的热导率。

表 8-1　空气的无量纲热物理特性参数

参数	数值
C_p	1
k_a	0.0143
C_h	0.01
k_h	1

2)改进的局部抗渗方法与传统方法的比较

此外采用了一个数值算例来验证所提出方法的有效性，本例中多目标函数的加权系数 ω_1 为 1，即 ω_2 和 ω_3 为 0，这相当于最小化热板的平均温度。最优设计如图 8-3 所示，与传统方法相比，改进方法的最优设计改善了流道连续性，同时消除了灰色区域和微小的固体结构。此外，如表 8-3 所示，公式(8-9)中目标函数 $\overline{J}_1$ 的值在改进方法中略有增加，可以忽略不计；$\overline{J}_2$ 和 $\overline{J}_3$ 的值减小了，这两个目标函数分别代表能量耗散和压降。$\overline{J}_2$ 和 $\overline{J}_3$ 的减小表明改进方法最优设计流动中的阻力和能量消耗都比传统设计中的少，改进方法使最优结构变得更加合理。

表 8-2　热板的无量纲定常参数

参数	数值
C_h	0.001
k_h	1
ρ_g	1000
Q_s	0.001
T_{in}	0

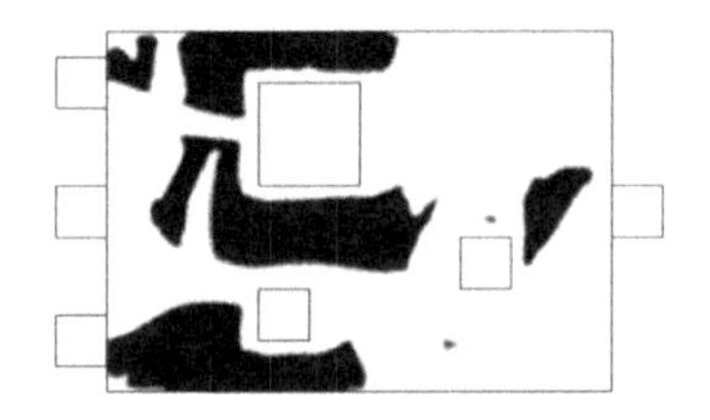

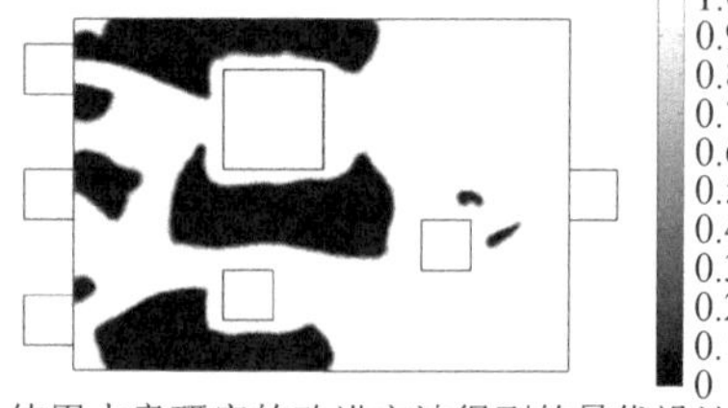

(a) 使用传统方法得到的最优设计　　(b) 使用本章研究的改进方法得到的最优设计

图 8-3　两种方法的最优设计比较

(本章图中右侧非特指的无量纲数据代表设计变量)

表 8-3　图 8-3 中对应的各目标函数值(无量纲)

方法	热阻 $\overline{J}_1$	能量耗散 $\overline{J}_2$	压降 $\overline{J}_3$
传统方法	251.61	2172.10	178.01
改进方法	255.48	2098.50	161.14

3）多目标优化设计

通过改变多目标函数中的加权系数 ω_1 和 ω_2，可获得具有不同性能的最优拓扑结构。对于本节中的算例，系数 ω_3 保持恒定并分别等于0、0.5和1。

a. 算例1：$\omega_3=0$

在本算例中，通过改变 $\omega_1=0$、0.25、0.5、0.75、1，同时固定系数 ω_3 等于0，获得了5种最优设计结果。图8-4是考虑了不同加权系数获得的最优拓扑结构，其中白色区域为流体域，黑色区域为固体域。随着 ω_1 增加，流道中的固体障碍物整体上呈增多趋势，尤其当 $\omega_1=1$ 时，入口处和热源旁的固体域使流道变窄了。

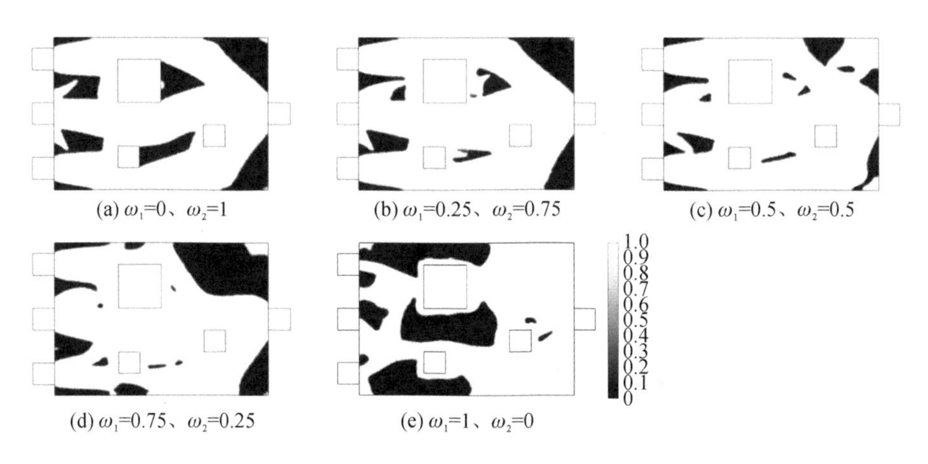

图8-4　$\omega_3=0$ 时的最优设计

图8-5和图8-6所示为相应的无量纲速度场和温度场分布。随着 ω_1 的增大，流速增大，流道沿着固体热源外围流过，带走热量，使固体热源的温度降低。表8-4给出了金属热板的热阻值、流动能量耗散及入口和出口之间的压降（尽管在优化过程中没有考虑压降，其值仅用于比较目的）。ω_1 的增加使热板的热阻函数逐渐占主导地位，在热板前形成射流以增加流速，从而带走更多的热量并降低温度。此外，随着 ω_2 的增加，流道分支变少且结构简单，从而减少了能量耗散。当增加热阻权重系数和减小能量耗散权重系数时，热板的热阻值逐渐减小，同时能量耗散值逐渐增大。最优设计中的能量耗散值远小于初始设计，但 $\omega_1=1$ 时压降值约为初始设计压降值的两倍。可以通过选取 $\omega_1=0.5$ 来获得散热性能与能量耗散平衡的微通道散热器。

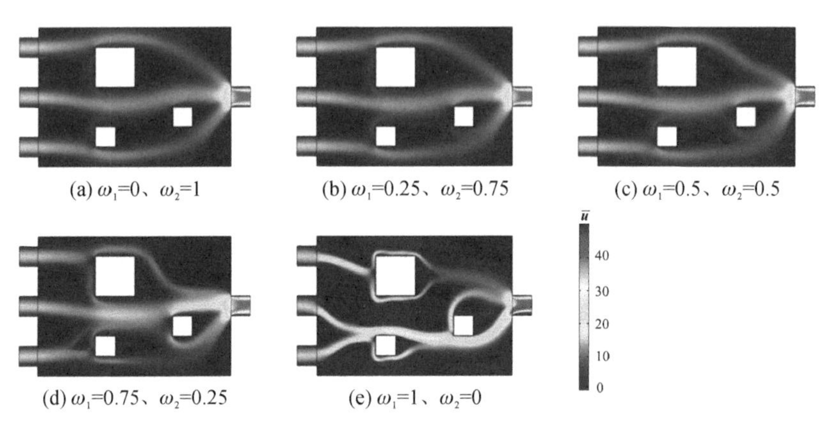

图 8-5　$\omega_3=0$ 时最优设计的无量纲速度场分布

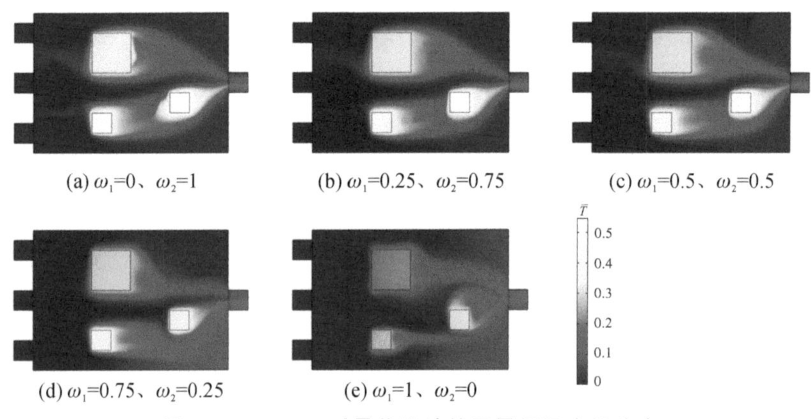

图 8-6　$\omega_3=0$ 时最优设计的无量纲温度场分布

表 8-4　$\omega_3=0$ 时不同加权系数 ω_1 和 ω_2 的目标函数值(无量纲)

不同设计	ω_1	ω_2	热阻 J_1	能量耗散 J_2	压降 J_3
初始设计	—	—	435.15	51128	78.98
图 8-4(a)	0	1	484.66	240.67	78.532
图 8-4(b)	0.25	0.75	436.98	244.02	78.78
图 8-4(c)	0.5	0.5	422.17	250.22	79.31
图 8-4(d)	0.75	0.25	367.79	325.17	80.825
图 8-4(e)	1	0	255.48	2098.5	161.14

b. 算例 2：$\omega_3=0.5$

图 8-7 展示了固定压降权重系数 $\omega_3=0.5$ 并通过改变其他权重系数值得到的最优设计。图 8-8 和图 8-9 所示分别为对应的无量纲速度场和温度场分布。

随着热阻权重系数的增加，流道结构变得更加复杂，固体阻碍物增多。此外，需要注意的是，图 8-4(c)和图 8-7(c)的最优设计是不同的，即使能量耗散函数和压降函数在公式推导中可以等价处理，但在拓扑优化中会形成不同的最优设计，这与本书第 5 章中获得的结论相同，这是因为它们的初始值相差较大，导致即使在相同的某些系数下，最终优化的结构也不相同。

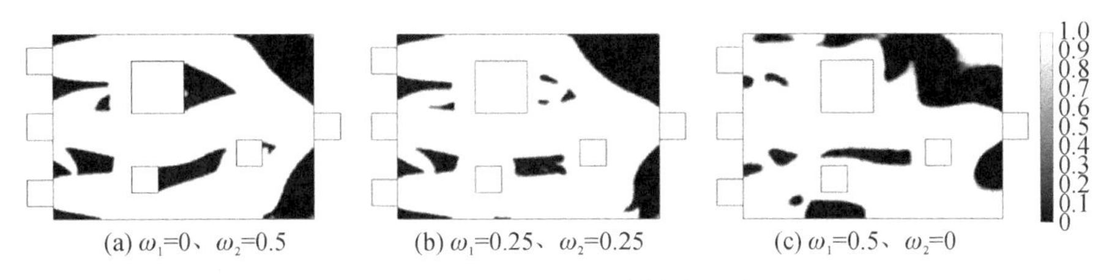

(a) ω_1=0、ω_2=0.5　(b) ω_1=0.25、ω_2=0.25　(c) ω_1=0.5、ω_2=0

图 8-7　$\omega_3=0.5$ 时的最优设计

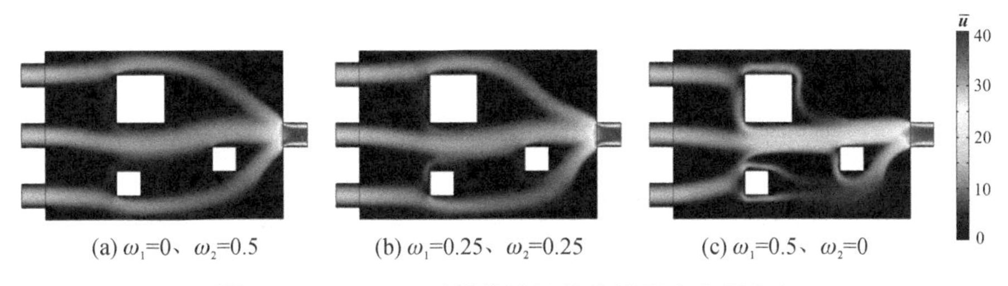

(a) ω_1=0、ω_2=0.5　(b) ω_1=0.25、ω_2=0.25　(c) ω_1=0.5、ω_2=0

图 8-8　$\omega_3=0.5$ 时最优设计的无量纲速度场分布

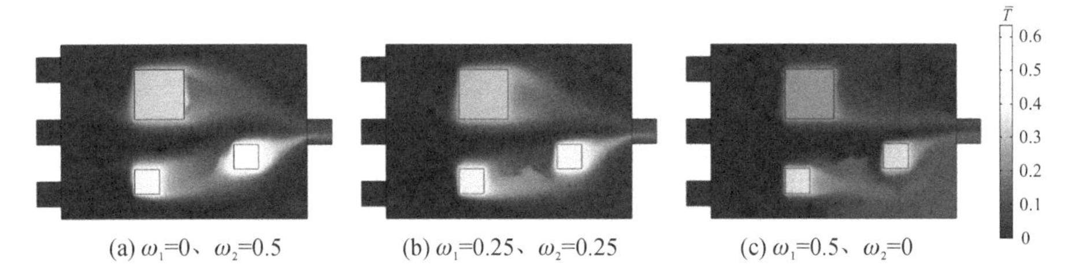

(a) ω_1=0、ω_2=0.5　(b) ω_1=0.25、ω_2=0.25　(c) ω_1=0.5、ω_2=0

图 8-9　$\omega_3=0.5$ 时最优设计的无量纲温度场分布

从图 8-8 中可以观察到，随着 ω_1 的增大，流道包裹着热源带走了热量。但与图 8-5(e)不同的是，图 8-8(c)中的第二个入口与出口处形成了一条主流道，这是因为目标函数中考虑到了压降和能量耗散，这条主流道可以降低压降和能量耗散。表 8-5 为最优设计的热阻、能量耗散和压降的结果，可以观察到与前面的例子相同的规律，即通过增加权重系数，使对应的目标函数值减小，这说明了多目标函数的有效性。图 8-4(b)和图 8-7(b)的热阻权重系数 ω_1 都取 0.25 时，图 8-7(b)的热阻值更小，而且压降值是上述所有结果中最小的。此外，图 8-4(c)和图 8-7(c)的热阻权重系数 ω_1 都取 0.5 时，图 8-7(c)的热阻值 $\overline{J}_1$ 小于图 8-4(c)的。流道中的固体阻碍物有助于形成热源附近狭窄的流道，继而提高流速以加快散热，但也会大幅增加能量耗散。

表 8-5　$\omega_3=0.5$ 时不同加权系数 ω_1 和 ω_2 的目标函数值(无量纲)

	ω_1	ω_2	热阻 J_1	能量耗散 J_2	压降 J_3
图 8-7(a)	0	0.5	485.74	242.38	77.04
图 8-7(b)	0.25	0.25	420.92	257.33	75.96
图 8-7(c)	0.5	0	314.59	546.92	81.625

c. 算例 3：$\omega_3=1$

在 $\omega_3=1$ 的情况下，则 ω_1 和 ω_2 均为 0。优化后的拓扑设计及相应的无量纲速度场和温度场分布如图 8-10 所示。热阻 $\overline{J}_1$、能量耗散 $\overline{J}_2$ 和压降 $\overline{J}_3$ 的值分别为 469.91、311.59 和 73.07。尽管优化过程中没有考虑固体热板的热阻和流动的能量耗散，但给出了它们的值以供比较。此时优化目标为最小化压降，因此系统的流道比较简单，由三条流道组成。其压降值在所有算例中最小，这说明了目标函数的可靠性。另外，与图 8-4(a)相比，虽然 ω_1 都为 0，但此处的热阻值更小。

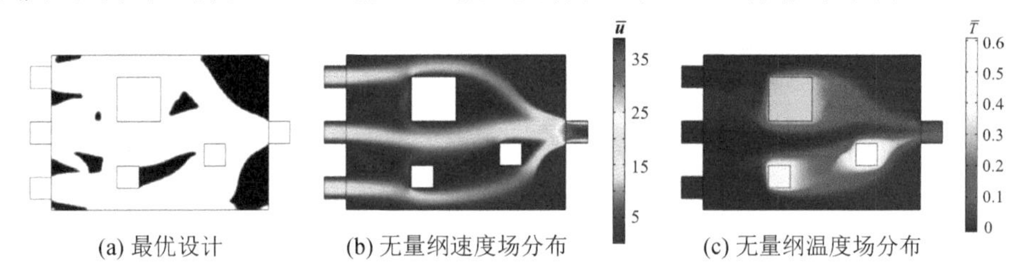

图 8-10　$\omega_3=1$ 时的最优设计及其无量纲速度场和温度场分布

8.1.2　双端口固定热源微通道散热器

在上一节中可知，流域面积过大会导致最优设计中的流道不明显。但如果限制了流域面积，可能会在 $\omega_1=1$ 时出现流道阻塞[23]的情况，因为有关传热的目标函数中没有包含流速项。为了获得流道明显且无流道阻塞的最优设计，本小节研究了双端口的模型，即仅有一个入口和出口。流动介质分别为牛顿流体(水)和非牛顿流体(血液)，研究在传热过程中非牛顿流体效应对传热性能的影响。选取热回收功率函数作为热目标函数，将流速项包含在内，但这也会增加非线性因素，使计算不稳定。本小节使用不同权重系数的加权和方法构建了帕累托算法，得到一组由最优解组成的帕累托解，揭示了目标函数之间的权衡关系，并数值研究了非牛顿流体对流道布置和传热性能的影响。

1. 问题描述

流体流动纳维-斯托克斯方程和连续性方程如前所述，传热模型的数学描述如下：

$$\rho C_{\mathrm{p}}(\boldsymbol{u}\cdot\nabla)T=k(\gamma)\nabla^2 T+Q \tag{8-14}$$

式中，C_{p} 为定压比热容；T 是温度场；Q 是热源；热导率 k 通过插值函数随设计变量 γ 变化。可建立流体与固体热导率之间的插值关系：

$$k(\gamma)=k_{\mathrm{s}}+(k_{\mathrm{f}}-k_{\mathrm{s}})\cdot\gamma \tag{8-15}$$

式中，k_{s}和 k_{f} 分别代表固体和流体材料的热导率。

基于变密度法的拓扑优化公式不再赘述，非牛顿流体为血液。热流体系统的优化需要同时考虑流体和热目标，权衡哪个目标更重要，意味着其他目标将处于不利状态，以达到有效平衡。总会存在一组由多目标问题获得的解，称为帕累托边界，因此，首先需要得到一组帕累托最优解，然后根据热流体系统的特点选择最终的设计方案。

多目标函数由来自 Marck 等人[23]文献中的两个目标组成。第一个目标函数 J_{f} 是最小化设计域中的流体能量耗散，其有两个表达式：$J_{\mathrm{fp}}/\mathrm{N}\cdot\mathrm{m}^{-1}$ 和 $J_{\mathrm{fe}}/\mathrm{W}\cdot\mathrm{m}^{-1}$。$J_{\mathrm{fp}}$表示通过域边界 Γ_{in}和 Γ_{out}的总压力损失，是从入口和出口的角度表示的。而 J_{fe} 表示的是流体的能量耗散，是从整个设计域的角度来表达的。关于流体的两个函数表示如下：

$$J_{\mathrm{fp}}=\int_{\Gamma_{\mathrm{in}}}\left(p+\frac{\rho}{2}\left|\boldsymbol{u}\right|^2\right)\mathrm{d}\Gamma-\int_{\Gamma_{\mathrm{out}}}\left(p+\frac{\rho}{2}\left|\boldsymbol{u}\right|^2\right)\mathrm{d}\Gamma \tag{8-16}$$

$$J_{\mathrm{fe}}=\int_{\Omega}\left[\mu\frac{\nabla\boldsymbol{u}(\nabla\boldsymbol{u}+\nabla\boldsymbol{u}^{\mathrm{T}})}{2}+\alpha\boldsymbol{u}^2\right]\mathrm{d}\Omega \tag{8-17}$$

第二个目标函数 $J_{\mathrm{th}}/\mathrm{W}\cdot\mathrm{m}^{-1}$是最大化热回收功率，表达为

$$J_{\mathrm{th}}=\int_{\Gamma}(\rho C_{p}T)\boldsymbol{u}\cdot\boldsymbol{n}\,\mathrm{d}\Gamma \tag{8-18}$$

式中，$\boldsymbol{n}$ 是垂直于边界 Γ 向外的单位法向量。

加权方法采用将两个函数线性组合的方式，为了避免两个函数的差异导致权重系数失效，需要先对它们进行归一化处理。归一化的方法是用目标函数分别除以它们各自的极值。可以将极值放宽，不需要精确的数值，只要数量级正确即可。因此，拓扑优化计算由最终的单一目标函数完成，从而获得极值。最后，结合流体描述和传热描述的多目标函数表达如下：

$$J(\boldsymbol{u},p,T,\gamma)=(1-\omega)\tilde{J}_{\mathrm{f}}-\omega\tilde{J}_{\mathrm{th}} \tag{8-19}$$

式中，$\omega(0\leqslant\omega\leqslant1)$是与两个目标函数相关的加权系数；$\tilde{J}_{\mathrm{f}}$ 和 $\tilde{J}_{\mathrm{th}}$分别代表归一化处理后的流体流动目标函数和唯热目标函数。我们可以通过调整系数来控制多目标函数以获得所需的优化结构。当 $\omega>0.5$ 时，传热的目标函数优先；当 $\omega<0.5$ 时，流体的目标函数优先。

因此，热流体系统多目标拓扑优化的数学表达如下：

$$\begin{cases}\min: J(\boldsymbol{u},p,T,\gamma)\\ \text{subject to}\begin{cases}\rho(\boldsymbol{u}\cdot\nabla)\boldsymbol{u}-\mu\nabla\cdot(\nabla\boldsymbol{u}+\nabla\boldsymbol{u}^{\mathrm{T}})+\nabla p=-\alpha(\gamma)\boldsymbol{u}\\ -\nabla\cdot\boldsymbol{u}=0\\ \rho C_p(u\cdot\nabla)T=k(\gamma)\nabla^2T+Q\\ V_{\min}\leqslant\dfrac{\int_\Omega(1-\gamma)\,\mathrm{d}\Omega}{\int_\Omega 1\,d\Omega}\leqslant 1\\ 0\leqslant\gamma\leqslant 1\end{cases}\end{cases} \tag{8-20}$$

式中，$V_{\min}$是规定的固体面积的最小体积分数。

2. 数值算例

图 8 - 11 表示热流体拓扑优化问题的设计域 Ω 和边界条件。白色和黑色区域分别代表流体域和固体域，设计域 Ω 中的两个正方形是恒温热源域 Ω_Q。Γ_{in} 和 Γ_{out} 分别代表流体域的入口和出口，所有其他边界 Γ_{w} 都是绝热的，并受无滑移速度边界条件的影响。

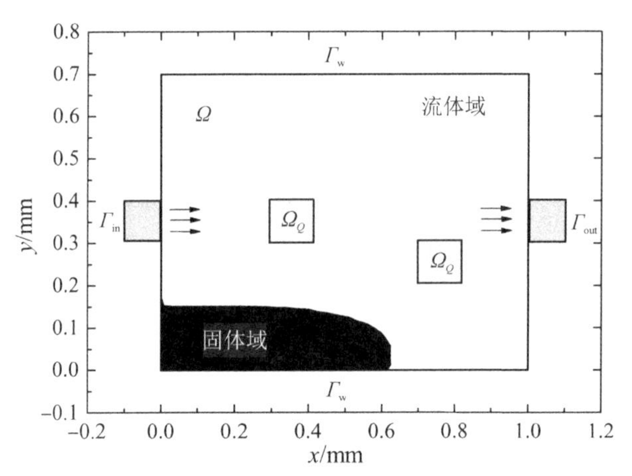

图 8 - 11　非牛顿传热问题的设计域和边界条件

热流体问题的边界条件定义为

$$\begin{cases}\boldsymbol{u}=\boldsymbol{u}_{\text{in}},T=T_{\text{in}}, & \text{on }\Gamma_{\text{in}}\\ \boldsymbol{n}\cdot\nabla T=0, & \text{on }\Gamma_{\text{out}}\cup\Gamma_{\text{w}}\\ p=0, & \text{on }\Gamma_{\text{out}}\end{cases} \tag{8-21}$$

在无量纲分析中，速度场和温度场幅值归一化如下：

$$\tilde{u}=\frac{|\boldsymbol{u}|}{|\boldsymbol{u}_{\text{in}}|_{\max}} \tag{8-22}$$

$$\tilde{T}=\frac{T-T_{in}}{T_Q-T_{in}} \tag{8-23}$$

式中，$|\boldsymbol{u}_{in}|_{max}$是入口处流体速度的最大值；$|\boldsymbol{u}|$是设计域中的局部速度大小；$T_{in}$表示入口处的流体温度；$T_Q$表示热源的温度。

1)“热源和冷流”系统的优化设计

在本节中，内流和热源分别具有恒定温度 $T_{in}=273$ K 和 $T_Q=283$ K。所以将温差 $\Delta T=T_Q-T_{in}=10$ K 的系统称为“热源和冷流”系统。雷诺数 $Re=1$，固体约束体积分数 $V_{min}=0.6$。在多目标拓扑优化中选择压降函数 J_{fp}[公式(8-16)]作为流体目标函数 J_f。流体和固体导热率的比值 $k_f/k_s=5$。图 8-12 展示了通过改变方程(8-19)中多目标函数的加权系数 ω 的最优设计和相应的归一化无量纲速度场和温度场分布，图中，白色区域为非牛顿流体，黑色区域为固体材料，所有结果仅显示设计域、入口和出口区域，不包括内部热源，因此，虽然在最优设计中热源部分是白色的，但这并不意味着它们是流体域。

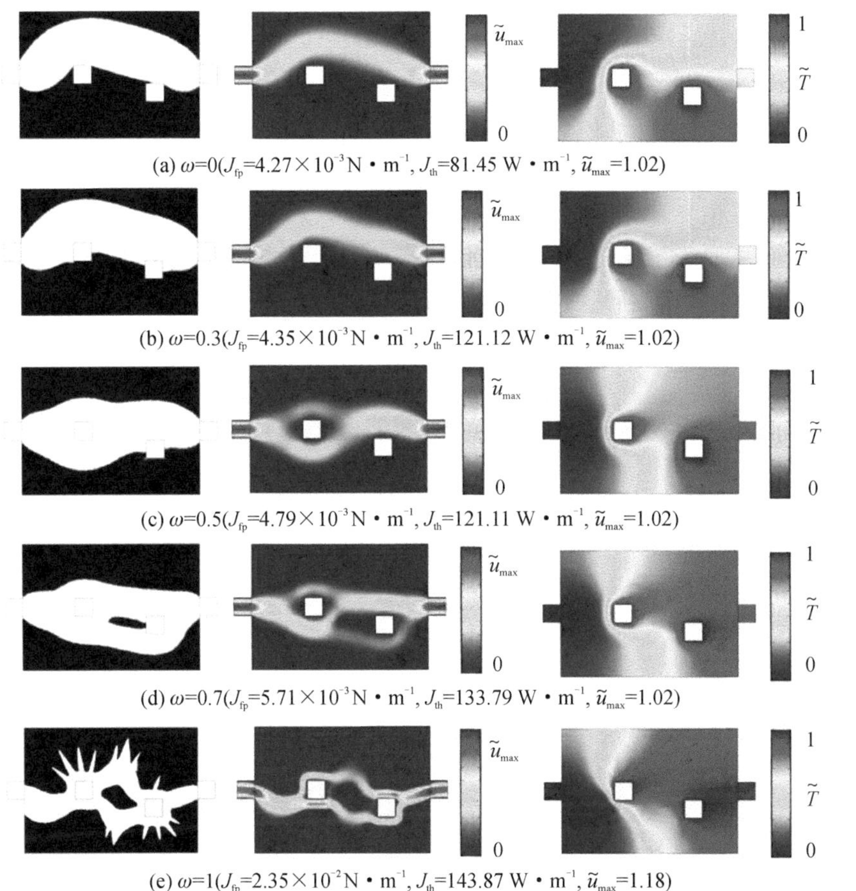

图 8-12　不同 ω 时“热源和冷流”系统的最优设计及对应的归一化无量纲速度场和温度场分布

$\omega=0$[见图 8-12(a)]时，热目标函数 J_{th} 对多目标函数 J 没有贡献，目标是最小化流体压降。如果设计域中没有固定热源阻碍时，最优结构应为连接进出口的直通道。由于热源阻碍了原来的通道，流体向上拱起形成弯曲的流动路径。在压降最小化时，热目标函数(热回收功率) J_{th} 的值为 81.45 $W \cdot m^{-1}$。随着系数 ω 的增大，热目标函数 J_{th} 贡献的比例整体呈增大趋势，流体目标函数 J_f 贡献的比例减小。流道逐渐下移时，会尽可能多地接触热源，以获得更多的热回收功率。$\omega=0.7$[见图 8-12(d)]时，最优设计中的流道完全包围了两个热源，但流道中出现了一个"固体岛"，热源与流体的接触面积较大，因此热目标函数值比 $\omega=0.5$ 增大约 10 $W \cdot m^{-1}$，但是，"固体岛"的右侧靠近热源，这降低了系统的传热能力。图 8-12(e) 展示了 $\omega=1$ 时获得的最优设计，优化目标是最大化热回收功率，此时全局优化问题中的非线性大大增加，导致数值不稳定，这是因为热目标函数包含一个速度项。为了避免数值的复杂性，以往的研究大多只考虑将温度 T 的函数作为目标函数，然而，这种方法可能会导致设计域中的流场不连续，例如，在 Marck 等人[23]的研究中，流体通道被完全堵塞，即进出口之间没有连续的通道；在 Qian 等人[161]的研究中，三个入口和一个出口分别位于设计域的底部和顶部，一些结果显示了流体路径的不连续性和灰度区域。显然，这样的结果是不合理的。本研究改善了流道中的不连续性和灰度区域，表明所提出的方法是有价值的。

a. 多目标拓扑优化的帕累托边界分析("热源和冷流"系统)

图 8-13 展示了传热问题的多目标拓扑优化的帕累托边界。对于 $\omega>0.7$ 的最优结构，固体岛向中间移动，热源被流体包围，固体岛将流道分开，增加了流体流经第二个热源时的速度。对于 $\omega=0.99$ 的最优结构，热回收功率增加 75%，流体压降增加两倍，流道的分支数量随着热回收功率的增加而增加，这增加了通道的总表面积。通过调整权重系数在 0 和 1 之间的变化，可得到两个目标函数的值。图

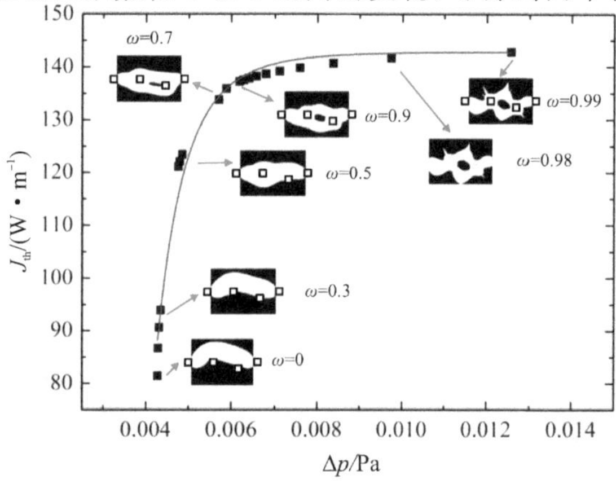

图 8-13 "热源和冷流"系统传热多目标拓扑优化问题的帕累托边界

($J_{th}=mJ_f^n+p$，$m=-2.756\times10^{-14}$、$n=-6.45$、$p=142.5$)

中曲线上的点是多目标拓扑优化在特定系数下满足控制方程和约束方程的最优解。这些最优解被拟合形成帕累托边界曲线，其表现出了凸函数的形状，如 Athan 等人[214]所述。这条帕累托边界曲线构成了工程设计人员可以选择的最佳设计，例如所需的泵功率和热回收功率。

b. 数值化的参数分析（“热源和冷流”系统）

首先，为保证系统质量守恒，对系统的净流量（进出口流量差值）进行评估。如图 8－14 所示，净流量的不平衡值很小，为 10^{-21} 及 10^{-22} 的数量级。此外，随着 ω 的增大，净流量不平衡整体呈上升趋势，但仍在可接受的范围内，符合质量守恒定律。

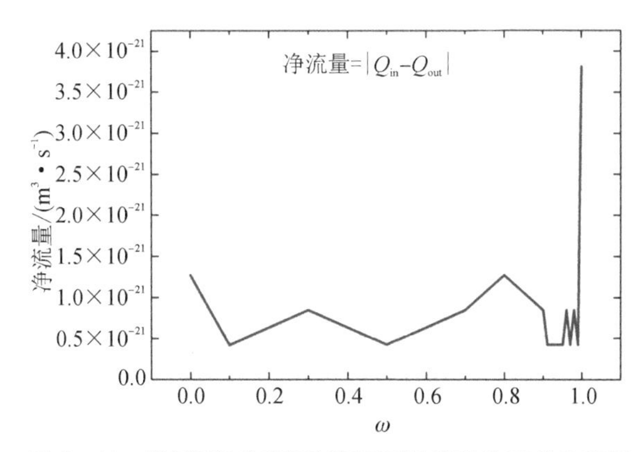

图 8－14　“热源和冷流”系统不同最优设计下的净流量

其次，传统方法的固体材料中的流体速度值往往不为零。为了验证所提出的方法在灰度控制中的有效性，研究了 ω 值为 0、0.5 和 0.9 的横截面（$x=0.5$ mm）的速度分布（见图 8－15），可以看出，在稳态收敛解下，固体域的流速为零。并且在每个流道中，速度分布遵循抛物线分布规律。

最后，对传热目标的一些结果进行分析。如图 8－16 出口平均温度随多目标系数不同而变化，最小值为 $\omega=0$ 处的出口平均温度，比入口温度（273 K）高约 5.5 K。出口平均温度随着 ω 的增加迅速增加，主要原因是热目标函数项的比例增大，尤其是 ω 值为 0.4 时，上升幅度较大，直到 $\omega=1$，出口平均温度接近热源的温度（283 K）。出口处的平均温度也是判断系统散热性能的一个指标，随着热目标函数在多目标函数中所占比例的增加，系统的散热性能更好了。此外，为了验证本研究中热目标函数的大小，有必要对域边界上的 J_{th} 值进行近似分析。

热目标函数 J_{th} 可以重新描述为

$$J_{th}\big|_{approx}=\rho C_p\left(\int_{\Gamma_{out}} Tu_x \mathrm{d}\Gamma-\int_{\Gamma_{in}} Tu_x \mathrm{d}\Gamma\right) \tag{8-24}$$

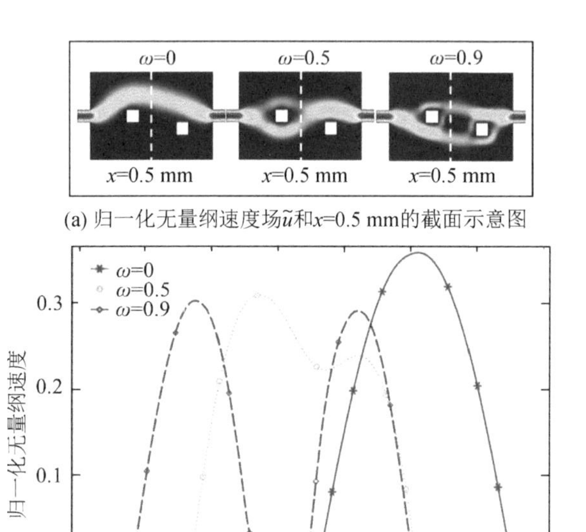

图 8-15　不同 ω 下"热源和冷流"系统 $x=0.5$ 截面处的归一化无量纲速度随 y 坐标的变化图

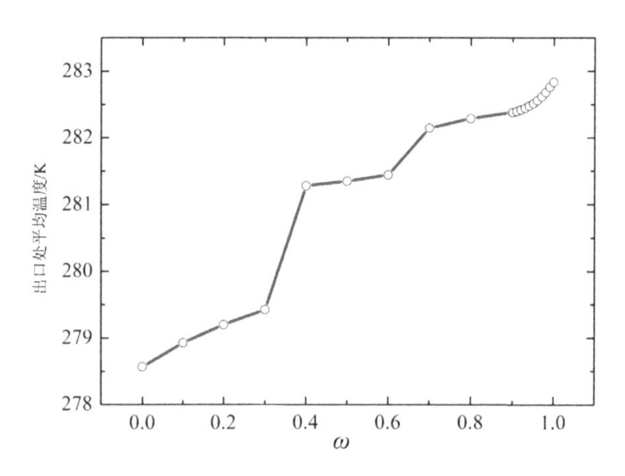

图 8-16　"热源和冷流"系统不同 ω 下最优结构的出口处平均温度

以 $\omega=0.9$ 的结果为例进行分析，图 8-17 为上述公式在 $\omega=0.9$ 时最优设计入口和出口处的热目标评估曲线，曲线下的面积表示的是 Tu_x 的积分值。因此，传热目标函数的值近似为

$$J_{th}\big|_{approx}=1060\times4180\times(9.3237\times10^{-4}-9.0139\times10^{-4})\text{N}\cdot\text{m}^{-1}=137.27\ \text{N}\cdot\text{m}^{-1} \tag{8-25}$$

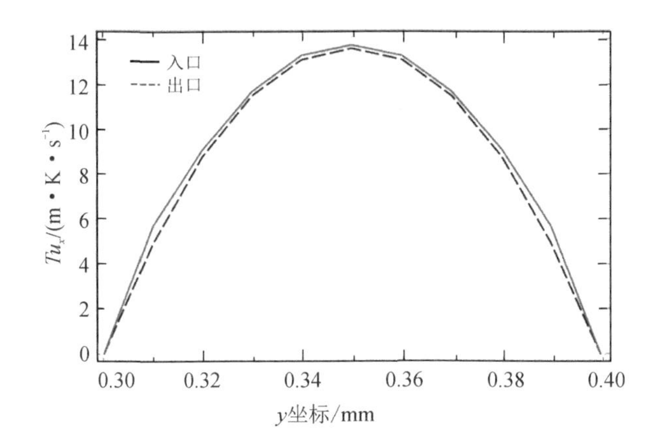

图 8-17　ω=0.9 时“热源和冷流”系统最优设计入口和出口处的热目标评估曲线

上述分析得到的传热目标函数值非常接近拓扑优化时得到的 137.26 N · m^{-1}，该分析证明了研究中获得的传热目标函数值的正确性。

2)“冷源和热流”系统的优化设计

在本部分中，恒温内流的温度 T_{in}=283 K(热流)，恒温热源的温度 T_Q=273 K(冷源)。所以将这种温差 $\Delta T = T_Q - T_{in} = -10$ K 的情况称为“冷源和热流”系统。在本部分中，归一化温度定义为

$$\tilde{T}=\frac{T_Q-T}{T_Q-T_{in}} \tag{8-26}$$

本部分雷诺数 Re 为 1，固体约束体积分数 V_{min} 为 0.6，流体与固体的导热系数比 $k_f/k_s=5$。在多目标拓扑优化中选择压降函数 J_{fp}[公式(8-16)]作为流体目标函数 J_f。图 8-18 展示了最优设计和相应的归一化无量纲速度场和温度场分布。需要注意的是，热目标函数值中的负号表示入口处的热能大于出口处的热能。

对于 ω=0[见图 8-18(a)]，最优设计和速度场分布与图 8-12(a)相同，这是因为优化目标为最小化系统的压降，与温度无关。入口处温度最高，流经冷源后温度逐渐降低。随着 ω 的增加，流道远离冷源以保留热能并减少热损失，与前述结果相反。随着流道向上移动，流体面积减少，流速增加。

a. 多目标拓扑优化的帕累托边界分析(“冷源和热流”系统)

图 8-19 所示为通过多目标拓扑优化热传递(“冷源和热流”)系统获得的帕累托边界。通过改变权重系数 ω，得到最优点，然后得到本系统的帕累托边界的凸形状。帕累托曲线是决策者的工具，工程师将根据实际工况选择最佳设计。

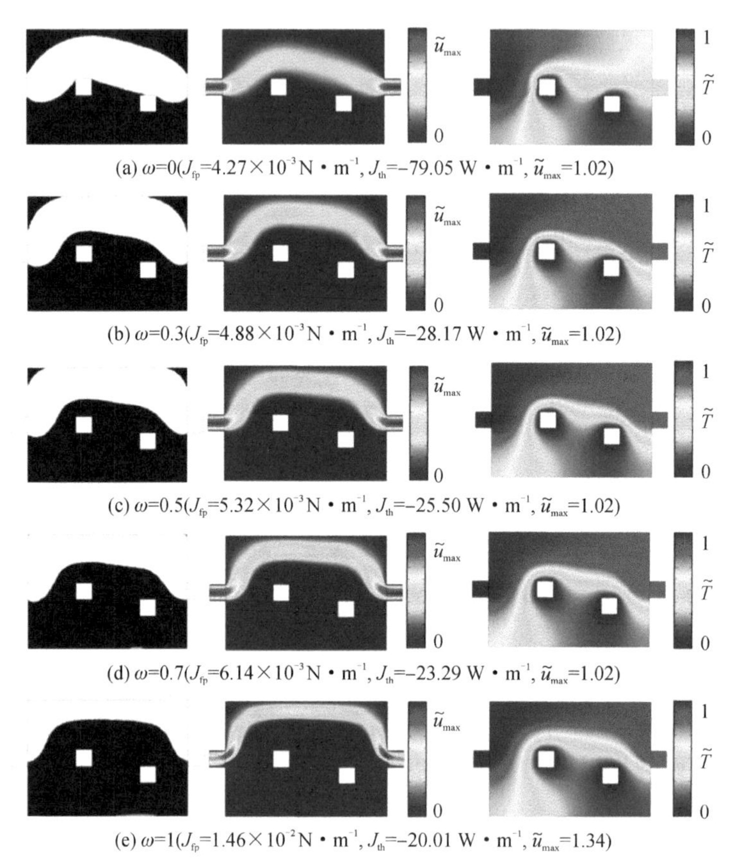

(a) $\omega=0$($J_{fp}=4.27\times10^{-3}$ N·m^{-1}, $J_{th}=-79.05$ W·m^{-1}, $\tilde{u}_{max}=1.02$)

(b) $\omega=0.3$($J_{fp}=4.88\times10^{-3}$ N·m^{-1}, $J_{th}=-28.17$ W·m^{-1}, $\tilde{u}_{max}=1.02$)

(c) $\omega=0.5$($J_{fp}=5.32\times10^{-3}$ N·m^{-1}, $J_{th}=-25.50$ W·m^{-1}, $\tilde{u}_{max}=1.02$)

(d) $\omega=0.7$($J_{fp}=6.14\times10^{-3}$ N·m^{-1}, $J_{th}=-23.29$ W·m^{-1}, $\tilde{u}_{max}=1.02$)

(e) $\omega=1$($J_{fp}=1.46\times10^{-2}$ N·m^{-1}, $J_{th}=-20.01$ W·m^{-1}, $\tilde{u}_{max}=1.34$)

图 8-18 不同 ω 下“冷源和热流”系统(黑色区域是固体材料,白色区域是非牛顿流体)的最优设计及对应的归一化无量纲速度场和温度场分布

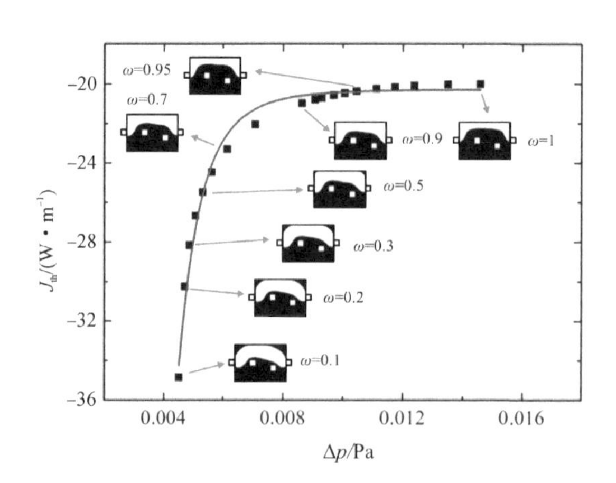

图 8-19 “冷源和热流”系统传热多目标拓扑优化问题的帕累托边界($J_{th}=m'J_f^{n'}+p'$; $m'=-1.754\times10^{-13}$、$n'=-5.922$, $p'=-20.38$)

b. 数值化的参数分析（“冷源和热流”系统）

首先，为了量化系统的不平衡性并确保质量守恒，评估了“冷源和热流”系统的净流量不平衡。如图 8－20 所示，其是系统入口和出口之间的流量差与 ω 的函数。可以看出，净流量不平衡的值很小，大约为 10^{-21} 的数量级。当 $\omega>0.9$ 时，流体目标函数 J_f 在多目标函数中所占比例很小，导致流量不平衡增大。最大净流量为 $1.27\times10^{-21}\,m^3\cdot s^{-1}$，数值非常小，这也可被视为质量守恒的体现。

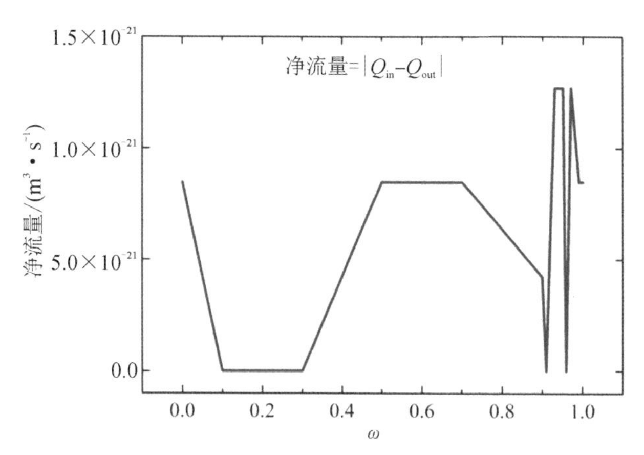

图 8－20　“冷源和热流”系统不同最优设计下的净流量

其次，结果收敛的一个标准是保证设计变量 γ 向 0 或 1 收敛，换言之，设计域中不存在中间变量。这保证了纳维－斯托克斯方程中的逆渗透率 α 作用于固体域，使固体域流体的速度为零。当 $\omega=0$、0.5 和 0.9 时，设计变量 γ 绘制在横截面（$x=0.5$ mm）处，如图 8－21 所示，可以观察到设计变量在固体域中获得了精确的零值，这表明了该方法的有效性。

最后，验证热回收功率值的正确性。图 8－22 展示了“冷源和热流”系统出口平均温度随 ω 的变化。$\omega=0$ 时，出口平均温度最小，为 277.6 K（见图 8－22）。随着权重因子 ω 的增大，出口平均温度持续升高。当 $\omega=1$ 时，出口平均温度达到 281.63 K，低于入口温度（283 K）。图 8－23 为 $\omega=0.9$ 时获得的最优设计的入口和出口边界处的热目标评估曲线，入口和出口 Tu_x 曲线下的面积分别为 $A_{in}=9.3441\times10^{-4}$ 和 $A_{out}=9.2967\times10^{-4}$。因此，根据公式（8－24），代入数值计算可得出热目标函数的值近似为

$$J_{th}\big|_{approx}=1060\times4180\times(9.2967\times10^{-4}-9.3441\times10^{-4})N\cdot m^{-1}=-21.00\ N\cdot m^{-1} \tag{8-27}$$

计算得到的热目标函数（J_{th}）的近似值与拓扑优化方法得到的近似值（$-20.98\ N\cdot m^{-1}$）非常接近。更重要的是，这一分析证明了本研究中得到的热目标函数的大小是正确的。

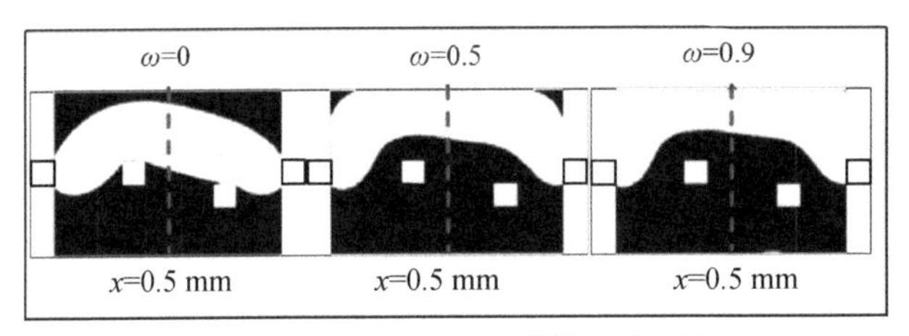

(a)最优设计和x=0.5 mm的截面示意图

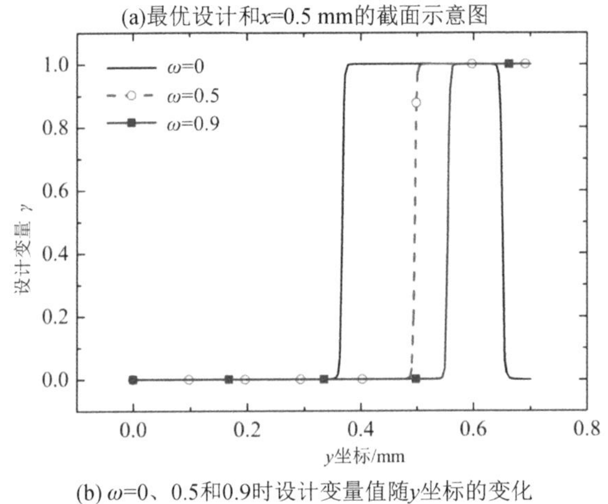

(b) ω=0、0.5和0.9时设计变量值随y坐标的变化

图 8-21 不同 ω 下“冷源和热流”系统 $x=0.5$ 截面处的设计变量随 y 坐标的变化图

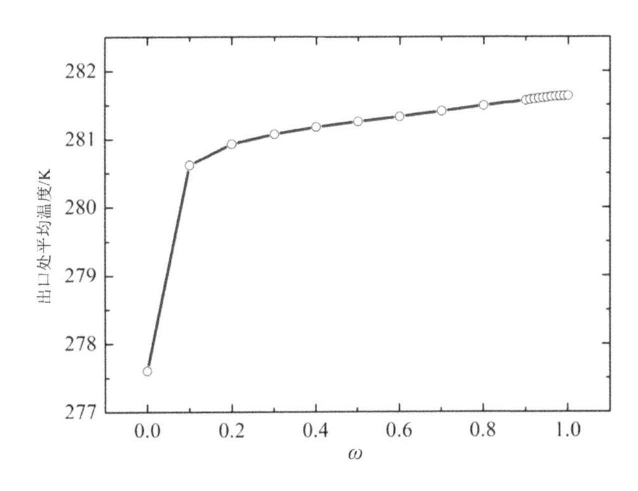

图 8-22 “冷源和热流”系统出口处平均温度随 ω 的变化

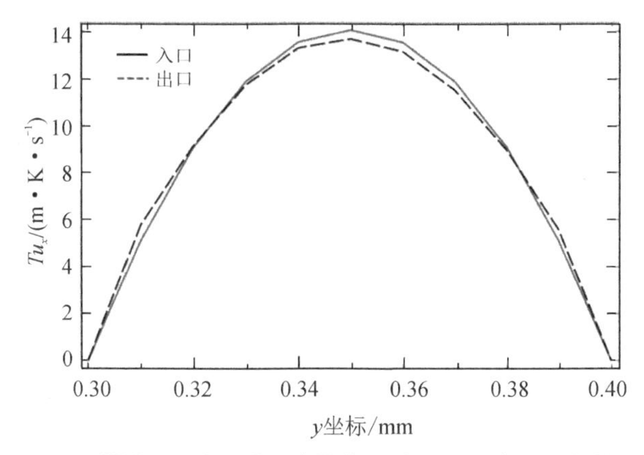

图 8-23　$\omega=0.9$ 时“冷源和热流”系统最优设计入口和出口处的热目标评估曲线

c. 非牛顿流体对共轭传热系统优化设计的影响

在本部分中，使用非牛顿流体和牛顿流体作为拓扑优化计算的流动介质。内流的温度为 $T_{in}=273$ K(冷流)，恒温热源的温度为 $T_Q=283$ K(热源)。因此，本部分为“热源和冷流”系统，但是，与前述不同之处在于流体与固体的导热系数比设置为 $k_f/k_s=0.1$。非牛顿流体选择血液，牛顿流体选择水。

选择 3 个不同的雷诺数 0.01、0.1 和 1 用于优化和讨论。为了区别于之前的工作，最大流体体积被限制为 0.3(即 $V_{min}=0.7$)。此外，流体能量耗散函数 J_{fe} [公式(8-17)]被用作多目标拓扑优化中的流体目标函数 J_f。图 8-24 和图 8-25 分别是多目标函数系数 ω 为 0 和 0.9 时的最优设计，它们的流体和热目标函数值如表 8-6、表 8-7 所示。

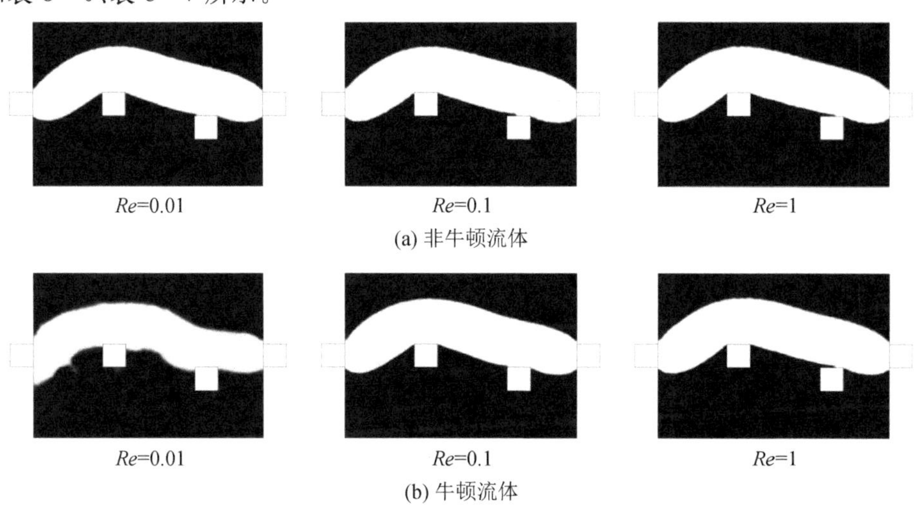

图 8-24　$\omega=0$ 时非牛顿流体和牛顿流体最优设计的比较($k_f/k_s=0.1$)

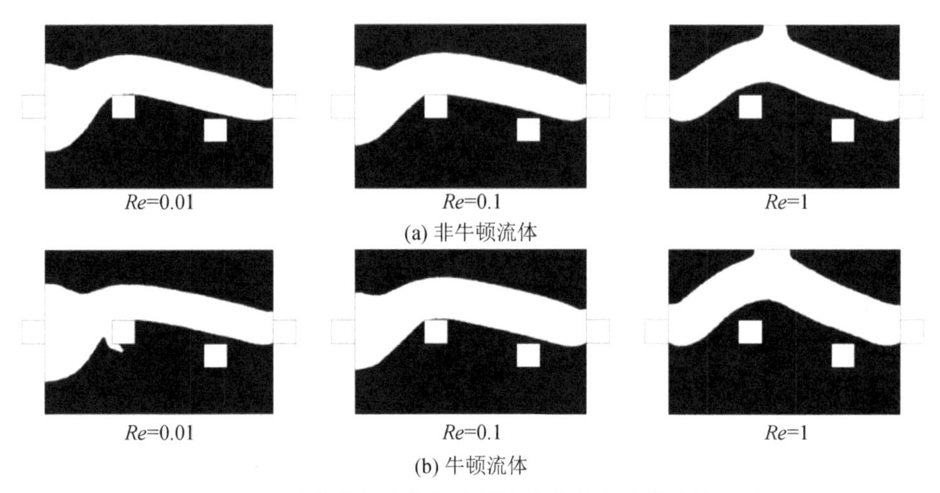

图 8-25 $\omega=0.9$ 时非牛顿流体和牛顿流体最优设计的比较($k_f/k_s=0.1$)

表 8-6 $\omega=0$ 时非牛顿流体和牛顿流体的最优设计热目标函数值

Re	目标函数	非牛顿流体热目标函数值/($W \cdot m^{-1}$)	牛顿流体热目标函数值/($W \cdot m^{-1}$)
0.01	J_{fe}	3.08×10^{-8}	4.92×10^{-10}
	J_{th}	0.14	0.04
0.1	J_{fe}	1.03×10^{-6}	3.73×10^{-8}
	J_{th}	9.23	2.65
1	J_{fe}	8.06×10^{-5}	3.68×10^{-6}
	J_{th}	119.59	34.15

表 8-7 $\omega=0.9$ 时非牛顿流体和牛顿流体的最优设计热目标函数值

Re	目标函数	非牛顿流体热目标函数值/($W \cdot m^{-1}$)	牛顿流体热目标函数值/($W \cdot m^{-1}$)
0.01	J_{fe}	3.54×10^{-8}	5.72×10^{-10}
	J_{th}	0.17	0.05
0.1	J_{fe}	1.30×10^{-6}	4.24×10^{-8}
	J_{th}	10.13	2.89
1	J_{fe}	9.60×10^{-5}	6.01×10^{-6}
	J_{th}	126.74	41.32

从图 8-24 中可以看出，非牛顿流体和牛顿流体的最优设计在 $Re<1$ 时是不同的，尤其是在 $Re=0.01$ 时。当 $\omega=0.9$ 时，与图 8-12 不同，结构中的流体通道不靠近和围绕热源，这是因为固体的导热系数是流体的 10 倍，所以固体材料分布在热源周围，以最大限度地提高热回收功率。图 8-24 和图 8-25 表明，在两端口装置的 Re 都为 0.1 时，非牛顿流体和牛顿流体的差异也可以忽略不计，这与 Pingen等人[73]在四端口装置中得出的结论不同。

从表 8-6、表 8-7 中可以看出，随着 Re 的增加，流体热目标函数的值显著增加，这是由系统中流体速度的增加引起的；非牛顿流体的目标函数值大于牛顿流体的目标函数值，这意味着需要更多的能量来驱动非牛顿流体流动，同时也能够获得更好的传热能力。当 $Re=0.1$ 和 1 时，非牛顿流体和牛顿流体的热目标函数值分别相差两个和一个数量级，这也说明了非牛顿流体主要影响以黏性力为主的斯托克斯流动。另外，非牛顿流体的热目标函数值大约是其对应的牛顿流体的 3.5 倍，我们可以利用现有的牛顿流体传热装置来估算将流体介质改为非牛顿流体后的热回收功率，可用于判断所需的散热目标是否满足系统要求，同时还可预测驱动流量的泵功率是否足够。

8.1.3　小结

在 8.1 节中，提出了一种热流体系统变密度拓扑优化方法，以减少压降、能量耗散，并增强传热，在 8.1.1 和 8.1.2 节采用了两种算例分别研究了牛顿流体和非牛顿流体对流道最优结构和传热性能的影响，具体总结如下。

(1)建立了多目标拓扑优化问题模型。对于 8.1.1 节中的流动介质空气，目标为最小化热板温度、最小化流动能量耗散和压降；对于 8.1.2 节中的水和血液，目标为最大化传热的热回收功率、最小化流体能量耗散或压降。获得并分析了帕累托最优设计集，工程师根据具体的设计要求，从帕累托最优解集中选择合适的解。

(2)建立了基于拓扑优化方法的修正达西阻尼力耦合热流问题优化设计方法。有效地消除了中间变量，使设计变量在 0 和 1 处精确聚集，同时解决了优化设计中的通道堵塞和断路问题。在 8.1.1 节中，将所提出的方法与传统方法获得的结果进行了比较：固体板热阻提高了 1.54%、耗能降低了 3.39%、压降降低了 9.48%。

(3)在非牛顿流体的双端口系统中，当流体的导热系数大于固体的导热系数时，随着多目标系数 ω 的增大，冷流将逐渐包围热源。此外，流道在设计域的中间被分成两个通道，以增加传热。当流体的导热系数小于固体的导热系数时，热流将远离冷源以保留热能。

(4)比较了牛顿流体和非牛顿流体的最优结构。在两端口系统中，当 $Re=0.01$时，两种流体的最优结构之间的差异最为明显。非牛顿流体最优设计的传热性能优于牛顿流体，同时消耗更多的能量。在有关生化热流体的装置中，通过将水换为血液可以获得更好的传热性能，但同时需要功率更大的泵来驱动流动。

8.2 非均质多孔介质的对流传热拓扑优化

多孔材料因其可大大提高传热设备的热性能而被广泛关注，已被应用于热交换器、CPU 冷却、微通道散热器、热管等。因此，对于微流系统的散热问题，除了第6章研究的传统的流体-固体材料分布问题外，为了寻求更高效的换热性能，本节会研究流体-多孔材料的传热问题。本节提出了一个二维模型，用于解决对流传热问题中非均质多孔介质的拓扑优化问题。所提出方法的基本思想是解决变密度拓扑优化问题，其中将实际多孔模型的孔隙率直接视为设计变量，而不包含任何惩罚方案。因此，所提出的方法特意允许在每个局部点具有任意孔隙度，而先前对流体拓扑优化的研究侧重于生成具有清晰边界的流体和固体(均质多孔材料)分布。在本节的研究中，优化问题被表述为在有限压降下多孔介质传热性能的最大化问题。在数值算例中，研究了所提出模型传热相关参数对最优设计的影响。此外，还分析了压降和雷诺数对最优设计的影响。数值结果表明，由于不均匀状态的存在，与同等研究条件下的均匀多孔冷却设计相比，非均质多孔介质的对流传热拓扑优化设计实现了更高的传热性能。

8.2.1 问题描述

1. 控制方程

假设在本研究中为不可压缩流体和二维稳态流动，纳维-斯托克斯方程、连续性方程和二维热对流扩散方程此处不再赘述。

对流传热问题的边界条件如下：

$$\begin{cases} \boldsymbol{u}=\boldsymbol{u}_{\text{in}}, & \text{on } \Gamma_{\text{in}} \\ T=T_{\text{in}}, & \text{on } \Gamma_{\text{in}} \\ \boldsymbol{u}=\boldsymbol{0}, & \text{on } \Gamma_{\text{wall}} \\ p=0, & \text{on } \Gamma_{\text{out}} \\ \boldsymbol{n}\cdot\nabla T=0, & \text{on } \Gamma_{\text{out}}\cup\Gamma_{\text{wall}} \end{cases} \tag{8-28}$$

式中，Γ_{in}、Γ_{out}和Γ_{wall}分别是入口边界、出口边界和绝热壁。

雷诺数(Re)是流体力学中一个重要的无量纲参数，其可表征系统中的流动。Re 是惯性效应与黏性效应的比值，定义为

$$Re=\frac{\rho UL}{\mu} \tag{8-29}$$

式中，U 和 L 分别是特征速度和特征长度，在本研究中，U 被定义为入口边界上的平均速度，L 是入口的宽度。

2. 多孔模型

多孔介质具有许多相互连接的孔，可供流体流过。多孔介质的渗透率是一个

固定参数，由 Ergun[215] 于 1952 年提出：

$$K=\frac{d_{\mathrm{p}}{}^{2}}{150}\frac{\varepsilon^{3}}{(1-\varepsilon)^{2}} \tag{8-30}$$

式中，d_{p} 是多孔介质的孔径；$\varepsilon\in[0,1)$ 是孔隙率。当 $\varepsilon=1$ 时，对应的 K 为无穷大，代表纯流体。较小的 ε 值表示孔隙稀疏，流体难以通过；相反，较大的 ε 值意味着孔隙密实，流体容易通过。

3. 变密度法的拓扑优化

在流体问题的变密度拓扑优化方法中，设计变量表示为从 0 到 1 连续变化的材料密度：0 表示设计域中的固体，1 表示流体。通过在设计域中引入人工体积力，可以数值方式实现优化过程。体力项 $\boldsymbol{F}$ 插值见式(5-5)。在多孔介质中，α 定义为

$$\alpha=\mu/K \tag{8-31}$$

在本研究中，多孔介质的孔隙率 ε 表示为设计变量域。我们有意避免使用传统拓扑优化的任何惩罚方案，因为我们需要将中间状态材料保留为不均匀的多孔材料。实现的方法是使用设计变量 γ 代替公式(8-30)中的孔隙率。非均质多孔介质的渗透率表示为

$$K=\frac{d_{\mathrm{p}}^{2}}{150}\frac{\gamma^{3}}{(1-\gamma)^{2}} \tag{8-32}$$

式中，设计变量 γ 被视为孔隙率，γ 从 0 到 1 连续变化，由于 γ 等于 1 和 0 分别导致 K 和 α 值的无限大，因此在计算时应避免这两个取值。

为了确保设计域中 γ 的空间平滑性，使用了亥姆霍兹型偏微分方程滤波器[188]：

$$-r_{\mathrm{filter}}^{2}\nabla^{2}\tilde{\gamma}+\tilde{\gamma}=\gamma,\ \text{in}\ \Omega \tag{8-33}$$

式中，r_{filter} 是过滤直径；$\tilde{\gamma}$ 是过滤后的设计变量域。

扩展的能量方程公式化后描述为

$$\rho(\gamma)C_{p}(\gamma)(u\cdot\nabla)T=k(\gamma)\nabla^{2}T+Q(\gamma) \tag{8-34}$$

为了使非均质多孔材料具有多种物理性质，采用如下线性插值方案：

$$\begin{cases}\rho(\gamma)=\rho_{\mathrm{p}}+(\rho_{\mathrm{f}}-\rho_{\mathrm{p}})\gamma\\ C_{p}(\gamma)=C_{p\mathrm{p}}+(C_{p\mathrm{f}}-C_{p\mathrm{p}})\gamma\\ k(\gamma)=k_{\mathrm{p}}+(k_{\mathrm{f}}-k_{\mathrm{p}})\gamma\end{cases} \tag{8-35}$$

式中，下标 p 和 f 分别代表多孔材料和流体。考虑将热源应用于多孔域，引入了一种人造热源，如下所示：

$$Q(\gamma)=\beta_{\mathrm{m}}(T_{\mathrm{ref}}-T)(1-\gamma)|\boldsymbol{u}|^{b}(\beta_{\mathrm{m}}=a\cdot k_{\mathrm{f}}/L^{2}) \tag{8-36}$$

式中，T_{ref} 表示参考温度，在本研究中是一个常数值，设置为 298 K；$a>0$ 表示无量纲体积传热系数；b 是用来控制局部速度大小 $|\boldsymbol{u}|$ 凸度的参数；β_{m} 由量纲公式推导，其表示量纲体积传热系数。值得注意的是，流速包含在该热源的表达式中。体

积传热系数用多孔介质中的局部雷诺数表示,即与速度有关[216-218]。另一方面,最大化体积传热对应于最大化二维多孔散热器的性能。文献[135][145]中关于二维散热器设计的工作也使用了这样的目标函数。此外,已经表明使用局部速度相关的传质模型对于设计化学反应系统中的二维多孔电极是有效的[219]。由于传质模型可以自然地替换为传热模型,因此可以预期提出的模型对于设计二维多孔散热器是有效的。

为了提高传热性能,拓扑优化问题正式描述如下:

$$\begin{cases} \max: J = \int_D Q(\gamma)\ \mathrm{d}\Omega \\ \text{subject to} \begin{cases} \dfrac{\int_{\Gamma_{\text{in}}} p\mathrm{d}\Gamma}{\int_{\Gamma_{\text{in}}} 1\ \mathrm{d}\Gamma} \leqslant p_{\max} \\ \gamma_{\min} \leqslant \gamma \leqslant \gamma_{\max} \end{cases} \end{cases} \tag{8-37}$$

式中,J 是目标函数,定义为设计域 D 中的积分。γ 的边界约束分别采用 $\gamma_{\min}=0.001$ 和 $\gamma_{\max}=0.999$。公式(8-37)中采用压力约束以避免出现压降无穷大的情况。当使用固定速度入口条件时,这种无限压降可导致流体拓扑优化问题中的不适定问题。

8.2.2 数值求解

控制方程通过商业有限元分析软件 COMSOL Multiphysics(5.5 版)和 MATLAB 的接口编程实现求解。采用程序调用 COMSOL Multiphysics 中的计算流体动力学模块和流体传热模板分别用于计算流体流动和传热问题。图 8-26 为优

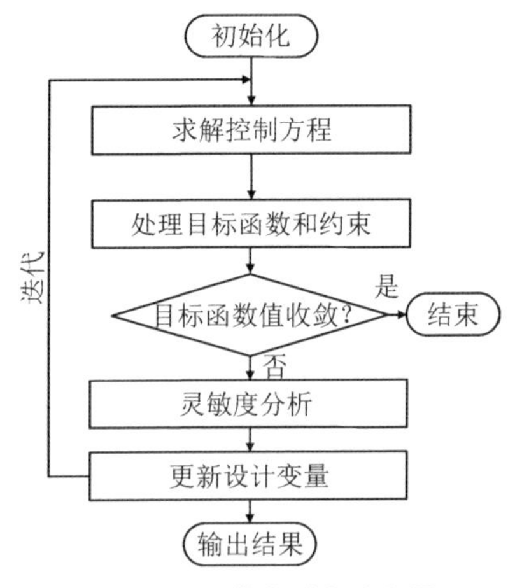

图 8-26 优化过程流程图

化过程的流程图。首先，在设计域中设置初始设计和初始变量；然后，使用有限元方法求解控制方程；第三，计算目标函数和约束条件；第四，使用伴随法计算目标函数和设计变量约束的灵敏度；最后在MATLAB接口中使用移动渐近线法[199]更新设计变量。数值求解过程中，设置的最大迭代步数为 200 步。

8.2.3　数值算例

1. 问题设置

冷却系统设计模型的分析域如图 8-27 所示，其中 T_{in} 是设置为 273 K 的入口温度。由于设计模型是对称的，固定设计域定义为模型的上半部分，如图 8-27 所示。模型中流体和多孔介质的物性参数见表 8-8。

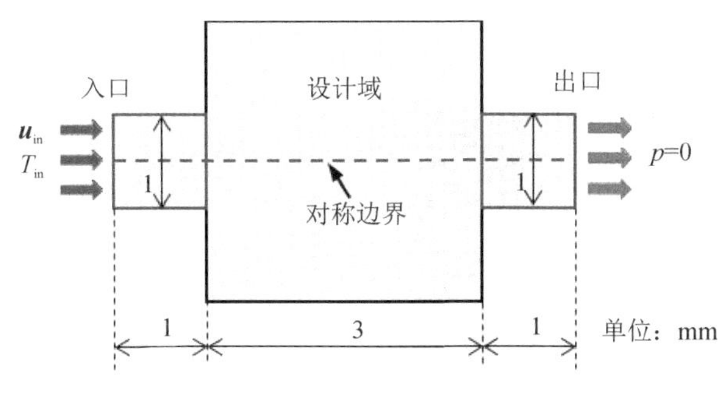

图 8-27　冷却系统设计问题的分析域

表 8-8　本研究中流体和多孔介质的物性参数

参数	符号和单位	数值
流体密度	ρ_f/kg·m^{-3}	1000
流体导热系数	k_f/[W·(m·K)$^{-1}$]	0.6
流体定压比热容	C_{pf}/[J·(kg·K)$^{-1}$]	4180
流体黏度	μ/(Pa·s)	0.001
多孔介质密度	ρ_p/(kg·m^{-3})	7900
多孔介质导热系数	k_p/[W·(m·K)$^{-1}$]	15.2
多孔介质定压比热容	C_{pp}/[J·(kg·K)$^{-1}$]	485
孔隙尺寸(孔径)	d_p/m	2×10^{-4}

2. 多孔模型的影响

1）最优设计的分析和讨论

首先研究传热模型中参数 a 和 b 对优化设计的影响，在 $Re=100$ 时由方程(8-29)得出了规定的入口速度。最优设计如图 8-28 所示，其中 a 和 b 的值为 $a=200$、400、1000、2000，$b=0.01$、0.1、0.3、0.4。方程(8-37)中的压力约束设置为

$p_{\max} = 50$ Pa。随着 a 的增加，流体和多孔介质之间的边界逐渐变得模糊；随着 b 的增加，复杂的流动路径变得简单。但需要注意的是，流体路径中的设计变量 γ 不等于 1，γ 为 0.9 左右，因此，这些流场充满了高孔隙率的多孔材料。从式(8-36)中传热模型的定义可知，a 的增加可以在多孔区域产生更多的热量，因此，当 a 由 200 增加至 400，往往会导致最优设计中具有许多被细分的固体域($\gamma \ll 1$)，这些区域对应于设计域中的多分支通道。在 a 为 1000 和 2000 时，模糊区域表示的是多孔介质中的许多细小通道。另一方面，可以估计，当使用多分支流道结构时，较小的 a 设置意味着浪费压降占主导地位，而非有助于提高传热性能。因此，可以确认：a 越小，固体域越大。类似地，由于较小的 b 在 $|\boldsymbol{u}| < 1$ 时对应于增加方程(8-36)中局部速度的贡献，因此流道的复杂性取决于 b 值的大小，如图 8-28 所示。

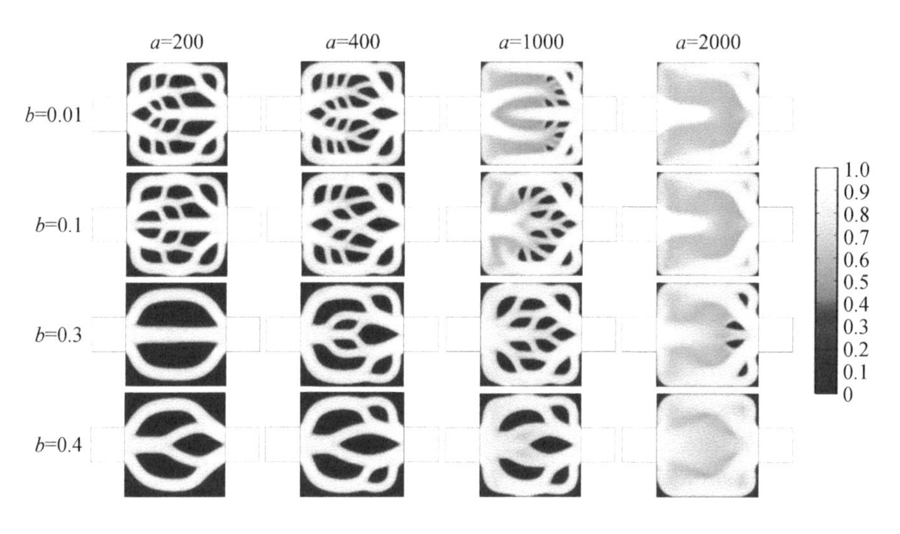

图 8-28 $Re = 100$ 时不同 a、b 值的最优设计

图 8-29 所示为图 8-28 最优设计对应的速度(上半部分)和温度(下半部分)分布，当设置较大的 a 和较小的 b 值时，即使存在具有较宽通道的大面积多孔区域，该区域温度也不会达到最高温度。应该指出的是，虽然为分析实际多孔冷却系统寻找 a 和 b 的实际值超出了本研究的范围，但所提出的模型有可能定性地揭示多孔冷却系统拓扑优化设计的变化。为了进一步分析每个设计的最优性，进行了交叉检查，在特定 a 值下分析了不同 b 值的拓扑优化结构。表 8-9 为不同最优设计目标函数值 J 相对于 b 的交叉检查，并确认在大多数情况下，特定条件下的拓扑优化结构优于其他结构。要注意的是，最优结构的目标函数值并不总是在那一行中最大，但 2% 以内的偏差是可被接受的。

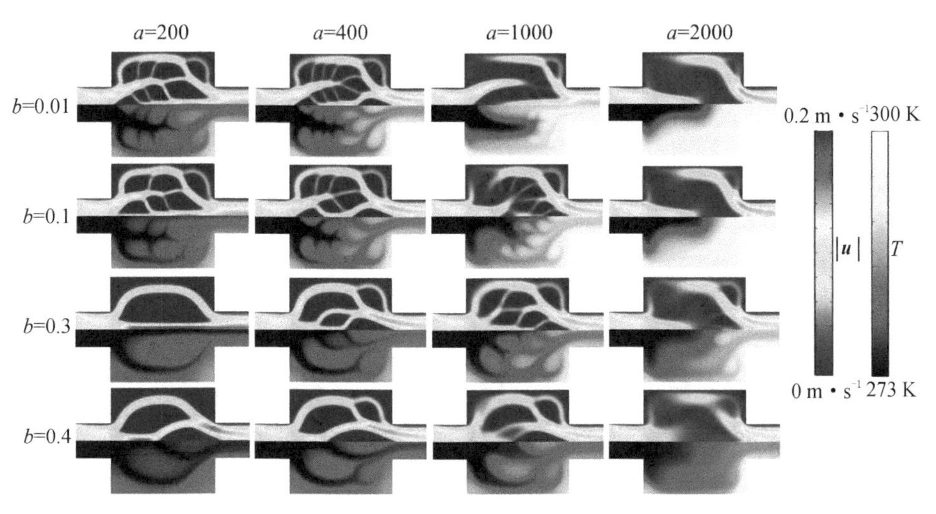

图 8-29 图 8-28 的最优设计对应的速度(上半部分)和温度(下半部分)分布

表 8-9 $Re=100$ 时图 8-28 不同最优设计的目标函数值 J 相对于 b 的交叉检查

分析 b	优化 b			
	0.01	0.1	0.3	0.4
		(a) $a=200$		
0.01	3372	3352	2960	3083
0.1	2593	2607	2500	2556
0.3	1323	1357	1508	1500
0.4	918	947	1103	1091
		(b) $a=400$		
0.01	5095	5064	4743	4437
0.1	4079	4132	4007	3827
0.3	2240	2341	2446	2449
0.4	1599	1686	1810	1848
		(c) $a=1000$		
0.01	8021	7919	7321	6788
0.1	6780	6794	6527	6082
0.3	4129	4275	4487	4339
0.4	3074	3224	3504	3472
		(d) $a=2000$		
0.01	10125	10100	9758	9553
0.1	9167	9187	8992	8819
0.3	6372	6464	6596	6530
0.4	4995	5097	5318	5314

注:表中目标函数值单位为 $W \cdot s^{-1}$。

2）与全多孔材料情况的比较

为了验证“1）最优设计的分析和讨论”中得到的最优设计，我们考虑另外两种情况：一种是设计域充满了某种特定孔隙率的多孔介质，本部分的讨论称之为全多孔材料情况；另一种情况是在设计域中具有一定孔隙率的多孔介质和流体之间有明确的边界，这将在“3）与均质多孔介质拓扑优化情况的比较”中讨论。

$Re=100$ 时有 8 个不同的孔隙率值：ε 为 0.6 ～ 0.95，不同孔隙率的全多孔材料情况下的流速和温度分布如图 8-30 所示。随着孔隙率的增加，连接进出口的通道的流体速度增加，同时，温度在出口处减小。

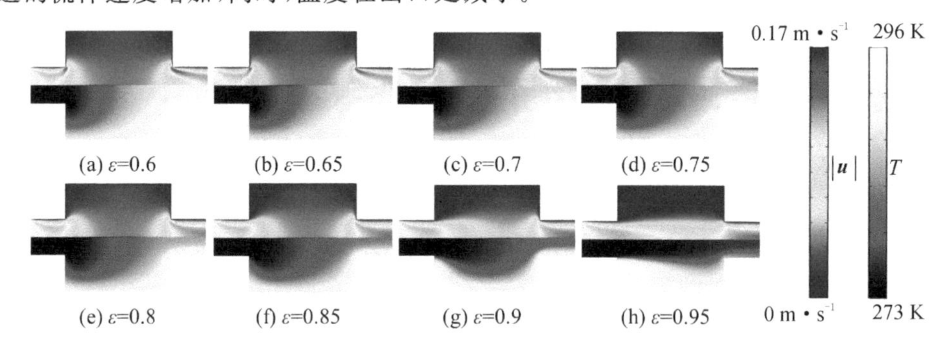

图 8-30　不同孔隙率的全多孔材料情况的速度（上半部分）和温度（下半部分）分布

为了与“1）最优设计的分析和讨论”中的结果进行公平比较，我们需要使用相同的参数来计算目标函数值。为此，我们选择 $a=1000$ 和 $b=0.1$，最优设计及其速度和温度分布分别如图 8-28 和图 8-29 所示。全多孔材料情况下的目标函数值和压降列于表 8-10。从表 8-9 和表 8-10 的结果可以确认，与 $\varepsilon=0.8$ 的全多孔材料情况相比，$a=1000$ 和 $b=0.1$ 的最优设计实现了更大的 J 值和更小的 Δp 值。

表 8-10　不同孔隙率设置的全多孔材料情况下的压降和目标函数值

ε	Δp/Pa	$J/(\mathrm{W\cdot s^{-1}})$
0.6	420.9	9399
0.65	259.2	8691
0.7	157.4	7859
0.75	93.5	6903
0.8	53.9	5814
0.85	30.4	4547
0.9	17.5	2965
0.95	10.4	1245

为了进一步研究所提出方法的有效性，我们比较了最优设计和全多孔材料情

况下关于 J 和 Δp 的帕累托曲线。为了得到最优设计的帕累托曲线，我们求解了不同压力约束下的优化问题，$\Delta p = 10$ Pa、20 Pa、50 Pa、150 Pa、250 Pa、400 Pa。这些最优设计如图 8-31 所示。随着压降的增加，流体域的面积减小而流路的分支增加，同时，中等孔隙率($\varepsilon \approx 0.5$)的多孔介质占据了大部分区域。因为，随着施加压力的增加，压降将足够高以克服由复杂流动通道和更多多孔介质区域产生的流动阻力。结果是，较高压降的情况下会形成更多的多孔区域，从而提高系统的传热性能。图 8-31 中最优设计的目标函数值分别为 $J = 2186$ W・s^{-1}、4525 W・s^{-1}、6794 W・s^{-1}、8747 W・s^{-1}、9437 W・s^{-1}、9998 W・s^{-1}。因此，可以得出结论，通过产生更复杂的流动通道和增加多孔介质的面积，更高的压降可能导致最优结构具有更好的传热性能。现在我们已经获得了最优结构和全多孔材料情况下具有一系列不同压降值的目标函数值。最优设计和全多孔材料情况的帕雷托曲线如图 8-32 所示，从图 8-32 中可以看出，最优结构的传热性能完全支配着全多孔材料情况。

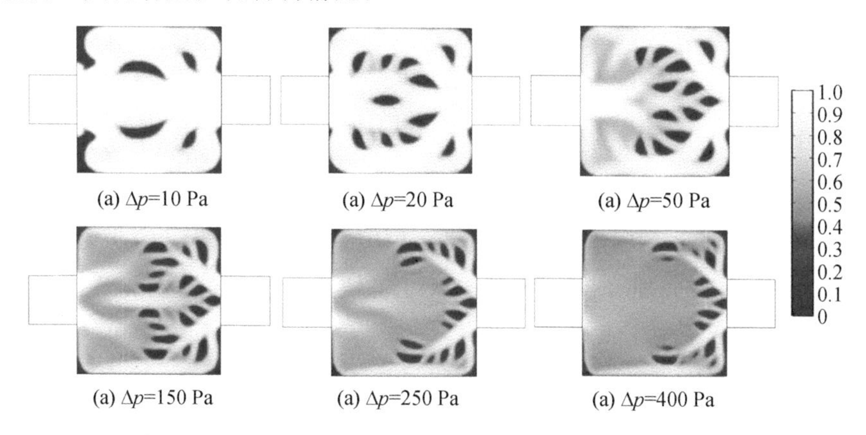

图 8-31　不同压降下的最优设计($a = 1000$、$b = 0.1$)

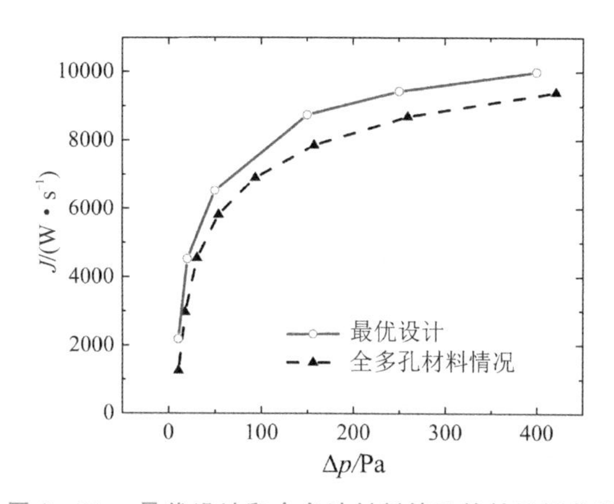

图 8-32　最优设计和全多孔材料情况的帕累托曲线

3）与均质多孔介质拓扑优化情况的比较

在本部分中，我们将比较所提出非均质多孔设计方法与具有明确边界的均质多孔设计之间的性能，其中设计变量 γ 为 0 和 1 分别表示某种均质多孔介质和纯流体。为了如传统的拓扑优化方法一样消除灰度区域，我们对 α 使用以下插值函数[51]：

$$\alpha(\gamma)=\alpha_{\max}\frac{q(1-\gamma)}{(q+\gamma)},\ \alpha_{\max}=\frac{\mu}{K} \tag{8-38}$$

式中，$q>0$ 是控制 α 凸度的参数。q 的初始调整参数设置为 $q=0.01$，在去除灰度区域的优化过程中逐渐增加到 1.0。请注意，K 由等式（8－30）给出。多孔介质的物理性质使用以下插值函数表达：

$$\begin{cases}\rho(\gamma)=\rho_p+(\rho_f-\rho_p)\gamma\dfrac{1+q_k}{\gamma+q_k}\\ C_p(\gamma)=C_{pp}+(C_{pf}-C_{pp})\gamma\dfrac{1+q_k}{\gamma+q_k}\\ k(\gamma)=k_p+(k_f-k_p)\gamma\dfrac{1+q_k}{\gamma+q_k}\end{cases} \tag{8-39}$$

式中，q_k是一个作用在材料上抑制中间设计变量的惩罚参数，设置为 $q_k=0.01$。人工热源插值为

$$Q(\gamma)=\beta_m(T_{ref}-T)\frac{(1-\gamma)}{\gamma+q_k}|\boldsymbol{u}|^b \tag{8-40}$$

为了减少多孔介质和流体之间的灰度区域，将平滑的赫维赛德投影阈值方法[189]应用于滤波设计域：

$$\bar{\tilde{\gamma}}=\frac{\tanh(\beta\eta)+\tanh(\beta(\tilde{\gamma}-\eta))}{\tanh(\beta\eta)+\tanh(\beta(1-\eta))} \tag{8-41}$$

式中，$\bar{\tilde{\gamma}}$ 表示投影设计变量场；η 是投影阈值参数，这里 $\eta=0.5$；β 是控制投影陡度的参数，在本研究中设置为 4。

为了获得“2）与全多孔材料情况的比较”中展示的帕累托曲线，我们解决了在最大压力约束为 10 Pa 到 420 Pa 之间的均质多孔介质的拓扑优化问题。最优设计如图 8－33 所示，其中 $\gamma=0$ 分别对应于孔隙率 $\varepsilon=0.3$［见图 8－33(a)］和 $\varepsilon=0.6$［见图 8－33(b)］的多孔介质。随着压力约束的增加，流道由连续变为不连续，且多孔介质的面积增加。$\varepsilon=0.3$ 时，p_{max} 从 20 Pa 到 50 Pa，可以观察到更多的流动分支，因为增加传热量的主要方法是在压降较低时增加流速。

但是，由于拓扑优化过程中的设置不同，无法直接将结果与“1）最优设计的分析和讨论”中先前的结果进行比较。因此，基于图 8－33 中得到的最优结构，在计算中使用与“1）最优设计的分析和讨论”中相同的设置以进行公平比较。也就是说，等式(8－38)～(8－41)中的凸插值函数被第 8.2.1 节中定义的原始函数替换。如

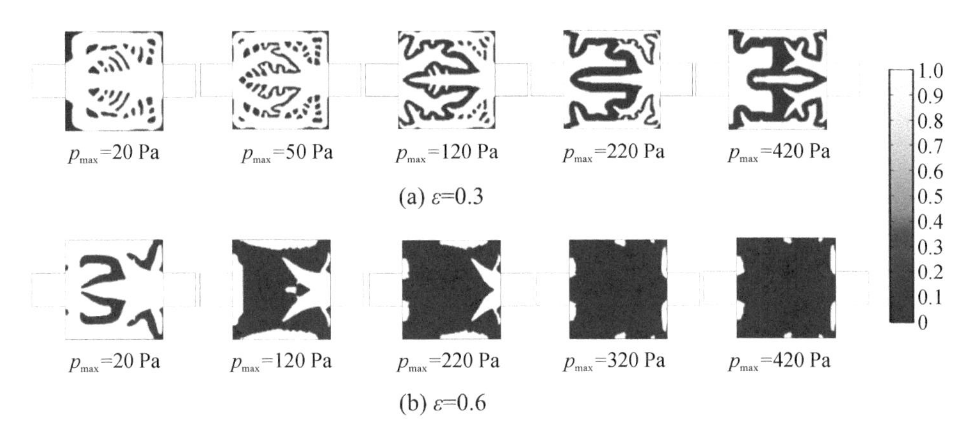

图 8－33　均质多孔介质的拓扑优化结果

图 8－34 所示为均质多孔介质情况的流速(上半部分)和温度(下半部分)分布。压降和目标函数的计算结果列于表 8－11。由图 8－34(a)可知较高的流速出现在高压降的最优结构中以增强对流传热,这可以在出口的温度分布中观察到。从表 8－11 可以看出,当 ε＝0.3 时,压降和目标函数随着 p_{max} 的增加而增加。然而,当 ε＝0.6、p_{max}＝120 Pa时,目标函数值大于其他情况下的值。可能的原因是使用了不同于拓扑优化过程的参数来获得这些结果,这使得它们不是特定条件下的最优值。

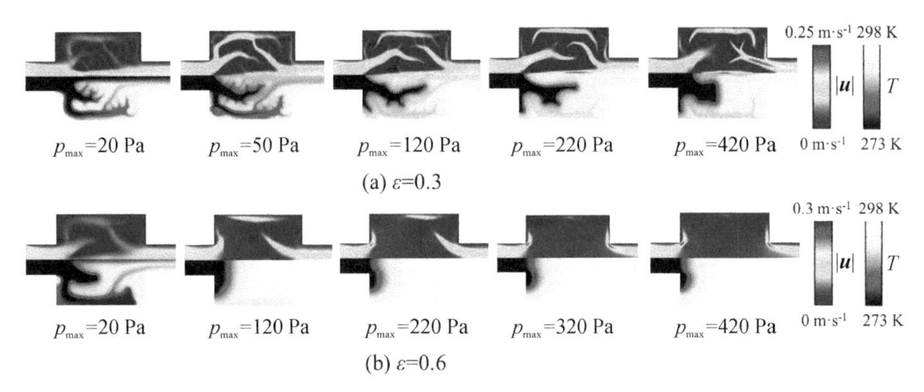

图 8－34　使用非均质设置参数对图 8－33 进行计算后的速度(上半部分)和温度(下半部分)分布

表 8－11　图 8－34 对应的压降和目标函数的计算结果

p_{max}/Pa	Δp^{cal}/Pa	$J^{cal}/(W \cdot s^{-1})$
	(a) ε＝0.3	
20	24.2	1975
50	71	3628

续表

p_{max}/Pa	Δp^{cal}/Pa	J^{cal}/(W·s^{-1})
120	146.3	4906
220	254.9	5571
320	381.1	6058
	(b)ε=0.6	
20	20.7	3995
120	122.1	6610
220	220.5	6501
320	314.6	6547
420	328.9	6502

注:上标“cal”代表每个值是使用所提出的非均质多孔模型计算得到的。

到目前为止,在相同设置下获得了以下情况下目标函数值的结果:非均质多孔介质的最优设计、全多孔材料情况、均质多孔介质情况(ε=0.3 和 ε=0.6)。如图 8-35所示,最优设计的传热性能完全占主导地位,另外,ε=0.6 时只画出两个点的原因是所研究的条件下不再有帕累托解。从图 8-35 中可以发现均质多孔介质情况的传热性能甚至比全多孔材料情况更差,这是因为为了公平比较,均质多孔介质情况的最优结果是使用了与非均质多孔介质相同的设置进行计算,从而得到这样的结果。接下来,需要比较全多孔材料情况和均质多孔介质情况的优化结果采用相同设置时的计算结果。

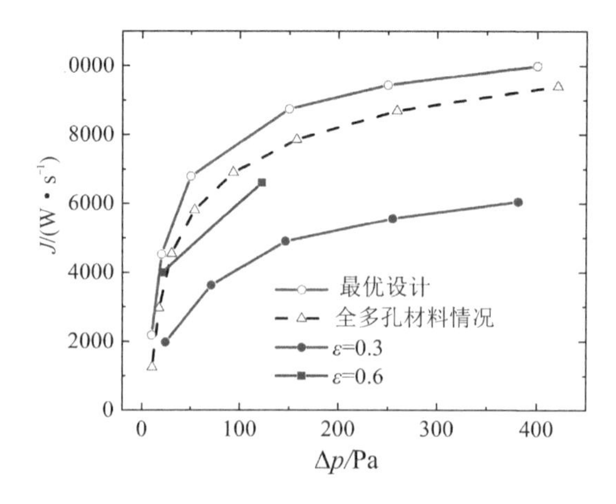

图 8-35 最优设计、全多孔材料情况和不同孔隙率设置下(均质多孔介质情况)的帕累托曲线

采用均质多孔介质情况得到的最优结构，然后用与全多孔材料情况相同的设置进行计算。采用相同的压降用作入口边界条件。均质多孔介质情况和全多孔材料情况的压力约束、压降、目标函数列于表 8－12。可以看出，目标函数随着压力约束的增加而增加。此外，在相同压降条件下，均质多孔介质情况的目标函数值始终大于全多孔材料情况，这证明均质多孔介质情况的最优结构的传热性能优于全多孔材料情况。基于这一结果，我们可以得出结论，最佳传热能力结构是非均质多孔介质的最优设计，其次是均质多孔介质的最优设计，最后是所研究的全多孔材料情况。

表 8－12　均质多孔介质的优化结果和全多孔材料情况的计算结果

p_{max}/Pa	Δp/Pa	J^{opt}/(W・s^{-1})	J^{fp}/(W・s^{-1})
	(a)ε=0.3		
20	20	1795	22
50	50	3267	52
120	120	5088	127
220	220	6394	239
420	420	7524	467
	(b)ε=0.6		
20	20	5066	967
120	119.9	10872	4976
220	219.6	11766	7169
320	317.2	12019	8471
420	331.7	12049	9327

注：上标“opt”代表均质多孔模型的优化结果，“fp”代表全多孔材料情况，每个值都是使用均质多孔模型计算获得的。

3. 雷诺数的影响

1）$Re=1$

我们在这里研究了较低 Re 条件下的最优设计。图 8－36 显示了不同 a 和 b 设置下 $Re=1$ 时的最优设计。请注意，最大压降设置为 $\Delta p=1$，以便在 $Re=1$ 下获得有意义的设计。如图 8－36 所示，观察到多孔介质的面积随着 a 的增加而增加，结构变得更加复杂。最优设计的速度和温度分布如图 8－37 所示。出口温度随着 a 的增加和 b 的减小而升高。当 $a=1$ 和 $b=0.4$ 时，传热性能最差，因为最优设计中包含单个直流体通道。当 $a=1$ 时，速度可能很低，只能克服简单流道产生的流动阻力而保持较低的流速。然后，当 a 的值增加时，传热性能提高。图 8-36 中不同最优设计的目标函数值的交叉检查结果列于表 8-13。忽略 2%偏差的值，可以确认拓扑优化结构在特定条件下优于其他结构。

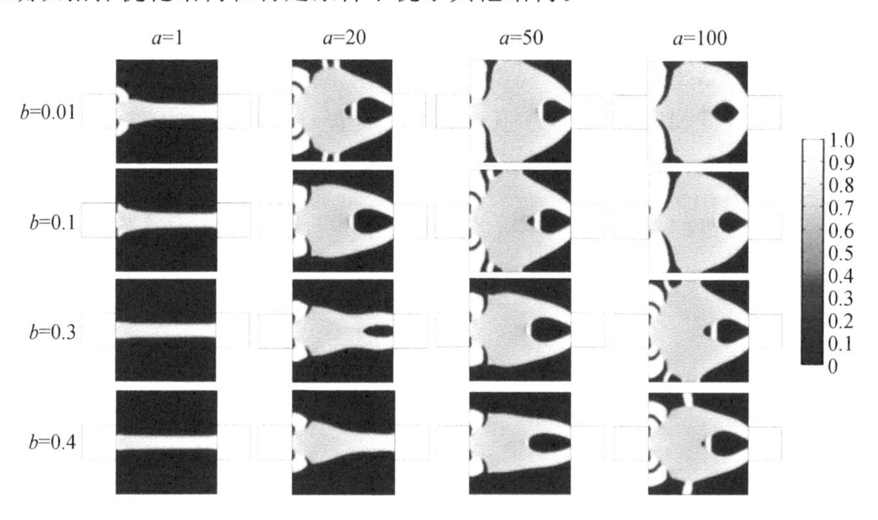

图 8-36　$Re=1$ 时不同 a、b 值的最优设计

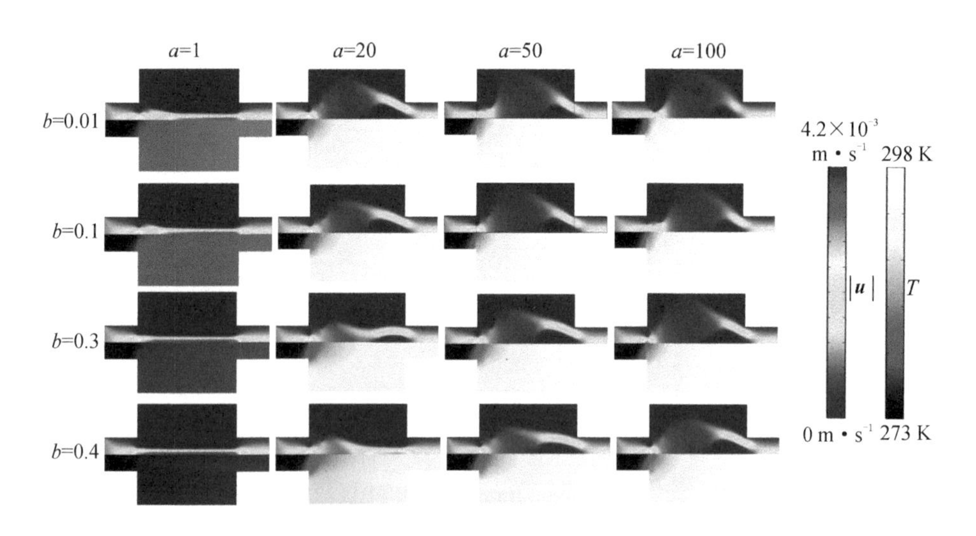

图 8-37　图 8-36 最优设计对应的速度(上半部分)和温度(下半部分)分布

表 8-13　$Re=1$ 时图 8-36 最优设计的目标函数值相对于 b 的交叉检查

分析 b	优化 b			
	0.01	0.1	0.3	0.4
	(a) $a=1$			
0.01	31.98	31.66	31.07	30.82
0.1	24.36	24.37	24.16	24.02
0.3	11.83	12.03	12.12	12.11
0.4	7.88	8.06	8.16	8.17
	(b) $a=20$			
0.01	79.78	79.97	78.43	77.66
0.1	76.49	76.97	75.99	75.46
0.3	61.18	63.11	64.39	64.92
0.4	50.46	53.08	55.54	56.66
	(c) $a=50$			
0.01	81.78	80.65	80.72	80.07
0.1	81.84	81.14	81.24	80.54
0.3	74.51	75.3	76.94	76.69
0.4	66.38	67.95	71.21	71.51
	(d) $a=100$			
0.01	80.27	79.13	77.55	77.27
0.1	81.46	81.13	79.62	79.31
0.3	79.4	80.79	80.78	80.76
0.4	74.74	76.8	78.2	78.72

注：表中目标函数值单位为 $W \cdot s^{-1}$。

2) $Re=200$

作为最后的算例研究，我们研究了在较高 Re 条件下的最优设计。图 8-38 展示了不同 a 和 b 设置下 $Re=200$ 时的最优设计，与 $Re=1$ 和 $Re=100$ 的情况相比，可观察到更多的分支流道。这一特点在以前的设计冷却通道的拓扑优化工作中也得到了观察[135,145]，众所周知，与较低的 Re 设置相比，这种较高的 Re

设置会导致最优设计具有更高的将冷却剂分配到分析域的能力。最优设计的流速和温度分布如图 8-39 所示,目标函数值的交叉检查如表 8-14 所示。与前面第 8.2.3 的第(1)节中的讨论类似,简单流道的设计具有较差的传热性能(如 $a=200$、$b=0.4$),大面积多孔介质和多种孔隙率的设计具有更好的传热性能(如 $a=2000$、$b=0.01$)。

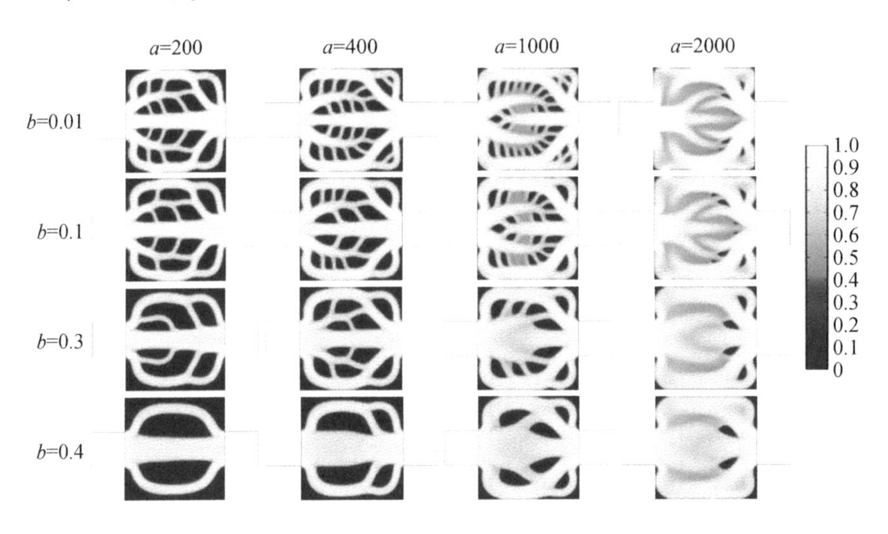

图 8-38 $Re=200$ 时不同 a、b 值的最优设计

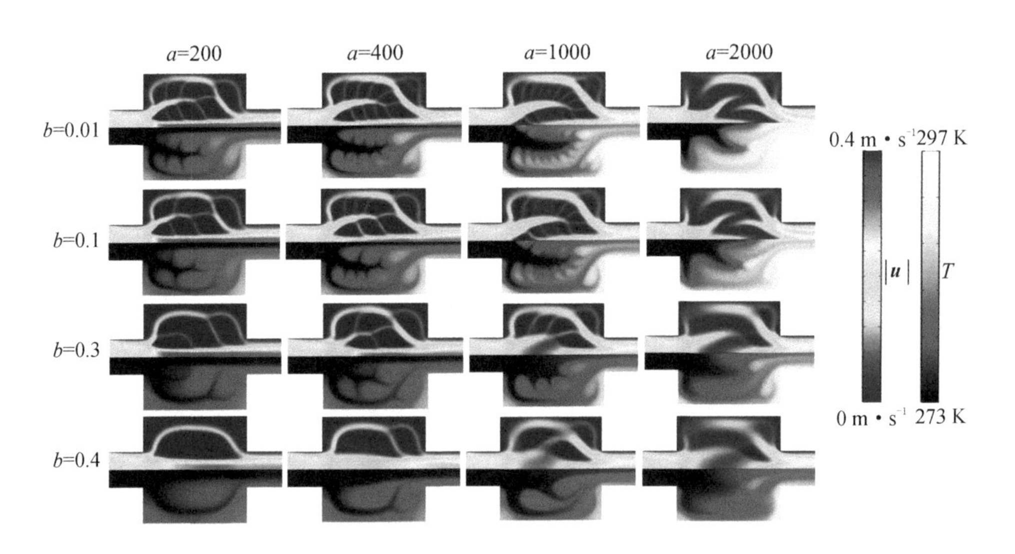

图 8-39 图 8-38 的最优设计对应的速度(上半部分)和温度(下半部分)分布

表 8-14 $Re=200$ 时图 8-38 最优设计的目标函数值相对于 b 的交叉检查

分析 b	优化 b			
	0.01	0.1	0.3	0.4
		(a)$a=200$		
0.01	3804	3804	3608	3315
0.1	2910	2956	2918	2772
0.3	1497	1554	1640	1664
0.4	1054	1100	1184	1231
		(b)$a=400$		
0.01	6077	6054	5692	4996
0.1	4758	4837	4706	4295
0.3	2577	2703	2797	2774
0.4	1860	1968	2081	2131
		(c) $a=1000$		
0.01	10770	10759	9952	9283
0.1	8818	8925	8558	8093
0.3	5259	5444	5622	5527
0.4	3968	4138	4397	4403
		(d) $a=2000$		
0.01	15388	15297	14957	14561
0.1	13220	13252	13148	12855
0.3	8692	8899	9168	9114
0.4	6833	7069	7417	7448

注：表中目标函数值单位为 $W \cdot s^{-1}$。

8.2.4 小结

8.2 节提出了一种求解流体与非均匀多孔材料对流换热问题的拓扑优化方法，而以往研究冷却系统拓扑优化的工作主要集中在流体与非渗透固体或均匀多孔材料的对流换热问题上。我们将优化问题描述为在固定雷诺数和压降约束下的传热性能最大化问题，比较了不同多孔材料情况下的分布，验证了本节方法的有效性。此外，还研究了不同雷诺数的情况。可以得出以下结论。

(1)本节提出的包含热源和局部速度信息的目标函数的拓扑优化问题，定性地描述了实际多孔介质的传热机理。

(2)在一定条件下，非均匀多孔介质的拓扑优化结构比全多孔介质和均匀多孔介质情况具有更好的传热性能。

(3)随着热源项系数的增加，树状优化结构的流动分支数增加，然后，由于多孔介质在每个单元具有不同的孔隙率，结构中的边界变得模糊。

(4)最优设计中，在较高的雷诺数条件下可以产生更多的流道分支，这一性质在以往的冷却流体拓扑优化设计工作中也得到了证实。

8.3 热沉流道的多目标拓扑优化

除了固定热源散热器外，散热热沉因其可大大提高传热设备的散热速率和稳定工作温度也被广泛关注，已被应用于发光二极管(light emitting diode, LED)散热、中央处理器(central processing unit, CPU)冷却、电子封装和航空航天等领域。因此，基于热沉流道的散热需求和其他流体性能要求，以及寻求更高的综合性能，本节针对热沉流道的多目标拓扑优化问题进行探索，采用与上节相同的热流耦合拓扑优化方法，而多目标函数的建立则是采用 ε 约束(ε-constraint)模型。本节还将研究不同多目标函数(目标函数个数≥3)加权系数下二维热沉流道的拓扑优化问题，以揭示流道拓扑结构及性能的演化规律。

8.3.1 Y 型热沉流道

本节进一步开展基于变密度法的拓扑优化在热沉流道领域的理论研究，给出一种高效的多目标函数表达，并将其与流体流动方程和对流传热方程进行耦合，建立能够实现多性能目标协同优化的热沉流道散热器模型。另外，通过研究提出的多目标优化方法，获得高性能和功能多样化的热沉流道形式。对于热沉流道，其基本的性能优化目标包括流动能量损失、传热效率和散热均匀性等。本节开展的优化设计问题主要是研究不同多目标加权系数变化对优化设计结果的影响，揭示拓扑优化结构随目标函数的进化机制。

问题描述。Y 型热沉散热器的设计模型如图 8-40 所示，其流道的进出口结构由分布于相对两侧的两个进口和一个出口组成。从图中可以看出整个设计模型是关于虚线对称的，本节将虚线设定为对称边界，设计模型的上半部分作为设计

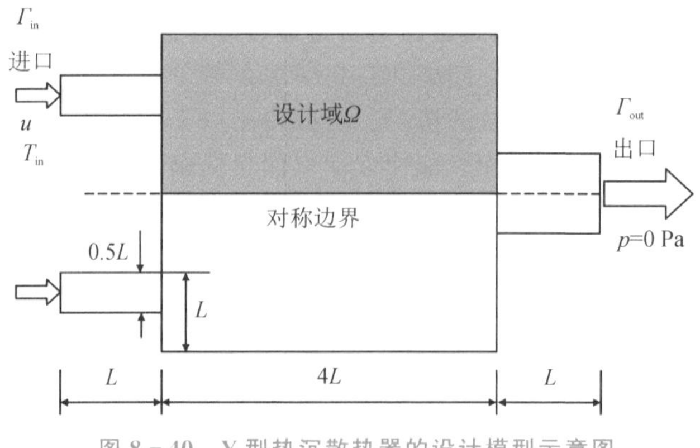

图 8-40 Y 型热沉散热器的设计模型示意图

域，即红色区域为设计域 Ω，左右两侧的白色区域分别为进口和出口，其中进口有上下两个流道。冷流体从两个进口流入设计域，和其中的固体热源进行热交换后，以热流体状态从单个出口流出。参数 L 和 T_{in} 分别设置为 1 mm 和 293.15 K，进出口边界条件 Γ_{in} 和 Γ_{out} 分别设定为狄利克雷边界和诺伊雷边界。除了用换热量 J_{Q_1} 来表征微通道散热器的传热效率外，还需要考虑是否要用整个设计域中的温度方差来表述温度的一致性。因而本节选取最大化换热量目标函数 J_{Q_1} 或最小化温度方差目标函数 J_{Q_4} 作为微通道散热器的传热优化目标，最小化流动能耗目标函数 J_{f_1} 作为流动优化目标。

8.3.2　ε 约束多目标模型

1. 单目标函数的数学描述

热沉流道流-固耦合传热的优化需要同时考虑流体流动目标、传热目标及固体分布的问题。固体分布的问题通过在纳维-斯托克斯方程中加入包含设计变量 γ 的体积力及各种插值函数来实现。对于流体流动目标和热目标，需要权衡两者的重要性，调整各个目标所占的比例，从而达到实际工程的设计需求。

对于流体流动目标函数 J_f，通常使用流体能量耗散或者流动损失来表示流体在设计域中流动所消耗的能量，其表达式为

$$J_{f_1} = \int_{\Omega} \left(\frac{1}{2}\mu(\nabla \boldsymbol{u} + \nabla \boldsymbol{u}^{\mathrm{T}}) : (\nabla \boldsymbol{u} + \nabla \boldsymbol{u}^{\mathrm{T}}) + \alpha \boldsymbol{u}^2 \right) \mathrm{d}\Omega \tag{8-42}$$

$$J_{f_2} = \int_{\Gamma_{in}} \left(p + \frac{\rho}{2} |\boldsymbol{u}|^2 \right) \mathrm{d}\Gamma - \int_{\Gamma_{out}} \left(p + \frac{\rho}{2} |\boldsymbol{u}|^2 \right) \mathrm{d}\Gamma \tag{8-43}$$

式中，J_{f_1} 为最小化能量耗散目标函数；Ω 为设计域；J_{f_2} 为最小化流动损失目标函数；Γ_{in} 为进口边界；Γ_{out} 为出口边界。

对于传热目标函数 J_Q，由于设计域中的固体为单热源，流体不产生热量而仅通过换热带走热量，故整个设计域的换热量越大，即固体域温度越低或者流体域温度越高，表明设计域的传热效果越好、传热性能越优。传热目标可表示为

$$J_{Q_1} = \int_{\Omega} Q(\gamma) \mathrm{d}\Omega = \int_{\Omega} \beta(1-\gamma)(T_{ref} - T) \mathrm{d}\Omega \tag{8-44}$$

$$J_{Q_2} = \int_{\Omega} (1-\gamma) T \mathrm{d}\Omega \bigg/ \int_{\Omega} (1-\gamma) \mathrm{d}\Omega \tag{8-45}$$

$$J_{Q_3} = \int_{\Omega} \gamma T \mathrm{d}\Omega \bigg/ \int_{\Omega} \gamma \mathrm{d}\Omega \tag{8-46}$$

式中，J_{Q_1} 为最大化换热量目标函数；J_{Q_2} 为最小化固体域温度目标函数；J_{Q_3} 为最大化流体域温度目标函数。虽然三个目标函数的表达式不同，但均可表述设计域传

热性能的优劣(本文选取 J_{Q_1} 进行后续研究)。

此外,除了提升传热效率外,还需考虑整体的传热均匀性。为了数学描述设计域中温度分布的均匀与否,可通过建立温度方差目标函数来表述温度一致性的大小,表达式为

$$J_{Q_4} = \int_{\Omega} (T - \overline{T})^2 \mathrm{d}\Omega / V \tag{8-47}$$

$$\overline{T} = \int_{\Omega} T \mathrm{d}\Omega / V \tag{8-48}$$

式中,J_{Q_4} 为最小化温度方差目标函数;$\overline{T}$ 为设计域的平均温度;V 为设计域的体积。

2. 多目标函数构建

对于多目标的优化问题,其需要达到多个目标,并且多个目标之间往往存在冲突,对于一个目标的优化往往是以牺牲其他目标为代价的,故在处理多目标时,尤其在大于等于 3 个目标时,通常考虑总目标函数,使其达到最优解。针对此问题,本节将 ε 约束多目标模型引入热沉流道的拓扑优化设计中。

采用 ε 约束的方法将上述流动和传热的优化目标组合起来。由于传热目标是热沉拓扑优化的主要优化目标,所以选取一个传热目标作为主目标函数,而其他传热及流动目标函数则转化为约束条件。对于最小化/最大化目标,加入上界/下界作为约束条件,以最大化换热量目标函数 J_{Q_1}、最小化温度方差目标函数 J_{Q_4} 及最小化能量耗散(即下文的“流动能耗”)目标函数 J_{f_1},并且以最大化换热量作为主目标函数为例,ε 约束模型下的热沉流-固耦合传热系统多目标拓扑优化的数学模型可表示为

$$\begin{cases} \max\text{: } J_{Q_1}(\boldsymbol{u}, T, \gamma) \\ \text{subject to } \begin{cases} \rho(\boldsymbol{u} \cdot \nabla)\boldsymbol{u} + \nabla p - \mu \nabla \cdot [\nabla \boldsymbol{u} + (\nabla \boldsymbol{u})^{\mathrm{T}}] = -\alpha \boldsymbol{u} \\ -\nabla \cdot \boldsymbol{u} = 0 \\ \rho(\gamma) C_p(\gamma)(\boldsymbol{u} \cdot \nabla) T = k(\gamma) \nabla^2 T + Q(\gamma) \\ 0 \leqslant \gamma \leqslant 1 \\ V_{f_1} \leqslant \dfrac{\int_{\Omega} \gamma \mathrm{d}\Omega}{V} \leqslant V_{f_2} \\ J_{f_1} \leqslant \varepsilon_1 \cdot J_{f_{1-0}} \\ J_{Q_4} \leqslant \dfrac{J_{Q_{4-0}}}{\varepsilon_2} \end{cases} \end{cases} \tag{8-49}$$

式中,ε_1 和 ε_2 分别为流动能耗和温度方差目标函数的权重系数;$J_{Q_{4-0}}$ 和 $J_{f_{1-0}}$ 分别为温度方差目标函数和流动能耗目标函数的参考值。

8.3.3　数值算例

1. 数值求解

控制方程通过商业有限元分析软件 COMSOL Multiphysics 实现求解。COMSOL Multiphysics 中的计算流体动力学模块和流体传热模板分别用于计算流体流动和传热问题。多目标拓扑优化模型的求解按照图 8－26 所示程序流程进行，这与非均质多孔介质的对流传热拓扑优化问题的求解过程一致。数值求解过程中，目标函数采用 ε 约束多目标优化模型函数，设置的最大优化迭代步数为 200 步。

2. 结果分析

根据上述建立的三目标拓扑优化计算模型，通过调整流动能耗和温度方差的权重系数 ε_1 和 ε_2 得到不同权重系数下的最优拓扑结构如图 8－41 所示。从图中可以看出，微通道散热器的流道结构随着流动能耗、温度方差目标函数的权重系数 ε_1、ε_2 的增加而变得更加复杂。当 $\varepsilon_2=1$ 时，温度方差目标函数的约束上限最大，设计域温度方差的可变化范围最大，故不同 ε_1 下的最优拓扑结构差异较大，随着 ε_1 的增加，固体热源的体积逐渐减小，其分布更加集中，设计域中的分支流道逐渐增多，流道结构更加复杂，流体与固体热源的热交换面积更大，相对应的设计域的换热量逐渐增加，流动能耗逐渐增加，温度方差逐渐降低，但仍在约束范围内。当

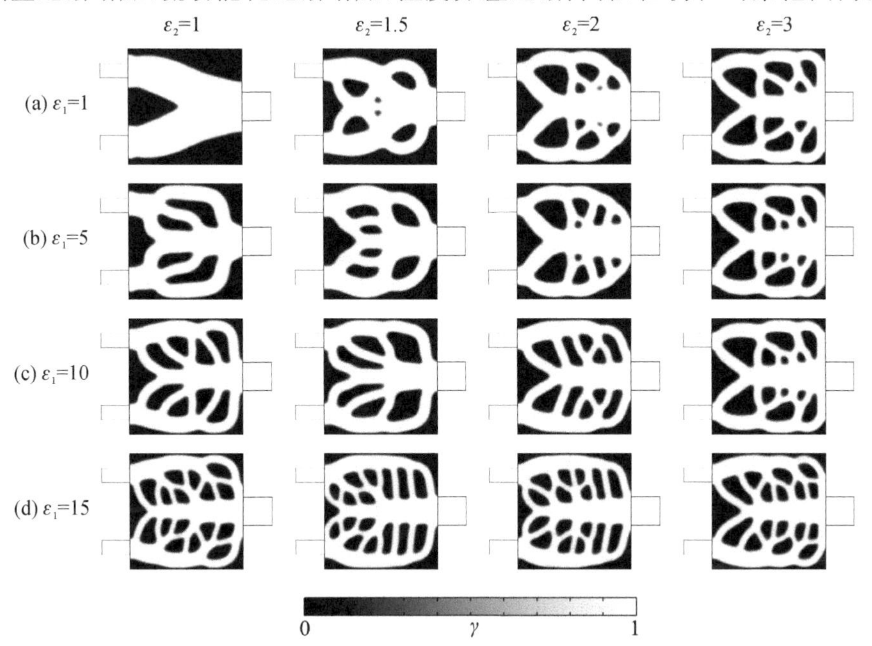

图 8－41　不同权重系数下的最优拓扑结构

$\varepsilon_2=1.5$ 时,温度方差目标函数的约束上限较 $\varepsilon_2=1$ 时降低,设计域的温度方差的可变化范围相对减小,随着 ε_1 的增加,设计域的流道结构变化趋势和 $\varepsilon_2=1$ 时的类似,在较低的 ε_1 下,最优拓扑结构相对更加复杂,流动能耗更高,温度方差更小;而在较高的 ε_1 下,最优拓扑结构变化不大,因为此时流动能耗目标函数的约束上限更高,设计域可以满足更加复杂的流道结构,并且没有超出温度方差目标函数的约束上限。随着 ε_2 的增加,温度方差目标函数的约束上限逐渐降低,设计域的温度方差的可变化范围逐渐减小,设计域的最优拓扑结构更加复杂,变化趋势为固体热源起到更好的分流消耗作用,进口处的固体热源更宽大,而出口处的固体热源更细小,并且呈现零散化分布,这种固体热源的分布形态主要是为了满足更小的温度方差目标函数。特别的是,当 ε_2 较大时,由于温度方差目标函数的约束,使得设计域温度方差较小,流道结构较为复杂,并且随着 ε_1 的变化,设计域的最优拓扑结构变化不大,因为此时的流动能耗目标函数不再满足其约束的限制,设计域以最大化换热量为主目标函数,以温度方差为主要约束,而流动能耗目标函数的约束不再生效,合理的解释为:当设计域的约束条件相互制约时,其最大化换热量的主优化目标和最小化温度方差的约束条件均属于有关设计域传热的目标函数,故优先满足设计域中的传热约束,即最小化温度方差约束。

图 8-42 为不同权重系数下的速度场和温度场分布图。当 ε_2 较小时,随着 ε_1 的增大,设计域的流道结构逐渐变得复杂,流体从入口处流入主流道,由于主流道

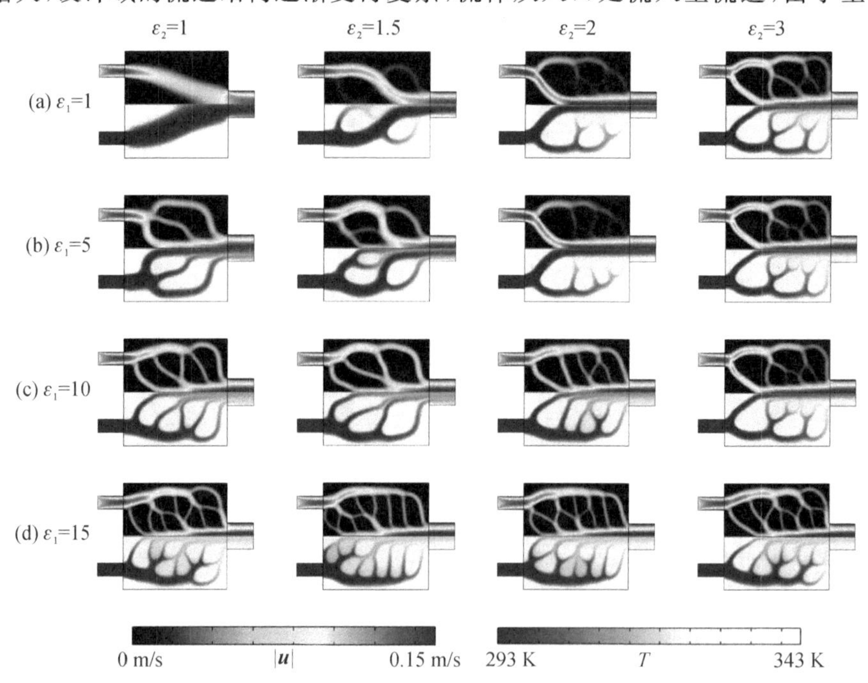

图 8-42 不同权重系数下的速度场(上半部分)和温度场(下半部分)部分

的面积较大，流-固热交换面积较小，流速较大，换热量较小，故主流道中均为流速较高、温度较低的高速低温流体；流体从主流道中流入分支流道后，ε_1 值越大，块状固体热源体积越小，其分布越密集，分支流道结构越复杂，流速越低，流-固热交换面积越大，换热量越大，故分支流道中由低速低温红色流体逐渐变为低速高温黄色流体，流体在分支流道中和固体热源进行充分的热交换过程；流体以高温流体汇集到出口附近的主流道中，并以高流速从出口流出设计域，完成和设计域的热交换过程。当 ε_2 较大时，随着 ε_1 的增大，设计域的流道结构变化不大，流体从入口处流入设计域后被固体热源分流，并以较高流速流入后续细小的两个分支流道中，每流出一个分支流道又会被另一块较小的固体热源分流，而流入后续分支流道中，故此时流-固热交换面积较大，流体与固体热源换热更加充分，流体以更高的温度流出设计域。

当 ε_2 较小时，随着 ε_1 的增加，根据流场分析得到设计域的流动能耗呈现线性增加的趋势，这符合 ε 约束模型下的变化趋势，并且更高的流动能耗意味着更加复杂的流道结构、更大的流-固热交换面积，因而换热量随着 ε_1 的增加而增加，温度方差和热阻也相对应地降低。当 ε_2 较大时，各个参数随着 ε_1 的增加而变化不大，主要原因是此时的最优拓扑结构变化不大，设计域的流动能耗目标函数不再满足约束需求，仅仅满足最大化换热量和最小化温度方差两个传热性能目标函数的需求。

参考文献

[1] 孙尔康,张剑荣,陈国松,等. 仪器分析实验[M]. 南京:南京大学出版社,2019.

[2] 刘军,冯艳君,宋凯. 基因芯片制备及数据分析技术[M] . 西安:西安电子科技大学出版社,2015.

[3] 府伟灵. 生物芯片概述[J] . 第三军医大学学报,2002,1(24):1 - 2.

[4] MANZ A, GRABBER N, WIDMER H M. Miniaturized total chemical analysis systems: A novel concept for chemical sensing[J]. Sensors and Actuators B: Chemical, 1990, 1(1 - 6): 244 - 248.

[5] REYES D R, LOSSIFIDIS D, AUROUX P A, et al. Micro total analysis systems. 1. Introduction, theory, and technology[J]. Analytical Chemistry, 2002, 74(12): 2623 - 2636.

[6] AUROUX PA, REYES DR, IOSSIFIDIS D, et al. Micro total analysis systems. 2. Analytical standard operations and applications[J]. Analytical Chemistry, 2002, 74(12): 2637 - 2652.

[7] 王云霞,赵淑环,侯霞霞,等. 生物芯片技术检测奶牛饲料中多种真菌毒素[J]. 乳业科学与技术,2019,42(4):30 - 33.

[8] 李周敏,李心爱,康希,等. 蛋白芯片技术在食品安全检测中的应用进展[J] . 食品安全质量检测学报,2019,10(10):2912 - 2917.

[9] 徐佳楠,潘明,李天舒,等. 多重 PCR 技术和呼吸道病原体微流体芯片在诊断儿童急性呼吸道病毒感染中的应用[J] . 中华实验和临床病毒学杂志,2020,34(2):202 - 206.

[10] OH K W, LEE K, AHN B, et al. Design of pressure-driven microfluidic networks using electric circuit analogy[J]. Lab on A Chip, 2012, 12(3): 515 - 545.

[11] 王志鑫. 用于混合及微液柱制备的微流控芯片设计与制备[D] . 北京:北京化工大学,2014.

[12] ZHANG C, XING D, LI Y. Micropumps, microvalves, and micromixers within PCR microfluidic chips: advances and trends[J]. Biotechnology Advances, 2007, 25(5): 483 - 514.

[13] 王金帅,傅天麒,辛华钰. 电子产业被动式散热前沿技术[J]. 中国战略新兴产业,2019,000(14):150.
[14] YAJI K. Topology optimization using the lattice Boltzmann method and applications in flow channel design sconsidering thermal and two-phase fluid flows[D]. Kyoto: Kyoto University, 2016.
[15] SCHMIT L A. Structural design by systematic synthesis: Proceedings of the 2nd ASCE conference on electronic computation [C]. New York: ASCE, 1960.
[16] PIRONNEAU O. On optimum profiles in Stokes flow[J]. Journal of Fluid Mechanics, 1973, 59(1): 117 - 128.
[17] BENDSØE M P, KIKUCHI N. Generating optimal topologies in structural design using a homogenization method[J]. Computer Methods in Applied Mechanics and Engineering, 1988, 71(2): 197 - 224.
[18] ESCHENAUER H A, OLHOFF N. Topology optimization of continuum structures: areview[J]. Applied Mechanics Reviews, 2001, 54(4): 331 - 390.
[19] SIGMUND O. On the design of compliant mechanisms using topology optimization[J]. Mechanics of Structures and Machines, 1997, 25 (4): 493 - 524.
[20] LI Q, STEVEN G P, XIE Y M, et al. Evolutionary topology optimization for temperature reduction of heat conductingfields[J]. International Journal of Heat and Mass Transfer, 2004, 47(23): 5071 - 5083.
[21] GERSBORG-HANSEN A, BENDSØE M P, SIGMUND O. Topology optimization of heat conduction problems using the finite volume method[J]. Structural and Multidisciplinary Optimization, 2006, 31(4): 251 - 259.
[22] BRUNS T E. Topology optimization of convection-dominated, steady-state heat transfer problems[J]. International Journal of Heat and Mass Transfer, 2007, 50(15 - 16): 2859 - 2873.
[23] MARCK G, NEMER M, HARION J-L. Topology optimization of heat and mass transfer problems: laminar flow[J]. Numerical Heat Transfer, Part B: Fundamentals: An International Journal of Computation and Methodology, 2013, 63(6): 508 - 539.
[24] PEDERSEN N L. Maximization of eigenvalues using topology optimization [J]. Structural and Multidisciplinary Optimization, 2000, 20(1): 2 - 11.
[25] DU J B, OLHOFF N. Topological design of freely vibrating continuum structures for maximum values of simple and multipleeigenfrequencies and frequency gaps[J]. Structural and Multidisciplinary Optimization, 2007, 34

(2): 91 - 110.

[26] JENSEN J S, PEDERSEN N L. On maximal eigenfrequency separation in two-material structures: the 1D and 2D scalar cases[J]. Journal of Sound and Vibration, 2006, 289(4 - 5): 967 - 986.

[27] JENSEN J S, SIGMUND O. Topology optimization for nano-photonics[J]. Laser & Photonics Reviews, 2011, 5(2): 308 - 321.

[28] JENSEN J S, SIGMUND O, FRANDSEN L H, et al. Topology design and fabrication of an efficient double 90(circle) photonic crystal waveguide bend [J]. IEEE Photonics Technology Letters, 2005, 17(6): 1202 - 1204.

[29] TSUJI Y, HIRAYAMA K, NOMURA T, et al. Design of optical circuit devices based on topology optimization[J]. IEEE Photonics Technology Letters, 2006, 18(5 - 8): 850 - 852.

[30] ZHOU S W, LI W, LI Q. Level-set based topology optimization for electromagnetic dipole antennadesign[J]. Journal of Computational Physics, 2010, 229(19): 6915 - 6930.

[31] ZHOU S W, LI W, SUN G Y, et al. A level-set procedure for the design of electromagnetic metamaterials[J]. Optics Express, 2010, 18(7): 6693 - 6702.

[32] WANG S Y, YOUN D, MOON H, et al. Topology optimization of electromagnetic systems considering magnetization direction[J]. IEEE Transactions on Magnetics, 2005, 41(5): 1808 - 1811.

[33] SIGMUND O, MAUTE K. Topology optimization approaches a comparative review[J]. Structural and Multidisciplinary Optimization, 2013, 48(6): 1031 - 1055.

[34] ALLAIRE G, KOHN R V. Topology optimization and optimal shape design using homogenization[M]. Berlin: Springer, 1993.

[35] SUZUKIK, KIKUCHI N. A homogenization method for shape and topology optimization[J]. Computer Methods in Applied Mechanics and Engineering, 1991, 93 (3): 291 - 318.

[36] XIE Y M, STEVEN G P. A simple evolutionary procedure for structural optimization[J]. Computers &Structures, 1993, 49 (5): 885 - 896.

[37] HUANG X, XIE M. Evolutionary topology optimization of continuum structures: methods and applications[M] . Hoboken: John Wiley & Sons, 2010.

[38] BOURDIN B, CHAMBOLLE A. Design-dependent loads in topology opti-

mization[J]. ESAIM: Control, Optimisation and Calculus of Variations, 2003, 9: 19-48.

[39] WALLIN M, RISTINMAA M, ASKFELT H. Optimal topologies derived from a phase-fieldmethod[J]. Structural and Multidisciplinary Optimization, 2012, 45(2): 171-183.

[40] WANG M Y, ZHOU S W. Phase field: A variational method for structural topology optimization[J]. Cmes-Computer Modeling in Engineering & Sciences, 2004, 6(6): 547-566.

[41] SIGMUND O. A 99 line topology optimization code written in MATLAB [J]. Structural and Multidisciplinary Optimization, 2001, 21 (2): 120-127.

[42] BENDSØE M P. Optimal shape design as a material distribution problem [J]. Structural Optimization, 1989, 1(4): 193-202.

[43] ANDREASSEN E, CLAUSEN A, SCHEVENELS M, et al. Efficient topology optimization in MATLAB using 88 lines of code[J]. Structural and Multidisciplinary Optimization, 2011, 43(1): 1-16.

[44] SETHIAN J A, WIEGMANN A. Structural boundary design via level set and immersed interface methods[J]. Journal of Computational Physics, 2000, 163(2): 489-528.

[45] WANG M Y, WANG X M, GUO D M. A level set method for structural topology optimization[J]. Computer Methods in Applied Mechanics and Engineering, 2003, 192(1-2): 227-246.

[46] ALLAIRE G, JOUVE F, TOADER A M. A level-set method for shape optimization[J]. Comptes Rendus Mathematique, 2002, 334(12): 1125-1130.

[47] ALLAIRE G, JOUVE F, TOADER A M. Structural optimization using sensitivity analysis and a level-set method[J]. Journal of Computational Physics, 2004, 194(1): 363-393.

[48] SOKOLOWSKI J, ZOCHOWSKI A. On the topological derivative in shape optimization[J]. Siam Journal on Control and Optimization, 1999, 37(4): 1251-1272.

[49] NOVOTNY A A, FEIJóO R A, TAROCO E, et al. Topological sensitivity analysis[J]. Computer Methods in Applied Mechanics and Engineering, 2003, 192(7): 803-829.

[50] ALEXANDERSEN J, ANDREASEN C S. A Review of topology optimisation for fluid-based problems[J]. Fluids, 2020, 5(1): 29.

[51] BORRVALL T, PETERSSON J. Topology optimization of fluids in Stokes flow[J]. International Journal for Numerical Methods in Fluids, 2003, 41(1): 77-107.

[52] LUNDGAARD C, ENGELBRECHT K, SIGMUND O. A density-based topology optimization methodology for thermal energy storage systems[J]. Structural and Multidisciplinary Optimization, 2019, 60(6): 2189-2204.

[53] 张彬. 基于水平集方法的非牛顿流体流动拓扑优化[D]. 西安:西安交通大学,2017.

[54] EVGRAFOV A. The limits of porous materials in thetopology optimization of stokes flows[J]. Applied Mathematics and Optimization, 2005, 52(3): 263-277.

[55] AAGE N, POULSEN T A, GERSBORG-HANSEN A, et al. Topology optimization of large scale stokes flow problems[J]. Structural and Multidisciplinary Optimization, 2008, 35(2): 175-180.

[56] GUEST J K, PRÉVOST J H. Topology optimization of creeping fluid flows using a Darcy-Stokes finite element[J]. International Journal for Numerical Methods in Engineering, 2006, 66(3): 461-484.

[57] WIKER N, KLARBRING A, BORRVALL T. Topology optimization of regions of Darcy and Stokes flow[J]. International Journal for Numerical Methods in Engineering, 2007, 69(7): 1374-1404.

[58] GERSBORG-HANSEN A, SIGMUND O, HABER R B. Topology optimization of channel flowproblems[J]. Structural and Multidisciplinary Optimization, 2005, 30(3): 181-192.

[59] DUAN X B, MA Y C, ZHANG R. Shape-topology optimization of Stokes flow via variational level set method[J]. Applied Mathematics and Computation, 2008, 202(1):200-209.

[60] DUAN X B, MA Y C, ZHANG R. Optimal shape control offluid flow using variational level set method[J]. Physics Letters A, 2008, 372(9):1374-1379.

[61] DUAN X B, MA Y C, ZHANG R. Shape-topology optimization for Navier-Stokes problem using variational level set method[J]. Journal of Computational and Applied Mathematics, 2008, 222(2):487-499.

[62] OLESEN L H, OKKELS F, BRUUS H. A high-level programming-language implementation of topology optimization applied to steady-state Navier-Stokes flow[J]. International Journal for Numerical Methods in Engineering, 2006, 65(7):975-1001.

[63] KONDON T, MATSUMORI T, KAWAMOTO A. Drag minimization and lift maximization in laminar flows via topology optimization employing simple objective function expressions based on body force integration[J]. Structural and Multidisciplinary Optimization, 2012, 45(5): 693-701.
[64] KREISSL S, MAUTE K. Levelset based fluid topology optimization using the extended finite element method[J]. Structural and Multidisciplinary Optimization, 2012, 46(3): 311-326.
[65] DENG Y B, LIU Z Y, WU Y H. Topology optimization of steady and unsteady incompressible Navier-Stokes flows driven by body forces[J]. Structural and Multidisciplinary Optimization, 2013, 47(4): 555-570.
[66] DENG Y B, LIU Z Y, WU J F, et al. Topology optimization of steady Navier-Stokes flow with body force[J]. Computer Methods in Applied Mechanics and Engineering, 2013, 255(Mar. 1): 306-321.
[67] ROMERO J S, SILVA E C N. A topology optimization approach applied to laminar flow machine rotor design[J]. Computer Methods in Applied Mechanics and Engineering. 2014, 279(Sep. 1): 268-300.
[68] 邓永波. 离心式微流控芯片拓扑优化设计方法研究[D]. 长春:中国科学院研究生院(长春光学精密机械与物理研究所),2012.
[69] NORGAARD S, SIGMUND O, LAZAROV B. Topology optimization of unsteady flow problems using the lattice Boltzmann method[J]. Journal of Computational Physics, 2016, 307:291-307.
[70] DENG Y B, LIU Z Y, ZHANG P, et al. Topology optimization of unsteady incompressible Navier-Stokes flows[J]. Journal of Computational Physics, 2011, 230(17): 6688-6708.
[71] KREISSL S, PINGEN G, MAUTE K. Topology optimization for unsteady flow[J]. International Journal for Numerical Methods in Engineering, 2011, 87(13): 1229-1253.
[72] EVGRAFOV A. Topology optimization of slightly compressible fluids[J]. ZAMM Journal of Applied Mathematics and Mechanics: Zeitschrift Für Angewandte Mathematik und Mechanik, 2006, 86(1): 46-62.
[73] PINGEN G, MAUTEK. Optimal design for non-Newtonian flows using a topology optimization approach[J]. Computers & Mathematics with Applications, 2010, 59(7): 2340-2350.
[74] LIU G, GEIER M, LIU Z Y, et al. Discrete adjoint sensitivity analysis for fluid flow topology optimization based on the generalized lattice Boltzmann

method[J]. Computers & Mathematics with Applications, 2014, 68 (10): 1374 - 1392.

[75] PINGEN G, EVGRAFOV A, MAUTE K. Topology optimization of flow domains using the lattice Boltzmann method[J]. Structural and Multidisciplinary Optimization, 2007, 34(6): 507 - 524.

[76] PINGEN G, EVGRAFOV A, MAUTE K. Adjoint parameter sensitivity analysis for the hydrodynamic lattice Boltzmann method with applications to design optimization[J]. Computers & Fluids, 2009, 38(4): 910 - 923.

[77] SETHIAN J A. Level set methods and fast marching methods: evolving interfaces in computational geometry, fluid mechanics, computer vision, and materials science[M]. Cambridge: Cambridge University Press, 1999.

[78] OSHER S, SETHIAN J A. Fronts propagating with curvature-dependent speed-algorithms based on Hamilton-Jacobi formulations[J]. Journal of Computational Physics, 1988, 79 (1): 12 - 49.

[79] OSHER S, FEDKIW R, PIECHOR K. Level set methods and dynamic implicit surfaces[J]. Applied Mechanics Reviews,2004,53(3):VIX+273.

[80] SOKOłOWSKI J, ZOLESIO J P, editors. Introductionto shape optimization: shape sensitivity analysis[M]. Berlin: Springer,1992.

[81] ZHOU S, LI Q. A variational level set method for the topology optimization of steady-state Navier-Stokes flow[J]. Journal of Computational Physics, 2008, 227 (24): 10178 - 10195.

[82] CHALLIS V J, GUEST J K. Level set topology optimization of fluids in Stokes flow[J]. International Journal for Numerical Methods in Engineering, 2009, 79 (10): 1284 - 1308.

[83] CHANTALAT F, BRUNEAU C H, GalusinskiC, et al. Level-set, penalization and cartesian meshes: A paradigm for inverse problems and optimal design[J]. Journal of Computational Physics, 2009, 228 (17): 6291 - 6315.

[84] 夏天翔，姚卫星. 连续体结构拓扑优化方法评述[J]. 航空工程进展，2011, 02 (1): 1 - 11.

[85] OUYANG Y, XIANG Y, GAO X Y, et al. Micromixing efficiency in a rotating packed bed with non-Newtonian fluid[J]. Chemical Engineering Journal, 2018, 354: 162 - 171.

[86] SONTTI S G, ATTA A. CFD analysis of microfluidic droplet formation in non-Newtonian liquid[J]. Chemical Engineering Journal, 2017, 330: 245 - 261.

[87] MEI L J, CUI D F, SHEN J, et al. Electroosmotic mixing of non-newtonian fluid in a microchannel with obstacles and zeta potential heterogeneity[J]. Micromachines, 2021, 12(4): 431.

[88] 沈仲棠. 非牛顿流体力学及其应用[M]. 北京:高等教育出版社,1989.

[89] HYUN J, WANG S, YANG S. Topology optimization of the shear thinning non-Newtonian fluidic systems for minimizing wall shear stress[J]. Computers and Mathematics with Applications, 2014, 67(5): 1154 - 1170.

[90] ZHANG B, LIU X M. Topology optimization study of arterial bypass configurations using the level setmethod[J]. Structural and Multidisciplinary Optimization, 2014, 51(3): 1 - 26.

[91] SAATDJIAN E, RODRIGO A, MOTA J. On chaotic advection in a staticmixer[J]. Chemical Engineering Journal, 2012, 187: 289 - 298.

[92] ZULKARNAIN M H, RADZI A A, JAMIL M M. Consideration of obstacles configuration in designing low Reynolds number micromixer for blood microfluidic application[J]. Applied Mechanics & Materials, 2014, 679: 212 - 216.

[93] MELIH T M, CETIN C. Pulsatile flow micromixing coupled with ICEO for non-Newtonian fluids[J]. Chemical Engineering and Processing-Process Intensification, 2018, 131: 12 - 19.

[94] AVVARI R K. A novel two-indenter based micro-pump for lab-on-a-chip application: modeling and characterizing flows for a non-Newtonian fluid[J]. Meccanica, 2021, 56(3): 569 - 583.

[95] FATIMAH N, MULYANTI B, PAWINANTO R E, et al. The design of microfluidic mixer based on flattening for blood mixing application: 2020 3rd International Conference on Computer and Informatics Engineering (IC2IE)[C]. 2020, 162 - 166.

[96] MENSING G A, PEARCE T M, GRAHAM M D, et al. An externally driven magnetic microstirrer[J]. Philosophical Transactions of the Royal Society of London. Series A: Mathematical, Physical and Engineering Sciences, 2004, 362: 1059 - 1068.

[97] WARD K, FAN Z H. Mixing in microfluidic devices and enhancementmethods[J]. Journal of Micromechanics and Microengineering, 2015, 25(9): 094001.

[98] CAI G, XUE L, Zhang H, et al. A review on micromixers[J]. Micromachines, 2017, 8(9): 274.

[99] BAYAREH M, ASHANI M N, USEFIAN A. Active and passive micromixers: A comprehensive review[J]. Chemical Engineering and Processing-Process Intensification, 2020, 147: 107771-1 – 10771-19.

[100] KOUADRI A, DOUROUM E, LASBET Y, et al. Comparative study of mixing behaviors using non-Newtonian fluid flows in passivemicromixers [J]. International Journal of Mechanical Sciences, 2021, 201: 106472.

[101] TOKAS S, ZUNAID M, ANSARI MA. Numerical investigation of the performance of 3D-helical passive micromixer with Newtonian fluid and non-Newtonian fluidblood[J]. Asia-Pacific Journal of Chemical Engineering, 2021, 16(1): e2570.

[102] STROOCK A D, DERTINGER S K, AJDARI A, et al. Chaotic mixer for microchannels[J]. Science, 2002, 295(5555): 647 – 651.

[103] HOWELL JR P B, MOTT D R, FERTIG S, et al. A microfluidic mixer with grooves placed on the top and bottom of the channel[J]. Lab on a Chip, 2005, 5(5): 524 – 530.

[104] HOSSAIN S, HUSAIN A, KIM K Y. Optimization of micromixer with staggered herringbone grooves on top and bottom walls[J]. Engineering Applications of Computational Fluid Mechanics, 2011, 5(4): 506 – 516.

[105] FANG Y Q, YE Y H, SHEN R Q, et al. Mixing enhancement by simple periodic geometric features in microchannels[J]. Chemical Engineering Journal, 2012, 187: 306 – 310.

[106] ORTEGA-CASANOVA J. Application of CFD on the optimization by response surface methodology of a micromixing unit and its use as a chemical microreactor[J]. Chemical Engineering and Processing-Process Intensification, 2017, 117: 18 – 26.

[107] FALLAH D A, RAAD M, REZAZADEH S, et al. Increment of mixing quality of Newtonian and non-Newtonian fluids using T-shape passive micromixer: numerical simulation[J]. Microsystem Technologies, 2021, 27: 189 – 199.

[108] JIANG F, DRESE K S, HARDT S, et al. Helical flows and chaotic mixing in curved microchannels[J]. AIChE Journal, 2004, 50(9): 2297 – 2305.

[109] SHEU T S, CHEN S J, CHEN J J. Mixing of a split and recombine micromixer with tapered curved microchannels[J]. Chemical Engineering Science, 2012, 71: 321 – 332.

[110] SCHERR T, QUITADAMO C, TESVICH P, et al. A planar microfluidic

mixer based on logarithmic spirals[J]. Journal of Micromechanics and Microengineering, 2012, 22(5): 055019.

[111] LI P, COGSWELL J, FAGHRI M. Design and test of a passive planar labyrinth micromixer for rapid fluid mixing[J]. Sensors and Actuators B: Chemical, 2012, 174: 126－132.

[112] DENG Y B, LIU Z Y, ZHANG P, et al. A flexible layout design method for passive micromixers[J]. Biomedical microdevices, 2012, 14(5): 929－945.

[113] CHEN X, LI T. A novel design for passive misscromixers based on topology optimization method[J]. Biomedical microdevices, 2016, 18(4): 1－15.

[114] KUNTI G, BHATTACHARYA A, CHAKRABORTY S. Analysis of micromixing of non-newtonian fluids driven by alternating current electrothermal flow[J]. Journal of Non-newtonian Fluid Mechanics, 2017, 247: 123－131.

[115] BAYAREH M, USEFIAN A, AHMADI NADOOSHAN A. Rapid mixing of newtonian and non-newtonian fluids in a three-dimensional micromixer using non-uniform magnetic field[J]. Journal of Heat and Mass Transfer Research, 2019, 6(1): 55－61.

[116] ALONSO D H, SAENZ J S R, SILVA E C N. Non-newtonian laminar 2D swirl flow design by the topology optimization method[J]. Structural and Multidisciplinary Optimization, 2020, 62(1): 299－321.

[117] ZHANG B, LIU X M, SUN J J. Topology optimization design of non-newtonian roller-type viscous micropumps[J]. Structural and Multidisciplinary Optimization, 2016, 53(3): 409－424.

[118] DIJK N P, MAUTE K, LANGELAAR M, et al. Level-set methods for structural topology optimization[J]. Structural and Multidisciplinary Optimization, 2013, 48(3): 437－472.

[119] FORSTER F K, BARDELL R L, AFROMOWITZ M A, et al. Design, fabrication and testing of fixed-valve micro-pumps[J]. Asme-Publications-Fed, 1995, 234:39－44.

[120] MORGANTI E, PIGNATEL G U. Microfluidics for the treatment of the hydrocephalus[C]. 1st International Conference on Sensing Technology, Palmerston North, New Zealand, 2005.

[121] NABAVI M. Steady and unsteady flow analysis in microdiffusers and micropumps: a critical review[J]. Microfluidics and Nanofluidics, 2009, 7

(5): 599 - 619.

[122] LIN S, ZHAO L, GUEST J K, et al. Topology optimization of fixed-geometry fluiddiodes[J]. Journal of Mechanical Design, 2015, 137(8): 081402.

[123] GAMBOA A R, MORRIS C J, FORSTER F K. Improvements in fixed-valve micropump performance through shape optimization of valves[J]. Journal of Fluids Engineering, 2005, 127(2): 339 - 346.

[124] THOMPSON S M, PAUDEL B J, JAMAL T, et al. Numerical investigation of multistaged teslavalves[J]. Journal of Fluids Engineering, 2014, 136(8): 081102.

[125] ABDELWAHED M, CHORFI N, MALEK R. Reconstruction of Tesla micro-valve using topological sensitivity analysis[J]. Advances in Nonlinear Analysis, 2019, 9(1): 567 - 590.

[126] DENG Y B, LIU Z Y, ZHANG P, et al. Optimization of no-moving part fluidic resistance microvalves with low reynolds number[C]. 2010 IEEE 23rd International conference on micro electro mechanical systems (MEMS), Hong Kong, China, 2010: 24 - 28.

[127] LIU Z Y, DENG Y B, LIN S, et al. Optimization of micro venturidiode in steadyflow at low Reynolds number[J]. Engineering Optimization, 2012, 44(11): 1389 - 1404.

[128] SATO Y, YAJI K, IZUI K, et al. Topology optimization of a no-moving-part valve incorporating Pareto frontier exploration[J]. Structural and Multidisciplinary Optimization, 2017, 56(4): 839 - 851.

[129] LIM D K, SONG MS , CHAE H, et al. Topology optimization on vortex-type passive fluidic diode for advanced nuclear reactors[J] , Nuclear Engineering and Technology, 2019, 51(5): 1279 - 1288.

[130] ARZAMENDI G, DIÉGUEZ P M, MONTES M, et al. Computational fluid dynamics study of heat transfer in a microchannel reactor for low-temperature Fischer-Tropsch synthesis[J]. Chemical Engineering Journal, 2010, 160(3): 915 - 922.

[131] LIU J T, PENG X F, WANG BX . Variable-property effect on liquid flow and heat transfer in microchannels[J]. Chemical Engineering Journal, 2008, 141(1 - 3): 346 - 353.

[132] GUO R, FU T, ZHU C, et al. Pressure drop model of gas-liquid flow with mass transfer in tree-typed microchannels[J]. Chemical Engineering

Journal, 2020, 397: 125340.

[133] IWANISZYN M, JODŁOWSKI P J, SINDERA K, et al. Entrance effects on forced convective heat transfer in laminar flow through short hexagonal channels: Experimental and CFD study[J]. Chemical Engineering Journal, 2021, 405: 126635.

[134] HAERTEL J H K, NELLIS G F. Afully developed flow thermofluid model for topology optimization of 3D-printed air-cooled heat exchangers[J]. Applied Thermal Engineering, 2017, 119: 10 - 24.

[135] MATSUMORI T, KONDOH T, KAWAMOTO A, et al. Topology optimization for fluid-thermal interaction problems under constant input power [J]. Structural and Multidisciplinary Optimization, 2013, 47(4): 571 - 581.

[136] DILGEN S B, DILGEN C B, FUHRMAN D R, et al. Density based topology optimization of turbulent flow heat transfersystems[J]. Structural and Multidisciplinary Optimization, 2018, 57(5): 1905 - 1918.

[137] DUGAS F, FAVENNEC Y, JOSSET C, et al. Topology optimization of thermal fluid flows with an adjoint lattice Boltzmann method[J]. Journal of Computational Physics, 2018, 365: 376 - 404.

[138] DEDE E M. Multiphysics topology optimization of heat transfer and fluid flow systems[C]. Proceedings of the COMSOL Users Conference, Boston, USA, January, 2009.

[139] YOON G H. Topological design of heat dissipating structure with forced convective heat transfer[J]. Journal of Mechanical Science and Technology, 2010, 24(6): 1225 - 1233.

[140] KOGA A A, LOPES E C C, NOVA H F V, et al. Development of heat sink device by using topology optimization[J]. International Journal of Heat and Mass Transfer, 2013, 64: 759 - 772.

[141] YAJI K, YAMADA T, YOSHINO M, et al. Topology optimization in thermal-fluid flow using the lattice Boltzmann method[J]. Journal of Computational Physics, 2016, 307: 355 - 377.

[142] DONG X, LIU X M. Multi-objective optimal design of microchannel cooling heat sink using topology optimization method [J]. Numerical Heat Transfer, Part A: Applications, 2020, 77(1): 90 - 104.

[143] ALEXANDERSEN J, AAGE N, ANDREASEN C S, et al. Topology optimisation for natural convection problems[J]. International Journal for

Numerical Methods in Fluids, 2014, 76(10): 699 - 721.

[144] ALEXANDERSEN J, SIGMUND O, AAGE N. Large scale three-dimensional topology optimisation of heat sinks cooled by naturalconvection[J]. International Journal of Heat and Mass Transfer, 2016, 100: 876 - 891.

[145] YAJI K, YAMADA T, KUBO S, et al. A topology optimization method for a coupled thermal-fluid problem using level set boundary expressions[J]. International Journal of Heat and Mass Transfer, 2015, 81: 878 - 888.

[146] ŁANIEWSKI-WOłłK Ł, ROKICKI J. Adjoint lattice Boltzmann for topology optimization on multi-GPU architecture [J]. Computers & Mathematics with Applications, 2016, 71(3): 833 - 848.

[147] SATO Y, YAJI K, IZUI K, et al. An optimum design method for a thermal-fluid device incorporating multiobjective topology optimization with an adaptive weighting scheme[J]. Journal of Mechanical Design, 2018, 140(3): 31402.

[148] GUIRGUIS D, HAMZA K, ALY M, et al. Multi-objective topology optimization of multi-component continuum structures via a Kriging-interpolated level setapproach[J]. Structural and Multidisciplinary Optimization, 2015, 51(3): 733 - 748.

[149] SLEESONGSOM S, BUREERAT S. New conceptual design of aeroelastic wing structures by multi-objective optimization[J]. Engineering Optimization, 2013, 45(1): 107 - 122.

[150] SULLIVAN T A, VAN DE VEN J D, NORTHROP W F, et al. Integrated Mechanical and Thermodynamic Optimization of an Engine Linkage Using a Multi-Objective Genetic Algorithm[J]. Journal of Mechanical Design, 2015, 137(2): 024501.

[151] SHANKAR BHATTACHARJEE K, KUMAR SINGH H, RAY T. Multi-objective optimization with multiple spatially distributed surrogates [J]. Journal of Mechanical Design, 2016, 138(9): 091401.

[152] ZADEH L. Optimality and non-scalar-valued performance criteria[J]. IEEE transactions on Automatic Control, 1963, 8(1): 59 - 60.

[153] GEOFFRION A M. Proper efficiency and the theory of vector maximization[J]. Journal of Mathematical Analysis and Applications, 1968, 22(3): 618 - 630.

[154] HAIMES Y Y, LASDON L S, WISMER D A. On a bicriterion formulation of the problems of integrated system identification and system optimi-

zation[J]. IEEE Transactions on Systems Man and Cybernetics, 1971, 1(3): 296 - 297.

[155] DAS I, DENNIS J E. Normal-boundary intersection: A new method for generating the Pareto surface in nonlinear multicriteria optimization problems[J]. SIAM Journal on Optimization, 1998, 8(3): 631 - 657.

[156] MESSAC A, ISMAIL-YAHAYA A, MATTSON C A. The normalized normal constraint method for generating the Pareto frontier[J]. Structural and Multidisciplinary Optimization, 2003, 25(2): 86 - 98.

[157] SHIN WS, RAVINDRAN A. Interactive multiple objective optimization: SurveyI—Continuous case[J]. Computers & Operations Research, 1991, 18(1): 97 - 114.

[158] NAKAYAMA H. Trade-off analysis using parametric optimization techniques[J]. European Journal of Operational Research, 1992, 60(1): 87 - 98.

[159] MARLER R T, ARORA J S. The weighted sum method for multi-objective optimization: new insights[J]. Structural and Multidisciplinary Optimization, 2010, 41(6): 853 - 862.

[160] KONTOLEONTOS E A, PAPOUTSIS-KIACHAGIAS E M, ZYMARIS A S, et al. Adjoint-based constrained topology optimization for viscous flows, including heat transfer[J]. Engineering Optimization, 2013, 45(8): 941 - 961.

[161] QIAN X, DEDE E M. Topology optimization of a coupled thermal-fluid system under a tangential thermal gradient constraint[J]. Structural and Multidisciplinary Optimization, 2016, 54(3): 531 - 551.

[162] EBRAHIMI A, NARANJANI B, MILANI S, et al. Laminar convective heat transfer of shear-thinning liquids in rectangular channels with longitudinal vortex generators[J]. Chemical Engineering Science, 2017, 173: 264 - 274.

[163] LI P, XIE Y, ZHANG D. Laminar flow and forced convective heat transfer of shear-thinning power-law fluids in dimpled and protruded microchannels[J]. International Journal of Heat and Mass Transfer, 2016, 99: 372 - 382.

[164] LI P, ZHANG D, XIE Y, et al. Flow structure and heat transfer of non-Newtonian fluids in microchannel heat sinks with dimples and protrusions [J]. Applied Thermal Engineering, 2016, 94: 50 - 58.

[165] SIDDIQA S, BEGUM N, HOSSAIN M A, et al. Natural convection flow

of a two-phase dusty non-Newtonian fluid along a vertical surface[J]. International Journal of Heat and Mass Transfer, 2017, 113: 482 - 489.

[166] ZHANG B, GAO L. Topology optimization of convective heat transfer problems for non-Newtonian fluids[J]. Structural and Multidisciplinary Optimization, 2019, 60(5): 1821 - 1840.

[167] DEHGHAN M, VALIPOUR M S, SAEDODIN S. Temperature-dependent conductivity in forced convection of heat exchangers filled with porous media: a perturbation solution[J]. Energy Conversion and Management, 2015, 91: 259 - 266.

[168] 查李贵. 泡沫金属对流传热与压力损失实验装置设计及模拟研究[D]. 大连:大连理工大学,2019.

[169] XU H J. Performance evaluation of multi-layered porous-medium micro heat exchangers with effects of slip condition and thermal non-equilibrium [J]. Applied Thermal Engineering, 2017, 116: 516 - 527.

[170] XU H J, QU Z G, TAO W Q. Numerical investigation on self-coupling heat transfer in a counter-flow double-pipe heat exchanger filled with metallic foams[J]. Applied Thermal Engineering, 2014, 66(1 - 2): 43 - 54.

[171] NEYESTANI M, NAZARI M, SHAHMARDAN M M, et al. Thermal characteristics of CPU cooling by using a novel porous heat sink and nanofluids[J]. Journal of Thermal Analysis and Calorimetry, 2019, 138 (1): 805 - 817.

[172] HATAMI M, GANJI D D. Thermal and flow analysis of microchannel heat sink (MCHS) cooled by Cu-water nanofluid using porous media approach and least square method[J]. Energy Conversion and management, 2014, 78: 347 - 358.

[173] JIANG L, LING J, JIANG L, et al. Thermal performance of a novel porous crack composite wick heatpipe[J]. Energy Conversion and Management, 2014, 81: 10 - 18.

[174] WANG B, HONG Y, HOU X, et al. Numerical configuration design and investigation of heat transfer enhancement in pipes filled with gradient porous materials[J]. Energy Conversion and Management, 2015, 105: 206 - 215.

[175] MOHAMAD A A. Heat transfer enhancements in heat exchangers filled with porous media Part I: constant wall temperature [J]. International Journal of Thermal Sciences, 2003, 42(4): 385 - 395.

[176] CEKMER O, MOBEDI M, OZERDEM B, et al. Fully developed forced convection in a parallel plate channel with a centered porouslayer[J]. Transport in Porous Media, 2012, 93(1): 179 - 201.

[177] HUNG T C, HUANG Y X, YAN W M. Thermal performance analysis of porous-microchannel heat sinks with different configuration designs[J]. International Journal of Heat and Mass Transfer, 2013, 66: 235 - 243.

[178] RAMALINGOM D, COCQUET P H, BASTIDE A. A new interpolation technique to deal with fluid-porous media interfaces for topology optimization of heat transfer[J]. Computers & Fluids, 2018, 168: 144 - 158.

[179] YAJI K. Topology optimization for Porous cooling systems[C]. Mathematical Analysis of Continuum Mechanics and Industrial Applications III, Singapore: Springer, 2020, 34: 147 - 156.

[180] TSENG P H, TSAI K T, CHEN A L, et al. Performance of novel liquid-cooled porous heat sink via 3-D laser additive manufacturing[J]. International Journal of Heat and Mass Transfer, 2019, 137: 558 - 564.

[181] DENG Y B, LIU Z Y, WU J F, et al. Topology optimization of steady Navier-Stokes flow with body force[J]. Computer Methods in Applied Mechanics and Engineering, 2013, 255: 306 - 321.

[182] 游兆永，龚怀云，徐宗本. 非线性分析[M]. 西安：西安交通大学出版社,1991.

[183] MOHAMMADI B, PIRONNEAU O. Applied shape optimization for fluids[M]. Oxford: Clarendon Press, 2001.

[184] ABRAHAM F, BEHR M, HEINKENSCHLOSS M. Shape optimization in steady blood flow: a numerical study of non-Newtonianeffects[J]. Computer Methods in Biomechanics and Biomedical Engineering, 2005, 8 (2): 127 - 137.

[185] CHRISTENSEN P W, KLARBRING A. An introduction to structuraloptimization[M]. Springs: Springer Science and Business Media, 2008.

[186] SIGMUND O. Morphology-based black and white filters for topologyoptimization[J]. Structural and Multidisciplinary Optimization, 2007, 33(4): 401 - 424.

[187] SIGMUND O, PETERSON J. Numerical instabilities in topology optimization: A survey on procedures dealing with checkerboards, mesh-dependencies and local minima[J]. Structural Optimization, 1988, 16(1): 68 - 75.

[188] LAZAROV B S, SIGMUND O. Filters in topology optimization based on

Helmholtz-type differential equations[J]. International Journal for Numerical Methods in Engineering, 2011, 86(6): 765 - 781.

[189] WANG F, LAZAROV B S, SIGMUND O. On projection methods, convergence and robust formulations in topology optimization[J]. Structural and Multidisciplinary Optimization, 2011, 43(6): 767 - 784.

[190] MOHAMMADI B, PIRONNEAU O. Applied shape optimization forfluids [M]. Oxford: Oxford University Press, 2010.

[191] ERRICO R M. What is an adjoint model? [J]. Bulletin of the American Meteorological Society, 1997, 78(11): 2577 - 2592.

[192] 段现报. 变分水平集方法在流体形状最优控制中的应用[D]. 西安: 西安交通大学, 2008.

[193] 张彬. 水平集方法的改进及其在流体形状最优控制中的应用[D]. 西安: 西安交通大学, 2011.

[194] LIU X, ZHANG B, SUN J. An improved implicit re-initialization method for the level set function applied to shape and topology optimization of fluid[J]. Journal of Computational and Applied Mathematics, 2015, 281: 207 - 229.

[195] LEUPRECHT A, PERKTOLD K. Computer simulation of non-Newtonian effects on blood flow in large arteries[J]. Computer Methods in Biomechanics and Biomedical Engineering, 2001, 4 (2): 149 - 163.

[196] PROBST M, LüLFESMANN M, NICOLAI M, et al. Sensitivity of optimal shapes of artificial grafts with respect to flow parameters[J]. Computer Methods in Applied Mechanics and Engineering, 2010, 199 (17): 997 - 1005.

[197] DA SILVA A, KOBAYASHI M, COIMBRA C. Optimal design of non-Newtonian, micro-scale viscous pumps for biomedical devices[J]. Biotechnology and Bioengineering, 2007, 96 (1): 37 - 47.

[198] ABRAHAM F, HEINKENSCHLOSS M B. Shape optimization in unsteady blood flow: A numerical study of non-Newtonianeffects[J]. Computer Methods in Biomechanics & Biomedical Engineering, 2005, 8(2): 127 - 137.

[199] CHEN H, SU J, LI K, et al. A Characteristic projection method for incompressible thermal flow[J]. Numerical Heat Transfer Part B Fundamentals, 2014, 65(6): 554 - 590.

[200] HINZE M, PINNAU R, ULBRICH M, et al. Optimization with PDEcon-

straints[M]. Berlin: Springer, 2009.

[201] SVANBERG K. The method of moving asymptotes—a new method for structural optimization[J]. International Journal for Numerical Methods in Engineering, 2010, 24(2): 359-373.

[202] BENDSØE M P, SIGMUND O. Topology Optimization: Theory, Method andApplications[M]. Berlin: Springer, 2003.

[203] 隋允康,叶红玲. 连续体结构拓扑优化的 ICM 方法[M]. 北京:科学出版社,2013.

[204] GILL P E, MURRAY W, SAUNDERS M A. SNOPT: An SQP Algorithm for large-scale constrained optimization[J]. SIAM Review, 2002, 12(4): 979-1006.

[205] TEZDUYAR T E, MITTAL S, RAY S E, et al. Incompressible flow computations with stabilized bilinear and linear equal-order-interpolation velocity-pressure elements[J]. Computer Methods in Applied Mechanics & Engineering, 1992, 95(2): 221-242.

[206] KAWAMOTO A, MATSUMORI T, Yamasaki S, et al. Heaviside projection based topology optimization by a PDE-filtered scalar function[J]. Structural and Multidisciplinary Optimization, 2011, 44(1): 19-24.

[207] DEMS K, MRÓZ Z. Variational approach to sensitivity analysis in thermoelasticity[J]. Journal of Thermal Stresses, 1987, 10(4): 283-306.

[208] MICHALERIS P, TORTORELLI D A, VIDAL C A. Tangent operators and design sensitivity formulations for transient non-linear coupled problems with applications to elastoplasticity[J]. International Journal for Numerical Methods in Engineering, 1994, 37(14): 2471-2499.

[209] TORTORELLI D A, SUBRAMANI G, LU S, et al. Sensitivity analysis for coupled thermoelastic systems[J]. International Journal of Solids and Structures, 1991, 27(12): 1477-1497.

[210] 张之禾,陈真,陈婷. 基于有限元仿真与 3D 打印技术的特斯拉阀结构研究[J]. 大学物理, 2020, 39(4):73-77.

[211] 朱琦,王馨月,周燕. 一种基于特斯拉阀的微流控芯片:CN202122019548.9[P]. 2022-01-14.

[212] 赵信毅,乔洁. 一种基于特斯拉流道的微流控芯片:CN202320518130.9[P]. 2023-08-08.

[213] 李昊. 高热流密度散热器结构拓扑优化技术研究[D]. 上海:上海理工大学,2020.

[214] ATHAN T W, PAPALAMBROS P Y. A note on weighted criteria methods for compromise solutions in multi-objectiveoptimization [J]. Engineering Optimization, 1996, 27(2): 155 - 176.

[215] ERGUN S. Fluid flow through packedcolumns[J]. Journal of Materials Science and Chemical Engineering, 1952, 48(2): 89 - 94.

[216] CALMIDI V V, MAHAJAN R L. Forced convection in high porosity metal foams[J]. Journal of Heat Transfer, 2000, 122(3): 557 - 565.

[217] Kuwahara F, Shirota M, Nakayama A. A numerical study of interfacial convective heat transfer coefficient in two-energy equation model of porous media[J]. International Journal of Heat and Mass Transfer, 2001, 44(6): 1153 - 1159.

[218] XIA X L, CHEN X, SUN C, et al. Experiment on the convective heat transfer from airflow to skeleton in open-cell porous foams[J]. International Journal of Heat and Mass Transfer, 2017, 106: 83 - 90.

[219] YAJI K, YAMASAKI S, TSUSHIMA S, et al. Topology optimization for the design of flow fields in a redox flow battery[J]. Structural and Multidisciplinary Optimization, 2018, 57(2): 535 - 546.

附录 A

基于网格重新划分法的流体拓扑优化问题的灵敏度分析过程中目标函数全导数的推导过程

目标函数的全导数推导如下：

$$\delta J(\varphi;\boldsymbol{u},p)=\left\langle\frac{\partial L(\varphi,\boldsymbol{u},p,\mu)}{\partial\varphi},\delta\varphi\right\rangle$$

$$\left\langle\frac{\partial J(\varphi,\boldsymbol{u},p)}{\partial\varphi},\delta\varphi\right\rangle+\left\langle\frac{\partial E(\boldsymbol{u},p,\varphi)}{\partial\varphi},\delta\varphi\right\rangle-\left\langle\frac{\partial Q(\mu,\varphi}{\partial\varphi},\delta\varphi\right\rangle+\left\langle\frac{\partial M(\boldsymbol{u},p,\varphi)}{\partial\varphi},\delta\varphi\right\rangle$$

$$=\int_D\frac{\partial j_1(\varphi;\boldsymbol{u},\nabla\boldsymbol{u},p)}{\partial\varphi}\delta\varphi H(\varphi)\mathrm{d}\boldsymbol{x}+\int_D j_1(\varphi;\boldsymbol{u},\nabla\boldsymbol{u},p)\tau(\varphi)\delta\varphi\mathrm{d}\boldsymbol{x}+\int_D\frac{\partial j_2(\varphi;\boldsymbol{u},p)}{\partial\varphi}\tau(\varphi)\mid\nabla\varphi\mid\delta\varphi\mathrm{d}\boldsymbol{x}+$$

$$\int_D j_2(\varphi,\boldsymbol{u},p)[\tau'(\varphi)\delta\varphi\mid\nabla\varphi\mid+\tau(\varphi)\delta(\mid\nabla\varphi\mid)]\mathrm{d}\boldsymbol{x}+\int_{\partial D}\frac{\partial j_2(\varphi;\boldsymbol{u},p)}{\partial\varphi}H(\varphi)\delta\varphi\mathrm{d}s+$$

$$\int_{\partial D}j_2(\varphi;\boldsymbol{u},p)\tau(\varphi)\delta\varphi\mathrm{d}s+$$

$$\int_D(\rho\boldsymbol{v}(\boldsymbol{u}\cdot\nabla)\boldsymbol{u}+\varepsilon(\boldsymbol{v})\cdot\boldsymbol{\sigma}+q\,\nabla\cdot\boldsymbol{u})\tau(\varphi)\delta\varphi\mathrm{d}\boldsymbol{x}-\int_D\boldsymbol{vg}[\tau'(\varphi)\delta\varphi\mid\nabla\varphi\mid+\tau(\varphi)\delta(\mid\nabla\varphi\mid)]\mathrm{d}\boldsymbol{x}$$

$$-\int_{\partial D}\boldsymbol{vg}\tau(\varphi)\delta\varphi\mathrm{d}s+$$

$$\int_D\boldsymbol{v}\frac{\partial\boldsymbol{R}}{\partial\boldsymbol{u}}\mu[\tau'(\varphi)\delta\varphi\mid\nabla\varphi\mid+\tau(\varphi)\delta(\mid\nabla\varphi\mid)]\mathrm{d}\boldsymbol{x}+\int_{\partial D}\boldsymbol{v}\frac{\partial\boldsymbol{R}}{\partial\boldsymbol{u}}\mu\tau(\varphi)\delta\varphi\mathrm{d}s+$$

$$\int_D\boldsymbol{wR}[\tau'(\varphi)\delta\varphi\mid\nabla\varphi\mid+\tau(\varphi)\delta(\mid\nabla\varphi\mid)]\mathrm{d}\boldsymbol{x}+\int_{\partial D}\boldsymbol{wR}\tau(\varphi)\delta\varphi\mathrm{d}s$$

$$=\int_D\frac{\partial j_1(\varphi;\boldsymbol{u},\nabla\boldsymbol{u},p)}{\partial\varphi}\delta\varphi H(\varphi)\mathrm{d}\boldsymbol{x}+\int_D j_1(\varphi;\boldsymbol{u},\nabla\boldsymbol{u},p)\tau(\varphi)\delta\varphi\mathrm{d}\boldsymbol{x}+$$

$$\int_D\frac{\partial j_2(\varphi;\boldsymbol{u},p)}{\partial\varphi}\tau(\varphi)\mid\nabla\varphi\mid\times\delta\varphi\mathrm{d}\boldsymbol{x}+$$

$$\int_{\partial D}\frac{\partial j_2(\varphi;\boldsymbol{u},p)}{\partial\varphi}H(\varphi)\delta\varphi\mathrm{d}s+\int_D(\rho\boldsymbol{v}(\boldsymbol{u}\cdot\nabla)\boldsymbol{u}+\varepsilon(\boldsymbol{v})\cdot\boldsymbol{\sigma}+q\,\nabla\cdot\boldsymbol{u})\tau(\varphi)\delta\varphi\mathrm{d}\boldsymbol{x}+$$

$$\int_D\left[j_2(\varphi;\boldsymbol{u},p)-\boldsymbol{vg}+\boldsymbol{v}\frac{\partial\boldsymbol{R}}{\partial\boldsymbol{u}}\mu+\boldsymbol{wR}\right][\tau'(\varphi)\delta\varphi\mid\nabla\varphi\mid+\tau(\varphi)\delta(\mid\nabla\varphi\mid)]\mathrm{d}\boldsymbol{x}+$$

$$\int_{\partial D}\left[j_2(\varphi;\boldsymbol{u},p)-\boldsymbol{vg}+\boldsymbol{v}\frac{\partial\boldsymbol{R}}{\partial\boldsymbol{u}}\mu+\boldsymbol{wR}\right]\tau(\varphi)\delta\varphi\mathrm{d}s \qquad \text{(附录 A-1)}$$

由

$$\delta(|\nabla\varphi|^2) = 2|\nabla\varphi| \cdot \delta(|\nabla\varphi|) = \delta((\nabla\varphi)^2) = 2\nabla\varphi \cdot \nabla(\delta\varphi) \quad \text{（附录 A-2）}$$

可得

$$\delta(|\nabla\varphi|) = \frac{\nabla\varphi \cdot \nabla(\delta\varphi)}{|\nabla\varphi|} \quad \text{（附录 A-3）}$$

根据分部积分，有

$$\begin{aligned} &\int_D f\tau(\varphi) \cdot \frac{\nabla\varphi \cdot \nabla(\delta\varphi)}{|\nabla\varphi|}\mathrm{d}\boldsymbol{x} \\ &= \int_{\partial D} f\tau(\varphi) \cdot \frac{\nabla\varphi}{\nabla\varphi} n\,\delta\boldsymbol{u}\varphi\,\mathrm{d}\boldsymbol{s} - \int_D \nabla\cdot\left(f\tau(\varphi) \cdot \frac{\nabla\varphi}{|\nabla\varphi|}\right)\delta\varphi\,\mathrm{d}\boldsymbol{x} \end{aligned} \quad \text{（附录 A-4）}$$

式中，$\boldsymbol{n}$ 是流固界面 Γ_{S} 上的单位外法向向量。进一步可以推导为

$$\begin{aligned} &\nabla\cdot\left(f\tau(\varphi) \cdot \frac{\nabla\varphi}{|\nabla\varphi|}\right) \\ &= \nabla\cdot(f\tau(\varphi) \cdot \boldsymbol{n}) \\ &= \frac{\partial}{\partial x_i}(f\tau(\varphi) \cdot n_i) \\ &= n_i \cdot \frac{\partial}{\partial x_i}(f\tau(\varphi)) + (f\tau(\varphi))\frac{\partial n_i}{\partial x_i} \\ &= n_i \cdot \left(\tau(\varphi)\frac{\partial f}{\partial x_i} + f\frac{\partial\tau(\varphi)}{\partial x_i}\right) + f\tau(\varphi)\mathrm{div}\boldsymbol{n} \\ &= \tau(\varphi)\frac{\partial f}{\partial\boldsymbol{n}} + f\tau'(\varphi)\nabla\varphi \cdot \boldsymbol{n} + f\tau(\varphi)\kappa \\ &= \tau(\varphi)\frac{\partial f}{\partial\boldsymbol{n}} + f\tau'(\varphi)\nabla\varphi \cdot \frac{\nabla\varphi}{|\nabla\varphi|} + f\tau(\varphi)\kappa \\ &= \tau(\varphi)\frac{\partial f}{\partial\boldsymbol{n}} + f\tau'(\varphi)|\nabla\varphi| + f\tau(\varphi)\kappa \end{aligned} \quad \text{（附录 A-5）}$$

式中，κ 是流固界面 Γ_{S} 上的曲率。由式（附录 A-4）和式（附录 A-5）可知

$$\begin{aligned} &\int_D f[\tau'(\varphi)\delta\varphi|\nabla\varphi| + \tau(\varphi)\delta(|\nabla\varphi|)]\mathrm{d}\boldsymbol{x} \\ &= \int_D\left[f\tau'(\varphi)\delta\varphi|\nabla\varphi| - \tau(\varphi)\frac{\partial f}{\partial\boldsymbol{n}}\delta\varphi - f\tau'(\varphi)|\nabla\varphi|\delta\varphi - f\tau(\varphi)\kappa\delta\varphi\right]\mathrm{d}\boldsymbol{x} + \int_{\partial D} f\tau(\varphi) \cdot \\ &\quad \frac{\nabla\varphi}{\nabla\varphi} n\,\delta\boldsymbol{u}\varphi\,\mathrm{d}s \\ &= \int_D\left[-\frac{\partial f}{\partial\boldsymbol{n}} - f\kappa\right]\delta\varphi\,\mathrm{d}\boldsymbol{x} + \int_{\partial D} f\tau(\varphi) \cdot \frac{\nabla\varphi}{|\nabla\varphi|} n\,\delta\boldsymbol{u}\varphi\,\mathrm{d}s \\ &= \int_{\partial D}\left[-\frac{\partial f}{\partial\boldsymbol{n}} - f\kappa\right]\tau(\varphi)\delta\varphi\,\mathrm{d}\boldsymbol{x} + \int_{\partial D} f\tau(\varphi)\delta\varphi\,\mathrm{d}s \end{aligned} \quad \text{（附录 A-6）}$$

设定

$$B=j_2(\varphi;\boldsymbol{u},p)-\boldsymbol{v}\boldsymbol{g}+\boldsymbol{v}\frac{\partial \boldsymbol{R}}{\partial \boldsymbol{u}}\mu+w\boldsymbol{R} \tag{附录 A-7}$$

考虑式(附录 A-6),式(附录 A-1)变为

$$\begin{aligned}&\delta J(\varphi;\boldsymbol{u},p)\\&=\int_{\Omega}\frac{\partial j_1(\varphi;\boldsymbol{u},\nabla\boldsymbol{u},p)}{\partial\varphi}\delta\varphi\mathrm{d}\boldsymbol{x}+\int_{\partial D}\frac{\partial j_2(\varphi;\boldsymbol{u},p)}{\partial\varphi}H(\varphi)\mathrm{d}s+2\int_{\partial D}B\tau(\varphi)\delta\varphi\mathrm{d}s+\\&\int_{D}\left[j_1(\varphi;\boldsymbol{u},\nabla\boldsymbol{u},p)+\rho\boldsymbol{v}(\boldsymbol{u}\cdot\nabla)\boldsymbol{u}+\varepsilon(\boldsymbol{v})\cdot\boldsymbol{\sigma}+q\nabla\cdot\boldsymbol{u}+\frac{\partial j_2(\varphi;\boldsymbol{u},p)}{\partial\varphi}|\nabla\varphi|-\frac{\partial B}{\partial\boldsymbol{n}}-B\kappa\right]\times\\&\tau(\varphi)\delta\varphi\mathrm{d}\boldsymbol{x}\end{aligned} \tag{附录 A-8}$$

由水平集方程,得到

$$\delta\varphi=\frac{\partial\varphi}{\partial t}\delta t=-V_n|\nabla\varphi|\delta t \tag{附录 A-9}$$

式(附录 A-8)变为

$$\begin{aligned}&\delta J(\varphi;\boldsymbol{u},p)\\&=-\int_{\Omega}\frac{\partial j_1(\varphi;\boldsymbol{u},\nabla\boldsymbol{u},p)}{\partial\varphi}|\nabla\varphi|V_n\delta t\mathrm{d}\boldsymbol{x}-\int_{\partial D}\frac{\partial j_2(\varphi;\boldsymbol{u},p)}{\partial\varphi}H(\varphi)|\nabla\varphi|V_n\delta t\mathrm{d}s+\\&2\int_{\partial D}B\tau(\varphi)\delta\varphi\mathrm{d}s-\\&\int_{D}\left[j_1(\varphi;\boldsymbol{u},\nabla\boldsymbol{u},p)+\rho\boldsymbol{v}(\boldsymbol{u}\cdot\nabla)\nabla+\varepsilon(\boldsymbol{v})\cdot\sigma+q\nabla\cdot\boldsymbol{u}+\frac{\partial j_2(\varphi;\boldsymbol{u},p)}{\partial\varphi}|\nabla\varphi|-\frac{\partial B}{\partial\boldsymbol{n}}-B\kappa\right]\tau(\varphi)\\&|\nabla\varphi|V_n\delta t\mathrm{d}\boldsymbol{x}\\&=-\int_{\Omega}\frac{\partial j_1(\varphi;\boldsymbol{u},\nabla\boldsymbol{u},p)}{\partial\varphi}|\nabla\varphi|V_n\delta t\mathrm{d}\boldsymbol{x}-\int_{\partial D}\frac{\partial j_2(\varphi;\boldsymbol{u},p)}{\partial\varphi}H(\varphi)|\nabla\varphi|V_n\delta t\mathrm{d}s+\\&2\int_{\partial D}B\tau(\varphi)\delta\varphi\mathrm{d}s-\\&\int_{\Gamma_S}\left[j_1(\varphi;\boldsymbol{u},\nabla\boldsymbol{u},p)+\rho\boldsymbol{v}(\boldsymbol{u}\cdot\nabla)\boldsymbol{u}+\varepsilon(\boldsymbol{v})\cdot\sigma+q\nabla\cdot\boldsymbol{u}+\frac{\partial j_2(\varphi;\boldsymbol{u},p)}{\partial\varphi}|\nabla\varphi|-\frac{\partial B}{\partial\boldsymbol{n}}-B\kappa\right]\times\\&V_n\delta t\mathrm{d}\boldsymbol{x}\end{aligned} \tag{附录 A-10}$$

定义$\partial\Omega_1=\partial D\cap\partial\Omega,\partial D_2=\partial D\backslash(\partial D\cap\partial\Omega)$,得到

$$\begin{cases}\delta\varphi=0, & \forall\boldsymbol{x}\in\partial\Omega_1\\\tau(\varphi)=0, & \forall\boldsymbol{x}\in\partial\Omega_2\end{cases} \tag{附录 A-11}$$

式(附录 A-10)变为

$$\frac{\mathrm{d}J(\varphi;\boldsymbol{u},p)}{\mathrm{d}t}$$

$$= -\int_{\Omega} \frac{\partial j_1(\varphi;\boldsymbol{u},\nabla\boldsymbol{u},p)}{\partial\varphi} |\nabla\varphi| V_n \mathrm{d}\boldsymbol{x} - \int_{\partial\Omega_1} \frac{\partial j_2(\varphi;\boldsymbol{u},p)}{\partial\varphi} |\nabla\varphi| V_n \mathrm{d}s -$$

$$\int_{\Gamma_S} \left[j_1(\varphi;\boldsymbol{u},\nabla\boldsymbol{u},p) + \rho\boldsymbol{v}(\boldsymbol{u}\cdot\nabla)\boldsymbol{u} + \varepsilon(\boldsymbol{v})\cdot\sigma + q\nabla\cdot\boldsymbol{u} + \frac{\partial j_2(\varphi;\boldsymbol{u},p)}{\partial\varphi} |\nabla\varphi| - \frac{\partial B}{\partial\boldsymbol{n}} - B\boldsymbol{\kappa} \right] V_n \mathrm{d}\boldsymbol{x}$$

（附录 A-12）

附录 B

一维水平集函数重新初始化程序

```
voidonedim_reinit(double *u1, int n)
{
  //变量定义
  int i,k;
  int n1;
  int flag[5777];
  double l, l1, l2;
  double dx;
  double u0[5777];
  double delt;
  double sc[5777];
  double dx_l[5777], dx_r[5777];
  double grad_p, grad_m;
  double grad_interface1, grad_interface2;
  double u_1,u_2;
  double change;
  double grad_p1, grad_m1, grad_p2, grad_m2;
  //网格单元数
  n1=10*28+1;
  //区域设置
  l1=-14.0;
  l2=14.0;
  l=l2-l1;
  //网格单元尺度
  dx=l/double(n1-1);
  //初始水平集函数值存储
  for(i=1;i<n1+1;i++)
  {
```

```
        u0[i]=u1[i];
    }
    delt=dx;
    //迭代
    for(k=1;k<n+1;k++)
    {
    //迎风差分
    for(i=2; i<n1; i++)
    {
        dx_l[i]=(u1[i]-u1[i-1])/dx;
        dx_r[i]=(u1[i+1]-u1[i])/dx;
    }
    //标记函数初始化
    for(i=1; i<n1+1; i++)
    {
        flag[i]=0;
    }
    for(i=2; i<n1; i++)
    {
        //界面处
            if( (u0[i] * u0[i+1]<0.0)&&(i! =n1-1) )
            {
                sc[i]=u1[i]/(sqrt(u1[i] * u1[i]+u1[i+1] * u1[i+1]) +1.0e
                -15 );
                sc[i+1]=u1[i+1]/(sqrt(u1[i] * u1[i]+u1[i+1] * u1[i+1])
                +1.0e-15 );
      grad_p1=sqrt( max( max(dx_l[i],0) * max(dx_l[i],0),min(dx_r[i],0) *
min(dx_r[i],0) ) );
      grad_m1=sqrt( max( min(dx_l[i],0) * min(dx_l[i],0),max(dx_r[i],0) *
max(dx_r[i],0) ) );
      grad_p2=sqrt( max( max(dx_l[i+1],0) * max(dx_l[i+1],0),min(dx_r[i
+1],0) * min(dx_r[i+1],0) ) );
      grad_m2=sqrt( max( min(dx_l[i+1],0) * min(dx_l[i+1],0),max(dx_r[i
+1],0) * max(dx_r[i+1],0) ) );
            //不变号处理
```

```
            change=1.0;
            do
            {
                grad_interface1=( (max(sc[i], 0) * grad_p1+min(sc[i],
                0) * grad_m1) -sc[i] )/change;
                grad_interface2=( (max(sc[i+1], 0) * grad_p2+min(sc[i
                +1], 0) * grad_m2) -sc[i+1] )/change;
                cout<<i<<endl;
                u_1=u1[i]+delt * grad_interface1;
                u_2=u1[i+1]+delt * grad_interface2;
                change=change * 2.0;
            }while( (u_1 * u0[i]<0.0) || (u_2 * u0[i+1]<0.0) );
            u1[i]=u_1;
            u1[i+1]=u_2;
            flag[i]=1;
            flag[i+1]=1;
        }
    //特殊点
        if( (u0[i]>-1.0e-20) && (u0[i]<1.0e-20) )
        {
            flag[i]=1;
            sc[i]=0.0;
        }
    //非界面点
        if( (u0[i] * u0[i-1]>=0) && (flag[i]==0) )
        {
            if(u0[i]<0.0)
            sc[i]=-1.0;
            else
            sc[i]=1.0;
  //迭代过程
  grad_p=sqrt( max( max(dx_l[i],0) * max(dx_l[i],0),min(dx_r[i],0) *
min(dx_r[i],0) ) );
  grad_m=sqrt( max( min(dx_l[i],0) * min(dx_l[i],0),max(dx_r[i],0) *
max(dx_r[i],0) ) );
```

```
        u1[i]=u1[i]-delt*((max(sc[i],0)*grad_p+min(sc[i],0)*grad_m)
-sc[i]);
                }
            }
        //外部点
        u1[1]=u1[2];
        u1[n1]=u1[n1-1];
}
        }
```

附录 C

二维水平集函数重新初始化程序

```
//常量定义
//包容四边形长宽
#define rectlength 2.0
#define rectwidth 2.0
//四边形网格边点个数用于 RBF 方法
#define nx 101
#define ny 101
//水平集函数
double u[nx+1][ny+1];
//网格尺度
double hx=rectlength/double(nx-1);
double hy=rectwidth/double(ny-1);
void twodim_reinit ( double ( * u)[ny+1] ,int n)
{
  //变量定义
    int i,j,k;
    int n_plus,n_minus;
    int flag[nx+1][ny+1];
  double deltc;
    double sc_interface1, sc_interface2;
    double epsilon1, epsilon2;
    double u_interface1, u_interface2;
    double sc;
    double change;
    double u_plus,u_minus;
  double * * dx_l, * * dx_r;
    double * * dy_l, * * dy_r;
    double * * u00;
```

```
    double grad_plus1,grad_plus2;
    double grad_minus1,grad_minus2;
    double grad_plus, grad_minus;
    double grad_interface;
    double t;
  u00=new double*[nx+1];
    for(i=1;i<nx+1;i++)
    {
        u00[i]=new double[ny+1];
    }
  dx_l=new double*[nx+1];
    for(i=1;i<nx+1;i++)
    {
        dx_l[i]=new double[ny+1];
    }
  dx_r=new double*[nx+1];
    for(i=1;i<nx+1;i++)
    {
        dx_r[i]=new double[ny+1];
    }
  dy_l=new double*[nx+1];
    for(i=1;i<nx+1;i++)
    {
        dy_l[i]=new double[ny+1];
    }
  dy_r=new double*[nx+1];
    for(i=1;i<nx+1;i++)
    {
        dy_r[i]=new double[ny+1];
    }
  //存储水平集初始值
    for(i=1; i<nx+1; i++ )
        for(j=1; j<ny+1; j++)
        {
            u00[i][j]=u[i][j];
```

```
      }
//时间步长
  deltc=0.5 * min(hx, hy);
  for(k=1; k<n+1; k++ )
  {
      for(i=1; i<nx+1; i++ )
          for(j=1; j<ny+1; j++)
          {
              flag[i][j]=0;
          }
//内部节点值
  for (i=2; i<nx; i++ )
      for(j=2; j<ny; j++)
      {
          dx_l[i][j]=chafenfb(u, i, j, 0, 1);
          dx_r[i][j]=chafenfb(u, i, j, 0, 0);
          dy_l[i][j]=chafenfb(u, i, j, 1, 1);
          dy_r[i][j]=chafenfb(u, i, j, 1, 0);
      }
  for(i=2; i<nx; i++ )
    for(j=2; j<ny; j++)
    {
  //界面上的点
  if( (u00[i][j] * u00[i][j+1]<0)&&(j! =ny-1) )
      {
          {
          n_plus=j+(u00[i][j]<=u00[i][j+1]);
          n_minus=j+(u00[i][j]>u00[i][j+1]);
          u_interface1=u[i][n_plus];
          u_interface2=u[i][n_minus];
          epsilon1=u_interface2 * u_interface2;
          epsilon2=u_interface1 * u_interface1;
  sc_interface1=u_interface1/(sqrt(u_interface1 * u_interface1+epsilon1 )+
1.0e-20);
  sc_interface2=u_interface2/(sqrt(u_interface2 * u_interface2+epsilon2 )+
```

```
1.0e-20);
    grad_plus1=max(max(dx_l[i][n_plus],0.0)*max(dx_l[i][n_plus],0.0),
min(dx_r[i][n_plus],0.0)*min(dx_r[i][n_plus],0.0));
    grad_plus2=max(max(dy_l[i][n_plus],0.0)*max(dy_l[i][n_plus],0.0),
min(dy_r[i][n_plus],0.0)*min(dy_r[i][n_plus],0.0));
    grad_plus=sqrt(grad_plus1 +grad_plus2 )-1;
    grad_minus1=max(min(dx_l[i][n_minus],0.0)*min(dx_l[i][n_minus],
0.0), max(dx_r[i][n_minus],0.0)*max(dx_r[i][n_minus],0.0));
    grad_minus2=max(min(dy_l[i][n_minus],0.0)*min(dy_l[i][n_minus],
0.0), max(dy_r[i][n_minus],0.0)*max(dy_r[i][n_minus],0.0));
    grad_minus=sqrt( grad_minus1+ grad_minus2)-1;
            change=1.0;
             do
              {
            grad_interface=min(grad_plus, grad_minus)/change;
        cout<<i<<endl;
            u_plus=u[i][n_plus]-deltc*sc_interface1*grad_interface;
            u_minus=u[i][n_minus]-deltc*sc_interface2*grad_interface;
                change=change*2.0;
                }while( (u_plus*u00[i][n_plus]<0.0) || (u_minus*u00[i]
[n_minus]<0.0) );
                u[i][n_plus]=u_plus;
            u[i][n_minus]=u_minus;
            }
            flag[i][j]=1;
            flag[i][j+1]=1;
    }
    if((u00[i][j]*u00[i+1][j]<0)&&(i! =nx-1))
    {
            {
            n_plus=i+(u00[i][j]<=u00[i+1][j]);
            n_minus=i+(u00[i][j]>u00[i+1][j]);
            u_interface1=u[n_plus][j];
            u_interface2=u[n_minus][j];
            epsilon1=u_interface2*u_interface2;
```

```
        epsilon2＝u_interface1 * u_interface1;
    //界面附近的符号函数
    sc_interface1＝u_interface1/(sqrt(u_interface1 * u_interface1＋epsilon1 )＋
1.0e－20);
    sc_interface2＝u_interface2/(sqrt(u_interface2 * u_interface2＋epsilon2 )＋
1.0e－20);
    //水平集函数梯度
    grad_plus1＝max(max(dx_l[n_plus][j],0.0) * max(dx_l[n_plus][j],0.0),
min(dx_r[n_plus][j],0.0) * min(dx_r[n_plus][j],0.0) );
    grad_plus2＝max(max(dy_l[n_plus][j],0.0) * max(dy_l[n_plus][j],0.0),
min(dy_r[n_plus][j],0.0) * min(dy_r[n_plus][j],0.0) );
    grad_plus＝sqrt(grad_plus1 ＋grad_plus2 )－1;
    grad_minus1＝max( min(dx_l[n_minus][j],0.0) * min(dx_l[n_minus][j],
0.0), max(dx_r[n_minus][j],0.0) * max(dx_r[n_minus][j],0.0) );
    grad_minus2＝max( min(dy_l[n_minus][j],0.0) * min(dy_l[n_minus][j],
0.0), max(dy_r[n_minus][j],0.0) * max(dy_r[n_minus][j],0.0) );
    grad_minus＝sqrt( grad_minus1＋ grad_minus2)－1;
            //不变号处理
                change＝1.0;
                  do
                    {
                grad_interface＝min(grad_plus, grad_minus)/change;
          //水平集函数重新初始化
                u_plus＝u[n_plus][j]＋deltc * sc_interface1 * grad_interface;
                u_minus＝u[n_minus][j]＋deltc * sc_interface2 * grad_interface;
                    change＝change * 2.0;
    }while((u_plus * u00[n_plus][j]<0.0)||(u_minus * u00[n_minus][j]<0.0) );
                    u[n_plus][j]＝u_plus;
                    u[n_minus][j]＝u_minus;
                }
                flag[i][j]＝1;
                flag[i+1][j]＝1;
            }
        }
    for(i＝2; i<nx; i＋＋ )
```

```
        for(j=2; j<ny; j++)
        {
        //非界面上的点
            if((u00[i][j]>-1.0e-20) && (u00[i][j]<1.0e-20) )
            {
                flag[i][j]=1;
            }
        //符号函数
            if( (u00[i][j] * u00[i][j-1]>=0) && (u00[i][j] * u00[i-1]
[j]>=0) && (flag[i][j]==0) )
            {
                if(u00[i][j]>0.0)
                    sc=1.0;
                else
                    sc=-1.0;
    //水平集函数梯度
    grad_plus1=max(max(dx_l[i][j],0.0) * max(dx_l[i][j],0.0),min(dx_r
[i][j],0.0) * min(dx_r[i][j],0.0) );
    grad_plus2=max(max(dy_l[i][j],0.0) * max(dy_l[i][j],0.0),min(dy_r
[i][j],0.0) * min(dy_r[i][j],0.0) );
    grad_plus=sqrt(grad_plus1 +grad_plus2 );
    grad_minus1=max(min(dx_l[i][j],0.0) * min(dx_l[i][j],0.0),max(dx_r
[i][j],0.0) * max(dx_r[i][j],0.0));
    grad_minus2=max(min(dy_l[i][j],0.0) * min(dy_l[i][j],0.0),max(dy_r
[i][j],0.0) * max(dy_r[i][j],0.0));
    grad_minus=sqrt( grad_minus1+ grad_minus2);
              t=u[i][j];
  //水平集重新初始化
      u[i][j]=u[i][j]-deltc * ((max(sc,0) * grad_plus+min(sc,0) * grad_
minus)-sc);
            }
        }
      //四边节点值
         for (i=2; i<nx; i++ )
         {
```

```
                u[i][1]=u[i][2];
                u[i][ny]=u[i][ny-1];
            }
            for (j=2; j<ny; j++ )
            {
                u[1][j]=u[2][j] ;
                u[nx][j]=u[nx-1][j];
            }
        //四角点值
            u[1][1]=u[2][2];
            u[1][ny]=u[2][ny-1];
            u[nx][1]=u[nx-1][2];
            u[nx][ny]=u[nx-1][ny-1];
        }
        for(i=1;i<nx+1;i++)
        {   delete [] u00[i];
        }
    delete [] u00;
        for(i=1;i<nx+1;i++)
        {
            delete [] dx_l[i];
        }
        delete [] dx_l;
            for(i=1;i<nx+1;i++)
            {
                delete [] dx_r[i];
            }
        delete [] dx_r;
            for(i=1;i<nx+1;i++)
            {
                delete [] dy_l[i];
            }
        delete [] dy_l;
            for(i=1;i<nx+1;i++)
            {
```

```
            delete [] dy_r[i];
        }
    delete [] dy_r;
}
```